T0199878

Engelen, Fleischhack, Galizia, Landfester

Heureka

Eva-Maria Engelen, Christian Fleischhack,
C. Giovanni Galizia, Katharina Landfester (Hrsg.)

Heureka –

Evidenzkriterien
in den Wissenschaften

Ein Kompendium für den
interdisziplinären Gebrauch

Die Junge Akademie

Herausgeber

Prof. Dr. Eva-Maria Engelen, Universität Konstanz
Prof. Dr. Christian Fleischhack, Universität Paderborn
Prof. Dr. C. Giovanni Galizia, Universität Konstanz
Prof. Dr. Katharina Landfester, Max-Planck-Institut für Polymerforschung, Mainz

Bibliografische Information der Deutschen Nationalbibliothek
Die Deutsche Nationalbibliothek verzeichnet diese Publikation in der Deutschen National-
bibliografie; detaillierte bibliografische Daten sind im Internet über http://dnb.d-nb.de
abrufbar.

Springer ist ein Unternehmen von Springer Science+Business Media
springer.de

© Spektrum Akademischer Verlag Heidelberg 2010
Spektrum Akademischer Verlag ist ein Imprint von Springer

10 11 12 13 14   5 4 3 2 1

Planung und Lektorat: Merlet Behncke-Braunbeck, Meike Barth
Redaktion: Anke Schild
Satz: Ulrike Künnecke, 43p – Büro für Gestaltung, Berlin
Umschlaggestaltung: SpieszDesign, Neu-Ulm
Umschlagbild: © Max-Planck-Institut für Mathematik in den Naturwissenschaften, Leipzig

ISBN 978-3-8274-2656-7

Inhalt

Romulus und Remus
Rom

Heureka

Heureka – oder: „Sind sechs genug"?

von den Herausgebern

„Heureka" („Ich habe gefunden") soll Archimedes gerufen haben, als er in der Badewanne lag und sah, wie sein Körper das Wasser verdrängte. Unvermittelt war ihm der Zusammenhang klar geworden: Er hatte das Auftriebsgesetz verstanden, was ihm dazu verhalf, den Goldgehalt der Krone des Tyrannen zu bestimmen, indem er sie ins Wasser tauchte und das verdrängte Volumen maß. Er entstieg der Wanne, rannte nackt durch die Straßen von Syrakus und rief weiterhin: „Ich habe gefunden!"

Viele ähnliche Ereignisse werden in der Wissenschaftsgeschichte erzählt, vor allem die spektakulären. Etwa wie August Kekule am Kamin saß, das Lodern der Flammen sah und einschlummerte. Im Traum verwandelten sich die Flammen in Schlangen, die sich, tänzelnd, selbst am Schwanz fassten und damit Ringe bildeten. Kekule wachte auf und hatte die Ringstruktur des Benzols entdeckt, bei dem sechs Kohlenstoffatome nicht linear, sondern ringförmig zusammenkommen.

Das sind kreative Momente.

Doch auch jenseits der spektakulären Geschichten handelt es sich eigentlich um ein ganz alltägliches Ereignis, denn jedes Kleinkind geht auf seinem Weg, die Welt zu begreifen, von Heureka-Erlebnis zu Heureka-Erlebnis. Welch beeindruckende Erfahrung war das doch für uns, als wir merkten, dass Dinge, die wir loslassen, auf den Boden fallen (und manchmal Krach machen)!

Die Freude, die dadurch ausgelöst wird, dass wir etwas verstanden haben, ist die wichtigste Motivationskraft, um zu lernen und weiter lernen zu wollen. Aber bei dem einzelnen Erlebnis bleibt es nicht. Stimmt es wirklich, dass alles, was wir loslassen, auf den Boden fällt? Das Kind wiederholt das Experiment hundertfach – und das Heureka-Erlebnis wird von der Überraschung übergeleitet in die erfüllte Erwartung (ich wusste, es würde fallen, und das hat es auch getan). Vielleicht gibt es einen langsamen Wandel, vielleicht ist es ein Moment, in dem der Zusammenhang zwischen Loslassen und Herunterfallen seinen Zufallscharakter verliert und zum Gesetz wird. Am Ende aber ist das Wissen um die Gravitation gefestigt. Wie oft jedoch musste ein Gegenstand dafür am Boden zerschellen?

Wie schwierig es sein mag, die erforderliche Anzahl zu bestimmen, zeigt eine bekannte Geschichte:

Es ist schon 2762 Jahre her. Romulus und Remus wollen eine Stadt gründen, können sich allerdings weder auf den besten Hügel einigen noch darauf, nach wem die Stadt benannt und welcher der Zwillinge König werden soll. Nach langem Streit rufen sie die Auguren zu Hilfe: Remus steigt auf den Aventin und Romulus auf den Palatin. Der Vogelflug soll ihnen ein göttliches Zeichen geben.

Die beiden Brüder warten und warten und warten. Es ist eine klare Nacht, mit hellem Mondenschein, aber es sind keine Vögel zu sehen. Vielleicht wollen die Götter gar keine neue Stadt? Doch da – Remus sieht schwarze Punkte am Horizont, vor der aufgehenden Sonne, sie kommen näher, fliegen direkt über ihm: eins, zwei, drei ... sechs! Sechs Geier! In dieser vogelfreien Nacht! Es sind viele, sechs Geier, mehr als Romulus gesehen haben kann. „Ich hab's!", schreit Remus daher und glaubt seinen sechs Vögeln. Ganz sicher, das war ein Zeichen.

Mit klopfendem Herzen beendet Remus seine Beobachtungen und steigt den Aventin hinab und den Palatin hoch. Romulus sitzt mit seinen Begleitern niedergeschlagen da – Remus freut sich schon, sicherlich hat Romulus noch keinen Vogel gesichtet. Während er, Remus, sechs Geier entdeckt hat! Schon klopft er seinem Bruder auf die Schulter, will „Sechs" sagen, da werden die beiden Brüder von einem lauten Geräusch aufgeschreckt. Der Himmel verdunkelt sich, von Westen her, aus der Nacht, erscheint ein Schwarm schwarzer Geier – nicht einer, nicht sechs, nein, zwölf schwarze Geier, die über den beiden Brüdern, über dem Palatin kreisen und schließlich der Sonne entgegenziehen.

Was war nun das Zeichen der Götter? Remus dachte, sechs seien genug. Sind sechs genug?

Heureka und Evidenz
im wissenschaftlichen Alltag

In den Wissenschaften erzeugen und erleben wir beinahe täglich Heureka-Momente. Dabei gehen wir in unserer eigenen Forschung von zunächst noch unscharfen Vorstellungen langsam zu klareren über, die dann aber noch nicht eindeutig belegt sind. Wenn wir auch Belege haben, folgen ausformulierte Arbeiten, die publizierbar sind. Wir entscheiden dabei, wie viele Belege hinreichend sind, dass zum Beispiel sechs genug sind. Neue Evidenzen zu erzeugen, ist insofern das tägliche Brot der Wissenschaftlergemeinde.

Solche Heureka-Momente versuchen wir auch bei den Zuhörern und Lesern hervorzurufen, denen wir von unserer Arbeit berichten. Und die Wahl des Kommunikationsmediums (etwa eines Vortrags oder eines Aufsatzes) beeinflusst die Wahl der stilistischen Mittel, mit Hilfe derer wir es versuchen.

Was also macht das Heureka-Erlebnis aus? Wie viel und welche Evidenz ist nötig, damit wir von einem Inhalt überzeugt sind? Gibt es unterschiedliche Grade der Überzeugung bei der eigenen Arbeit oder des Überzeugens bei der mündlichen und der schriftlichen Vermittlung? Nutzen wir Heureka-Erlebnisse in der wissenschaftlichen Kommunikation überhaupt oder tun wir es lediglich in der Didaktik? Wie unterscheiden sich die an die Evidenz gesetzten Erwartungen in den verschiedenen Disziplinen, etwa in theoretisch beziehungsweise experimentell arbeitenden Wissenschaften? Diesen Fragen gehen wir in diesem Band nach. Dabei geht es uns explizit nicht um die grundsätzlichen wissenschaftstheoretischen oder erkenntnistheoretischen Überlegungen der jeweiligen Disziplinen, für die es eine umfangreiche Literatur gibt. Vielmehr sind wir an dem Forschungsalltag und an der Kommunikationskultur innerhalb der eigenen Disziplinen interessiert, an den Zwischentönen, die auf dem Weg zur Erkenntnis hörbar sind, noch bevor diese in Stein gemeißelt ist, und an den persönlichen Erfahrungen, die nicht in der Methodenlehre der eigenen Disziplin erwähnt werden.

Dabei ergibt sich ein faszinierend facettenreiches Bild: Zum einen sind die Konventionen, mit denen Wissenschaftler andere von einem Gedanken, einer Annahme, einer Theorie oder einem Modell überzeugen wollen, in den einzelnen Disziplinen sehr unterschiedlich, zum anderen sind sie es aber auch innerhalb einer Disziplin, je nach Ausrichtung der dort Forschenden und je nachdem, ob die Rezipienten des Gedachten mündlich oder schriftlich überzeugt werden sollen. Hinzu kommt, dass sich die Überzeugungskulturen innerhalb der Disziplinen im Laufe der Zeit auch wandeln.

Die Vorgeschichte dieses Buches

In diesem Buch haben wir das Heureka-Thema aus unserer jeweils eigenen Disziplin betrachtet. Ziel war es, zu verstehen, wann man in einer Disziplin von etwas überzeugt ist oder andere überzeugt hat. Dazu haben wir eine Untersuchung durchgeführt, in der wir Kolleginnen und Kollegen aus den in der Jungen Akademie vertretenen Disziplinen mittels eines Fragebogens dieselben Fragen gestellt haben, allerdings jeweils bezogen auf eine eigene schriftliche Publikation des Befragten. Der jeweilige Aufsatz des Befragten lag also beim Beantworten unserer Fragen auf dem Tisch, er war zuvor von den Beteiligten jeweils als repräsentativ für die eigene Arbeit und Disziplin genannt worden.

Die Fragen betrafen die Begriffe „Evidenz", „Beleg" und „These" in dem konkret vorliegenden Aufsatz. So haben wir etwa danach gefragt, was die zentrale These der Arbeit sei, ob es eine Gegenthese dazu gibt und ob in der Arbeit eine Vorhersage gemacht wird. Zudem haben wir gefragt, aufgrund welcher Belege oder Daten die Aussagen und Behauptungen der Publikation überzeugend sind.

Die Ergebnisse dieser Fragebogenaktion waren sehr vielfältig und zeigten, dass es in der wissenschaftlichen Praxis neben expliziten Vorgaben eine Reihe impliziter gibt, die in der wissenschaftlichen Ausbildung nicht einmal in Veranstaltungen zur Methodenlehre des Faches angesprochen werden.

Die Antworten waren aber auch deswegen sehr heterogen, weil die Begriffe, nach denen wir gefragt haben, in den einzelnen Disziplinen unterschiedlich verstanden werden. So war für die einen eine These „der Ausgangspunkt des logischen Fadens in der Publikation". Andere hingegen betrachten eine These als den Endpunkt oder einen Zwischenschritt. Für die Begriffe „Beleg", „Evidenz" und „Daten" gab es ebenfalls unterschiedliche Interpretationen. Das bedeutet letztlich jedoch, dass wir im interdisziplinären Diskurs, selbst wenn wir dieselben Begriffe verwenden, ganz leicht aneinander vorbeireden, und zwar nicht nur, wenn es um inhaltliche Fragen geht, sondern auch, wenn es sich um methodische handelt und wir uns gegenseitig die Validität der jeweiligen Disziplin erklären wollen.

Die Konzeption dieses Buches

Die Autorinnen und Autoren waren für das Schreiben ihrer Beiträge für den vorliegenden Band daher aufgefordert, zunächst einmal die impliziten Evidenzkriterien und die impliziten Methoden der Evidenzerzeugung in ihren Disziplinen offenzulegen. Das fördert zum einen das Verständnis der Praxis in der jeweiligen Disziplin und kann zudem als ein explizit formulierter Leitfaden für alle daran Interessierten dienen – das mögen Kollegen aus anderen Disziplinen oder angehende Wissenschaftler aus der eigenen sein sowie alle Wissenschaftsinteressierten. Der Nutzen des Buches ist dadurch ein zweifacher, zum einen enthält es handbuchartige Beiträge für die jeweilige Disziplin, zum anderen ist es eine Art Werkzeug, um die anderen Disziplinen besser verstehen zu lernen und damit die interdisziplinäre Kommunikation zu fördern. Denn erst wenn wir verstehen, wie in einer anderen Disziplin Evidenz erzeugt und kommuniziert wird, kann ein vertieftes interdisziplinäres Gespräch beginnen und lassen sich Missverständnisse leichter vermeiden.

Die Kapitel sind heterogen und spiegeln die Disziplinen in ihrer Vielfalt wider. Dennoch hat jedes Kapitel eine vergleichbare Struktur, weil die Autorinnen und Autoren sich an dem folgenden Fragemuster orientieren sollten:

1. Werden in der Disziplin Thesen oder Behauptungen aufgestellt? Werden immer Thesen aufgestellt?

2. Wie wird in der Disziplin eine These oder Behauptung gestützt?

   a) Wie verläuft der Kommunikationsprozess von Thesen?

   b) Durch welche Daten und Belege werden Thesen gestützt?

   c) Welche Beziehung muss zwischen Daten und Belegen bestehen?

3. Wie unterscheiden sich Kommunikations- und Erzeugungsprozess?

Bei der Abfassung der Aufsätze hatten wir als Zielgruppe Kollegen und Kolleginnen aus anderen Disziplinen oder auch junge Wissenschaftler in der Ausbildung vor Augen. Wir wollen ihnen verständlich machen, wie wissenschaftliches Denken und Argumentieren im Wissenschaftsalltag jeweils vonstatten geht. So entstand eine Lehre der Wissenschaftspraxis, die in Worte fasst, was im Labor und vor den Büchern, beim Schreiben und Vortragen beachtet und befolgt wird, ohne dass davon explizit Rechenschaft abgelegt wird. Es geht mithin um Vorgehensweisen, die gewöhnlich nur als *Learning by Doing* vermittelt werden. Wenn dieses Buch gelungen ist, stellt es eine Schule für wissenschaftliches Denken dar. Wir erheben allerdings weder den Anspruch, für die einzelnen Disziplinen einen systematisch vollständigen und repräsentativen Überblick zu bieten, noch die Wissenschaftslandschaft im Ganzen zu erfassen.

Berlin, im Juni 2010

Eva-Maria Engelen, Christian Fleischhack,
C. Giovanni Galizia und Katharina Landfester

C. Giovanni Galizia
Fachbereich Biologie
Universität Konstanz

Biowissenschaft

Biowissenschaft

von C. Giovanni Galizia

Dieses Kapitel soll wie auch die anderen Kapitel in diesem Buch allgemein verständlich sein. Und doch: Beim Schreiben von Texten stelle ich mir immer eine Zielgruppe vor, mit der ich durch das Geschriebene in Kontakt komme. Hier waren es fortgeschrittene Studierende, die für die eigene Disziplin einen Überblick und vielleicht auch einen Leitfaden oder eine Hilfestellung finden können. Allerdings sollen auch Leser profitieren, die nicht aus der Biologie kommen, was stärker theoretisch formulierte Abschnitte nötig gemacht hat. Wie auch in den anderen Kapiteln deutlich wird, ist manches in der Evidenzpraxis auch Absprache und disziplinspezifische Tradition. Zudem lohnt es sich, Ideen aus anderen Disziplinen zu berücksichtigen, und der Blick auf die Vielfalt fördert die Bescheidenheit in der eigenen Arbeit. Die Evidenzkriterien sollen hier nicht im Sinne der Erkenntnislehre, sondern eher disziplinspezifisch methodisch, aus der Sicht der alltäglichen Praxis betrachtet werden.

Wissenschaft ist, was (neues) Wissen schafft – und in den Naturwissenschaften soll das ein Wissen über die Natur sein, in den Biowissenschaften ist der Gegenstand der Forschung das Leben. Was aber ist neues Wissen? Und woher weiß man, ob etwas stimmt? In den Meldungen der Presseagenturen stoßen wir häufig auf Formulierungen wie „Amerikanische Forscher haben herausgefunden, dass ...". In solchen Meldungen wird ein Tatbestand beschrieben, und durch die Autorität der Wissenschaftler (in manchen Fällen reicht als Autorität schon das Herkunftsland) wird vermittelt, dass die Meldung stimmen muss. Die meisten Leser akzeptieren das, denn nicht jede Meldung kann überprüft werden, insofern muss man sich auf die Quelle verlassen können.

Was aber, wenn man selbst die Quelle ist? Wie kann man sich sicher sein, dass der eigene Befund stimmt? Und wie kommuniziert man den Befund so, dass er von den Fachkollegen akzeptiert wird? Für jeden einzelnen Wissenschaftler muss es Kriterien geben, die ein Teil der wissenschaftlichen Disziplin sind, nach denen die Glaubwürdigkeit einer Erkenntnis (oder: eines zu publizierenden Ergebnisses) bewertet werden kann. Idealerweise sollen diese Kriterien zu Beginn einer Studie schon berücksichtigt werden und ins experimentelle Design mit einfließen. Am Ende der Studie steht dann ein Kommunikationsprozess: Die Ergebnisse und deren Interpretation werden innerhalb der eigenen Fachgruppe publiziert, und wieder müssen die Belege (die Daten, die Beweise) in einer Form dargestellt werden, dass Fachkollegen deren Validität akzeptieren. Wer sind diese Fachkollegen? Das sind zum einen die Gutachter, die vor der Publikation den Artikel beurteilen und auch Nachkorrekturen oder zusätzliche Daten verlangen können. Zum anderen ist es aber auch die gesamte wissenschaftliche Community, die den Artikel ernst nimmt (und darum auch zitiert) oder eben nicht (und im Idealfall dann auch nicht zitiert).

Im Folgenden geht es darum, wie die Glaubwürdigkeit des Wissens in der biologischen Disziplin etabliert ist: Was sind die Evidenzkriterien? Dieser Artikel ist nicht normativ zu lesen. Er ist keine Anleitung; dazu ist die Biologie zu vielfältig und die wissenschaftliche Praxis befindet sich in einem kontinuierlichen Wandel. Zwei Beispiele mögen diesen Wandel veranschaulichen.

Im ersten Beispiel geht es um die Begutachtung einer fertigen Arbeit: 1996 wurde mit dem ersten geklonten Schaf Dolly eine neue Ära in der Biologie eingeleitet, und es folgten Schlag auf Schlag neue Durchbrüche, bei denen es etwa um die Klonierung bei anderen Tierarten oder um die Frage, aus welchen Zellen kloniert wurde, ging. 2005 gab es einen großen Skandal, als sich viele Daten aus dem Labor von Hwang Woo-Suk als Fälschung herausstellten. Was war die Reaktion? Die Kriterien, nach denen Arbeiten zur Klonierung begutachtet werden sollen, wurden überarbeitet. „Keeping in mind that extraordinary claims require extraordinary proof, *Nature* may in rare cases demand it." (*Nature*, 439; 19. Januar 2006)[1]. Dieses Beispiel macht auch klar, dass uns die Kriterien, die wissenschaftliche Zeitschriften für die Begutachtung von Artikeln aufstellen, helfen können, die Praxis für Evidenzkriterien in einer Disziplin zu eruieren.

Das zweite Beispiel stammt ebenfalls aus der Begutachtungspraxis, und zwar handelt es sich um die Bewilligung eines Forschungsvorhabens. Ein Großteil der Forschungsausgaben wird auf Antrag bewilligt, was bedeutet, dass die Forscher erst darstellen müssen, was sie in den nächsten Jahren für Experimente machen wollen, und Gutachter beurteilen müssen, ob diese Experimente auch gefördert werden sollen. Eine der größten Einrichtungen in den Biowissenschaften sind die NIH (National Institutes of Health), ein Institutionsverbund, der die öffentlichen Gelder für die Gesundheitsforschung in den USA verwaltet. Die NIH-Institute formulieren klare Richtlinien für die Gestaltung eines Forschungsantrags, Richtlinien, die nicht nur formeller Natur sind (etwa: Abschnitt 1 über die Person, Abschnitt 2 über das Projekt), sondern auch inhaltliche Vorgaben machen. So wurde zur Jahrtausendwende explizit verlangt, das jedes Projekt *hypothesis driven* sein sollte. Was heißt das? Jedes Projekt soll von einer Frage ausgehen, für die auch eine Antwort vorgeschlagen werden muss, und das Ziel der Studie soll es sein, diese Antwort zu belegen oder zu widerlegen. Hintergrund waren erkenntnistheoretische Überlegungen, dass *hypothesis driven science* die effizienteste Form der Forschung darstellt. Später wurde diese Vorgabe aufgeweicht, und inzwischen heißt es in den Richtlinien, dass auch deskriptive Studien (*hypothesis free*) zugelassen werden können[2]. Dieses zweite Beispiel zeigt, dass ein Blick in die Förderrichtlinien von Geldgebern uns auch weiterhelfen kann, die Evidenzkriterien in einer Disziplin zu verstehen.

Werden in den Biowissenschaften Thesen oder Behauptungen aufgestellt?

In der biologischen Praxis herrscht keineswegs Einigkeit darüber, was die Rolle einer Hypothese ist. Implizit basiert jede neue Erkenntnis auf einer Hypothese, oder – anders formuliert – jede Erkenntnis lässt sich als Hypothese formulieren. Aber explizit sieht die Lage anders aus. Um die Rolle von Hypothesen in der Biologie zu ermitteln, stelle ich im Folgenden Beispiele vor und verbinde sie mit theoretischen Betrachtungen.

Die Entdeckung einer neuen Tierart

Ein Forscher oder eine Forscherin[3] beschreibt eine neue Tierart, etwa aus der Gruppe der *Rhinogradentia*[4]. Was ist dem vorausgegangen? Im Allgemeinen eine zielgerichtete Suche, das heißt, der Biowissenschaftler hat sich nicht auf die Parkbank gesetzt und gewartet, bis ein Exemplar einer neuen Tierart vorbeiläuft, sondern ist beispielsweise gezielt bei einer Expedition in den Baumkronen tropischer Wälder auf die Suche gegangen, da anzunehmen ist, dass sich hier noch unbeschriebene Rhinogradentiaarten befinden. Die Hypothese lautet etwa: *„Auf Baumkronen in tropischen Regenwäldern leben noch unbeschriebene Arten der Rhinogradentia."* Um diese Hypothese zu belegen, muss man entsprechende Tierarten finden. Nun kommt der nächste Schritt: Handelt es sich bei dem eingefangenen Tier tatsächlich um eine neue Art?[5] Dazu muss der Forscher den Neufund mit allen bisher beschriebenen Tierarten vergleichen. Zu diesem Zweck und später für die Beschreibung der neuen Art wurden von den entsprechenden Fachverbänden Kriterien festgelegt.[6] Aus der Geschichte der Disziplin heraus ist die zentrale Evidenz das Beispiel: Für jede Art muss ein Beispielexemplar definiert werden, das als „Typus" in einem zoologischen Museum hinterlegt wird. Wenn der Forscher ein neues Rhinogradentier findet, muss er ein (ausgestopftes oder in Alkohol eingelegtes) Exemplar vorweisen können und hinterlegen. Zudem wird er möglichst viele Merkmale dieses Exemplars und weiterer Individuen, die er auch beobachten konnte, in einer schriftlichen Publikation beschreiben. Dabei wird er – je nach Zugänglichkeit und Möglichkeit – auch die innere Anatomie beschreiben und Lebensraum, Nahrung, Sexualleben, molekulare Merkmale und Polymorphismen[7] berücksichtigen. Liegt einer solchen Beschreibung eine Hypothese zugrunde? Implizit ja: nämlich die, dass diese Kriterien auf die verschiedenen Individuen einer Art zutreffen. Andererseits sind die Ausführungen primär deskriptiv. Das Beispiel zeigt, dass „deskriptive Forschung" und „hypothesengetriebene Forschung" keine sich grundsätzlich gegenseitig ausschließenden Ansätze sind.

The Scientific Method

Hypothesengetriebene Wissenschaft (*hypothesis driven science*) ist, zusammen (oder überlappend?) mit *strong inference*, innerhalb der Biologie kontrovers diskutiert worden.[8] Ihren Ursprung hat diese induktive Methode bei Francis Bacon (1561–1626). Der Ansatz besteht aus einzelnen Schritten, die zu verschiedenen Zeiten und von verschiedenen Autoren unterschiedlich beschrieben werden:

1. Alternative Hypothesen aufstellen.

2. Ein Experiment entwerfen, das eine oder mehrere der Hypothesen ausschließen kann.

3. Das Experiment ausführen.

4. Neue, darauf aufbauende Hypothesen aufstellen. Diese „Ausgangshypothesen" können dann die „Eingangshypothesen" der nächsten Studien sein, mit denen man von vorn anfangen muss.

John Platt hat 1964 in der Zeitschrift *Science* einen Artikel veröffentlicht, in dem er *strong inference* definiert und – überspitzt formuliert – als die einzig wahre Wissenschaft vorgestellt hat.[9] Ein wichtiges Argument im Artikel von Platt war der Erfolg bestimmter Disziplinen, insbesondere der Molekularbiologie und der Hochenergiephysik. Diese beiden, so Platt, haben deswegen Erfolg, weil sie sich an *strong inference* hielten. Der Einfluss war groß; zunehmend wurde an Universitäten *scientific method* unterrichtet, und die Einführungstexte der Biologie widmeten das Einleitungskapitel nicht mehr der Geschichte der Biologie, sondern der Methode des wissenschaftlichen Denkens. Im amerikanischen Raum hat sich das bis auf den Lehrplan im *kindergarden* (Vorschule) ausgewirkt, wo Naturbeobachtungen schon nach den Schritten der *scientific method* formalisiert werden. Vor die oben genannten vier Schritte kommt ein weiterer: die freie Beobachtung, aus der erst eine wissenschaftliche Frage entsteht.[10] Zu dieser Frage können nämlich erst die alternativen Hypothesen als mögliche Lösungen aufgestellt werden.

Was ist die konzeptionelle Stärke der *scientific method*? Sie liegt darin, nicht nur eine Hypothese, sondern alternative Hypothesen aufzustellen und für jede mögliche Hypothese die daraus entstehenden Konsequenzen explizit zu formulieren, in einer Weise, die experimentell überprüfbar ist.[11] Zum einen wird vermieden, dass man sich auf eine einzige Hypothese fixiert und nur noch versucht, diese zu belegen, da man ja immer die Alternative ausformulieren muss[12], zum anderen werden die Experimente stringenter, denn experimentell lassen sich Hypothesen besser widerlegen als bestätigen. Vielleicht hatte Karl Popper recht, und es ist gar nicht möglich, Hypothesen zu bestätigen (s.u.).

Die Suche nach einer Wirksubstanz

Zur Veranschaulichung wieder ein Beispiel: Wenn gegen einen Krankheitserreger ein wirksames Medikament gesucht wird, dann gibt es zwei mögliche Ansätze. Entweder werden Tausende von Substanzen blind getestet (das ist ein *blind screen*), oder es wird ein biologischer Mechanismus im Krankheitserreger erforscht und dann wird ein darauf ausgerichtetes Medikament entwickelt (der Begriff „Designerdroge" deutet auf diese Vorgehensweise hin, auch *rational ligand design* auf Englisch, oder gezielte Ligandenentwicklung). Das Medikament, das im Endergebnis herauskommt, kann in beiden Fällen identisch sein. Arbeiten, die den Wirkungsgrad belegen, würden sich bei den beiden Ansätzen nicht stark unterscheiden. Etwa: Daten zum Wachstum ohne die Wirksubstanz, Daten zum Wachstum mit der Wirksubstanz (bei unterschiedlichen Konzentrationen), Daten zum Wachstum in den Kontrollen.[13] Wenn das Wachstum durch die Wirksubstanz signifikant[14] gehemmt wird, dann ist deren Wirkung belegt.

Auch in ihrer Ausführung können die beiden Ansätze – *blind screen* und gezielte Wirkstoffentwicklung – ähnlich aufwendig sein. In beiden Fällen muss der Test einwandfrei sein, das heißt, dass man von den Messdaten auch auf eine Wirkung der Droge schließen können muss. Den Test so zu gestalten, ist ein Großteil der Expertise. Nehmen wir an, der Test soll an Zellkulturen vorgenommen werden. Dann müssen Temperatur, Zelldichte, Zusammensetzung der Inkubationsmedien, Sauerstoffversorgung, Keimfreiheit und vieles mehr stimmen, die Droge muss auf eine geeignete Weise appliziert werden, die Zellen müssen zur richtigen Zeit nach der Behandlung untersucht werden; und auch die Frage, was an den Zellen untersucht werden soll, ist relevant: Zahl der Zellen, Form der Zellen, ob sich die Zellen bewegt haben (etwa auseinander oder aufeinander zu) oder andere Parameter.

Was unterscheidet die beiden Ansätze? In erster Annäherung ist der *blind screen* hypothesenfrei, die gezielte Ligandenentwicklung hypothesengetrieben. Dennoch: Interessanterweise lassen sich beide in das Korsett *scientific method* zwängen. Bei der gezielten Ligandenentwicklung stellt der Forscher aufgrund der Eigenschaften des Erregers eine Hypothese auf, nämlich dass eine bestimmte Wirksubstanz wirken sollte. Diese wird dann im Zellkulturversuch getestet. Im Fall des *blind screen* ist es ähnlich: Die Hypothese heißt, unter den 1000 (um irgendeine Zahl zu nennen) zugänglichen Substanzen gibt es mindestens eine, die das Wachstum des Krankheitserregers hemmt. Allerdings ist dieses Korsett insofern nicht einwandfrei, als in beiden Fällen nämlich keine wirkliche Gegenthese aufgestellt wird – die formale Gegenthese entspricht der Negation der Hypothese, also „Die Substanz(en) wirkt/wirken nicht".

Werden immer Thesen aufgestellt?

Können wir daraus schließen, dass in der Biologie immer Thesen aufgestellt werden? Hier ist es wichtig, die Begrifflichkeit zu klären, denn Thesen werden – zum Beispiel in Publikationen – an zwei logisch entgegengesetzten Stellen verwendet. Zum einen gibt es die These, die der Arbeit zugrunde liegt (etwa: in dieser Arbeit wird getestet, ob Substanz X den Krankheitserreger zerstört). Zum anderen gibt es die These, die sich aus der Arbeit ergibt, aber hier noch nicht explizit getestet wird (etwa: aus den gewonnenen Daten ist zu schließen, dass Substanz X den Krankheitserreger zerstört, indem sie seine Atmung hemmt). Nennen wir, der Einfachheit halber, die eine Eingangsthese, die andere Ausgangsthese. Die Ausgangsthese einer Studie ist die Eingangsthese der nächsten.

Die Eingangsthese entsteht grundsätzlich aus der Fragestellung. Eine Frage kann ohne eine These existieren, aber nicht umgekehrt. Alternative Thesen sind alternative Antworten auf die Frage. In einfachen Fällen kann eine Frage mit den Alternativen „Ja" und „Nein" beantwortet werden und diese beiden Möglichkeiten formulieren den Eingangsthesenraum.

Dementsprechend werden in der Praxis bei biologischen Arbeiten nicht immer eine These und eine Gegenthese aufgestellt. Aus der Frage wird – ohne eine explizite These zu formulieren – ein Experiment abgeleitet, das die Antwort auf die Frage geben soll. Diese Antwort kann man dann als These bezeichnen, aber genau genommen handelt es sich dabei weder um eine Eingangsthese noch um eine Ausgangsthese. Nur im übergeordneten Sinn lässt sich in solchen Fällen die These als Ausgangshypothese identifizieren: Da in der Wissenschaft Ergebnisse erst akzeptiert werden, wenn sie an anderem Ort von anderen Forschern repliziert werden, kann die triviale Ausgangshypothese „Das Ergebnis ist wahr" als Eingangshypothese der Replikationsstudien formuliert werden.

Popper und die Biologen

Einer der in der Biologie einflussreichsten Wissenschaftsphilosophen des 20. Jahrhunderts war Sir Karl Popper (1902–1994). Der für Biologen wichtigste Gedanke Poppers ist, stark vereinfacht, folgender: Wir können keine Hypothesen belegen (verifizieren), aber wir können sie widerlegen (also falsifizieren). Für die *scientific method* bedeutet dies, dass es zu einer Hypothese eine alternative Hypothese geben muss, und wenn eine davon falsifiziert wird, dann bleibt – erst mal – die andere übrig. Intuitiv und umgangssprachlich würde man dann behaupten, dass man diese Alternativhypothese belegt hat, aber nach Popper ist das nicht so. Man hat sie auch nicht wahrscheinlicher gemacht – sie ist lediglich übrig geblieben und bleibt vorläufig akzeptiert, bis sie gegen eine noch bessere Alternativhypothese verliert. Innerhalb der experimentellen Biologie haben diese Überlegungen von Popper großen Einfluss gehabt und sicherlich auch zum Erfolg der baconschen *scientific method* beigetragen. Allerdings hat sich die harte Lesart Poppers nie durchgesetzt. Sie besagte, dass alles, was nicht in ein Falsifikationsschema passt, keine Wissenschaft ist. Popper selbst hat davon Abstand genommen, als er einsah, dass alle nicht manipulativ-experimentellen Disziplinen damit nicht mehr als Wissenschaft gelten würden: die Astronomie etwa, die sich bei den Daten nur auf Beobachtungen aus dem All stützen kann, aber derzeit kein schwarzes Loch herstellen kann, oder alle „historischen" Wissenschaften wie etwa die Evolutionsbiologie, die auch nicht in der Lage ist, die Evolution des Menschen unter veränderten Bedingungen zu wiederholen.[15]

Interessanterweise bezeichnen sich viele Biologen als Anhänger Poppers, obwohl sie sich selbst gar nicht an seine Theorie halten. Ein einfacher Blick in die Literatur und die Forschung macht klar: Wir forschen, um Neues zu lernen, nicht um alternative Hypothesen abzulehnen. Ganz selten werden Artikel publiziert, die als Hauptaussage die Widerlegung einer Hypothese enthalten. Wenn ein Wissenschaftler von seiner Arbeit erzählt, dann doch eher in der Form „Ich habe herausgefunden, dass ..." und nicht in der Form „Ich habe widerlegt, dass ...". Hinzu kommt, dass es zu jeder „wahren" Theorie immer unendlich viele „falsche" geben kann – weshalb der Widerlegung einer einzelnen falschen Alternativhypothese intuitiv keine große Bedeutung zukommen kann. Wir wollen nicht wissen, was *nicht* der Fall ist, sondern genau das, was der Fall ist. Damit nimmt Poppers Falsifizierungsansatz eigenartig hybride Formen an: einerseits in der Theorie geschätzt, andererseits in der Praxis ignoriert.

Ein weiterer Schwachpunkt in der Beziehung zwischen dem popperschen Denken und den Biologen liegt in der oft deskriptiven Natur biologischer Forschung, bei der es darum geht, Neuland erstmals zu beschreiben. Das oben genannte Beispiel einer neu zu beschreibenden Tierart ist schwer in ein poppersches Schema zu zwängen. Und in der jüngsten Vergangenheit hat die Erforschung von Genen, die an einem Krankheitsbild beteiligt sind, durch computergestützte, „blinde" Analyse wie etwa GWAS (genome wide association studies) stark zugenommen. Die Erfolge dieser hypothesenfreien Methoden sind so groß, dass Popper in manchen Artikeln schon als überholt deklariert wird. Wenn durch automatisierte Methoden alle möglichen Hypothesen getestet werden können, dann braucht man die gezielte Formulierung der besten Hypothesen und deren Widerlegung im popperschen Sinne nicht mehr.[16]

Ein Neurotransmitter im Gehirn

Ein anderes Beispiel: Nervenzellen kommunizieren untereinander über chemische Botenstoffe – die Neurotransmitter. Diese sind in der Zelle in kleine Vesikel (Bläschen) eingepackt und werden auf ein Signal hin ausgeschüttet, sodass sie auf benachbarte Zellen wirken. Dies passiert an Synapsen – Zonen, an denen sich die transmitterausschüttende Zelle und die Zielzelle fast berühren. Hier gibt es offene Fragen: „Ist dieser Kommunikationsmechanismus im Gehirn allgemeingültig?" Oder: „Gibt es Zellen, die auch anders Transmitter ausschütten?" Ein Transmitter heißt Dopamin, und dann lässt sich die Frage spezifischer stellen: „Wird Dopamin immer über Vesikel ausgeschüttet?" Noch enger: „Gibt es Stellen, an denen Dopamin nicht über Vesikel ausgeschüttet wird?" Und noch enger: „Wird in der Substantia nigra (einem ganz bestimmten Hirnareal) Dopamin nicht über Vesikel, sondern direkt über einen Membrantransporter freigesetzt?" In dieser Folge von Fragen wurde eine Hypothese immer stärker konkretisiert. Am Ende steht – in dieser Formulierung – eine Alternative: entweder Vesikel oder Transporter. Welche der beiden Möglichkeiten ist plausibel? Dazu kann man Experimente machen und belegen, dass die Vesikelhypothese nicht stimmt, aber die Transporterhypothese schon. Hierzu setzt man im physiologischen Experiment Substanzen ein, die den Dopamintransporter blockieren, nicht aber die Vesikelausschüttung. Wenn dann kein Dopamin mehr freigesetzt wird, ist die Freisetzung auf den Transporter zurückzuführen.[17] Dies folgt der *scientific method*: eine Beobachtung, zwei daraus gefolgerte, alternative Hypothesen, eine Reihe von Experimenten und die Schlussfolgerung daraus, die uns im Verständnis der Funktionsweise des Gehirns weiterbringt. Auffällig ist, dass dies nicht der popperschen Sichtweise entspricht, denn wir wissen jetzt, wie es funktioniert. Die Falsifikation der Vesikelhypothese wird in der Studie durch Experimente ergänzt, die eine alternative Erklärung nahelegen: nämlich den direkten Transport.[18] Obwohl, wie gerade ausgeführt, der Begriff der Hypothese auf die einzelnen Arbeiten mal mehr, mal weniger gut anwendbar ist, entspricht das nicht dem roten Faden in der Arbeit der meisten Forscher. Eine bessere Beschreibung ist hier die Fragestellung, das heißt im großen Rahmen das Thema, an dem geforscht wird. Und zu diesem Thema lässt sich für jeden Wissenschaftler ein „Szenario" formulieren, also eine Beschreibung der eigenen Vorstellungen, wie es denn nun wirklich ist. Die Arbeit im Einzelnen versucht dann, dieses Szenario zu belegen, indem aus dem Szenario heraus Versuchsansätze entwickelt werden. Erst auf dieser kleineren Stufe kann in der Praxis von einer Hypothese gesprochen werden. Das Szenario selbst ist ein Gedankenkonstrukt, die Experimente sollen das Konstrukt festigen – in der Gedankenwelt der Biologen sieht das ganz anders aus als in den Vorstellungen Poppers.

Die wichtigste Frage, wenn experimentelle Untersuchungen in der Biologie beurteilt werden, lautet: Stimmen die Kontrollen? Was genau ist eine

Kontrolle? Grundsätzlich soll eine Kontrolle ein Experiment sein, in dem alles genauso ist wie im Hauptexperiment, und der einzige Unterschied liegt in der zu beobachtenden Variable. Nehmen wir an, wir testen ein neues Medikament, und von 100 Leuten, die mit dem Medikament behandelt werden, werden 80 gesund. Ist das Medikament nun wirksam? Das lässt sich mitnichten sagen. Soll die Wirksamkeit eines Medikaments getestet werden, müssen gleich viele Menschen mit gleich aussehenden und bis auf den Wirkstoff identischen Medikamenten zur gleichen Zeit unter identischen Bedingungen behandelt werden. Der Unterschied zwischen den Behandelten und den Kontrollpersonen sagt etwas über die Wirksamkeit des Medikaments aus. Ob der Unterschied aussagekräftig ist, wird aufgrund von statistischen Überlegungen entschieden.

Für die Evidenz des Experiments entscheidend ist, ob die Kontrolle richtig ausgeführt wurde. Das ist in den meisten Fällen nicht trivial. Wenn etwa belegt werden soll, dass eine bestimmte Gehirnregion – sagen wir, der Hippocampus – für das Gedächtnis wichtig ist, dann wäre es ein mögliches Experiment, den Hippocampus eines Tieres zu entfernen und dann zu zeigen, dass das Tier keine neuen Gedächtnisinhalte speichern kann. Was ist die Kontrolle? Tiere, bei denen die gleiche Gehirnoperation durchgeführt wird? Es kann ja nicht die gleiche Operation sein, denn der Hippocampus soll nicht beschädigt werden. Soll als Kontrolle ein anderes Areal entfernt werden? Oder soll nur die Operation, das heißt Narkose, Aufschneiden und Zunähen, als Kontrolle reichen?

Bei jeder Kontrolle ist darüber hinaus zu beachten, dass bei der Untersuchung selbst die Versuchstiere und die Kontrolltiere nicht zu unterscheiden sind; die Versuche müssen blind durchgeführt werden.

Wie wird eine These belegt?

Der Kommunikationsprozess

Wissenschaft ist Kommunikation, und das bedeutet, die eigenen Ergebnisse und neue Erkenntnisse mit anderen Wissenschaftlern zu teilen. Die Kommunikationswege sind vielfältig: Vom informellen Weg der Einzelgespräche über mündliche Kongressbeiträge auf spezialisierten Tagungen zu Vorträgen vor einem nicht spezialisierten Publikum besteht ein breites Angebot an verbaler Präsentationsmöglichkeit. Eine ähnliche Auffächerung gibt es bei den schriftlichen Arbeiten: Sie reichen vom Artikel in der spezialisierten Fachzeitschrift zum Artikel in den beiden von allen Wissenschaftlern gelesenen Zeitschriften (*Nature* und *Science*), vom spezialisierten Übersichtsartikel zum allgemein verständlichen Zeitungsbeitrag. Die Anforderungen an die Evidenzbeschreibung sind dabei ganz unterschiedlich.

Diese Unterschiede entstehen durch die verschiedenen Bedürfnisse und Zeitvorgaben. Im Zeitungsartikel sind die Details weniger wichtig als der große Wurf, während im spezialisierten Artikel jedes Detail in allen Einzelheiten beschrieben werden sollte. Ein wichtiger Unterschied liegt auch in der Zielgruppe: Während es bei einer „Zeitschrift der Hirnanatomie von Nacktschnecken" unstrittig ist, einen Artikel über die Anatomie des Gehirns einer diesbezüglich noch nicht bearbeiteten Nacktschnecke zu publizieren, muss für eine Publikation in *Nature* erst die übergeordnete Bedeutung dieser Neubeschreibung erklärt werden, hier muss nicht nur die Evidenz der Befunde, sondern auch die Relevanz für die Zielgruppe herausgearbeitet werden. Dieser zielgruppengerichtete Relevanzaspekt soll hier nicht besprochen werden, wohl aber der zielgruppengerichtete Evidenzaspekt.

Welche Evidenz wird akzeptiert?

Bei dieser Frage ist zwischen „Methodik" und „Gedankenführung" zu unterscheiden. Die Methodik wird in jeder Disziplin, besonders aber in den experimentellen Fächern, kontinuierlich weiterentwickelt. Dementsprechend ist der Anspruch, den man an die methodische Realisierung eines Papers stellt, heute anders als in zwei Jahren: Es muss immer dem *State of the Art* entsprechen. Oft kann man aufgrund der heutigen Technik gar nicht genau genug sein, etwa wenn die mikroskopische Auflösung nicht ausreicht, um wichtige Details zu erkennen. Wenn aber eine Behauptung aufgestellt wird, die durch experimentelle Daten gestützt wird, deren mikroskopische Auflösung limitiert ist, und wenn sich diese Beschränkung auf die Aussage direkt auswirkt, dann ist diese Behauptung nicht publizierbar, sofern derzeit eine bessere Auflösung technisch möglich gewesen wäre. Zu der Methodik gehört auch die Statistik: Sofern bessere statistische Techniken entwickelt werden, mit denen man die Signifikanz quantitativer Daten erörtern kann, dann müssen sie auch angewendet werden.

Die Frage, welche Evidenz akzeptiert wird, kann in der Methodik immer nur zeitgebunden beantwortet werden. Hinzu kommt, dass mit der Zeit nicht nur die Techniken verbessert werden, sondern auch das Verständnis und die Wissenschaftsgeschichte weiterschreiten. Um das schon oben erwähnte Beispiel der Klonierung zu verwenden: Mit der Zeit gibt es bessere Techniken, um bei einem Klon zu belegen, dass es sich tatsächlich um einen Klon handelt, sodass heute die Beweisführung auch diese neuen Techniken einsetzen muss. Zudem ist gerade in diesem Fall durch die aufgedeckten Betrugsfälle die Sensibilität erhöht worden.

Mit Blick auf die „Gedankenführung" haben grundsätzliche Erfahrungen aus der Erkenntnistheorie eine wichtige Bedeutung, etwa der Modus tollens oder Modus ponens.[19] Es muss belegt werden, dass die Daten schlüssig und ausreichend sind und dass sie die Behauptung tatsächlich belegen.

Wie werden Thesen oder Behauptungen gestützt?

Die Rolle der Beispiele und Abbildungen

Die Präsentation von Daten erfolgt, wie oben erwähnt, bei der mündlichen Kommunikation anders als bei der schriftlichen. In der mündlichen Kommunikation ist die visuelle Darstellung zentral: Kein biologischer Vortrag kommt ohne die visuelle Darstellung von Daten aus.[20] Welche Daten werden aber wie dargestellt? Gibt es einen rhetorischen Königsweg, der für Vorträge aus der Biologie geeignet ist? Die Antwort ist sicherlich Nein, denn gute Redner zeichnen sich ja auch dadurch aus, dass sie die Hörer in Inhalt und in Form überraschen. Aber dennoch gibt es einen generellen Leitfaden, und es gibt eine ganze Literatur dazu, wie Vorträge (und andere Kongressbeiträge, beispielsweise Poster[21]) aufgebaut sein sollen.

Als Erstes sollte ein Vortrag klarmachen, was das Thema sein wird. In den meisten Vorträgen wird das Thema allgemein beschrieben, in einzelnen Fällen beginnt der Vortrag aber schon mit einer Hypothese, die dann im Weiteren abgearbeitet wird. Danach wird der wissenschaftliche Inhalt erläutert. Da im Idealfall der Inhalt neu ist, geht es darum, im Publikum die Evidenz für die neuen Befunde zu erzeugen. Infolgedessen können wir uns einen Vortrag auch unter dem Blickwinkel anschauen, wie in dieser Disziplin Evidenz erzeugt oder Überzeugungsarbeit geleistet wird.[22]

Der erste Schritt in der Evidenzerzeugung ist das Beispiel. Wenn ein Befund nicht wenigstens in einem Beispiel erläutert werden kann, ist er nicht überzeugend. Das was als „typischer Datensatz" beschrieben wird, oder manchmal auch als „besonders schöner Datensatz", hat zweierlei Zweck. Zum einen dient der Beispielsatz der Erläuterung des Inhalts. Zum anderen wird im Zuhörer die Evidenz neu erzeugt: In einem guten Vortrag entstehen in den Zuhörern durch die Präsentation dann immer genau die Fragen, die in den nächsten Folien gelöst werden. Auf diese Weise geleitet, haben die Zuhörer immer das Gefühl, dem Vortrag eine Folie voraus zu sein, und werden zu aktiven Zuhörern.

Wir müssen noch auf diesen Effekt eingehen, den „Heureka-Effekt". Durch das Beispiel soll der Inhalt verstanden werden. „Verstanden" bedeutet hier, dass der innere Zusammenhang durchdrungen wird. Wenn etwa eine bestimmte Zellfunktion, sagen wir ein Mechanismus, mit dem die Zelle ihre eigene Größe einstellt, verstanden wird, dann können die visuellen Daten Zellen sein, die unter bestimmten Bedingungen abnorm groß oder klein sind, unter anderen Bedingungen aber normal. Das Ganze wird am Ende in einer Schemazeichnung zusammengefasst. Während die Einzelbeispiele die verschiedenen experimentellen Situationen darstellen und vermitteln sollen, vermittelt die Schemazeichnung den Mechanismus in seinen Wechselwirkungen.[23]

In den meisten Fällen ist – hoffentlich – am Ende eines Vortrags eine Hypothese plausibel (durch das Zeigen von Beispielen) und in ihrer Aussage verständlich gemacht worden (durch die Grafik, die den Mechanismus zeigt). Ob der Befund aber stimmt, wird durch die Wiederholbarkeit und Allgemeingültigkeit des experimentellen Ergebnisses gezeigt, was meist durch einen statistischen Test belegt wird. Bei der mündlichen Präsentation wird auf diesen Teil nur relativ kurz eingegangen, denn hier geht es vor allem darum, das Modell zu vermitteln. Dementsprechend wird einer mündlichen Mitteilung aber weniger Gewicht beigemessen: Es gibt viele Befunde, die in der wissenschaftlichen Gemeinschaft bekannt sind, da sie auf Tagungen schon vorgestellt wurden, die aber noch nicht richtig akzeptiert werden, da sie bislang nicht schriftlich publiziert wurden – erst in der schriftlichen Version wird die Datenlage ausführlich belegt, sodass der Leser die Evidenz in Ruhe überprüfen kann.[24] Zudem werden schriftliche Arbeiten im Allgemeinen vor der Publikation begutachtet, weshalb eine schriftliche Publikation mehr Vertrauen verdient.

Der Artikel in der Zeitschrift

Daraus folgt, dass die schriftliche Arbeit einen höheren Grad an Vollständigkeit aufweist. Aber auch hier verschiebt sich in Zeiten zunehmender

Artikelfülle der Trend in Richtung auf Arbeiten, in denen die Daten selbst nur einen kleinen Teil der Arbeit ausmachen. Diese Entwicklung wird dadurch begünstigt, dass die meisten Verlage Zusatzmaterial zu den Artikeln zulassen, das im Internet zugänglich ist, aber nicht gedruckt wird (*supplementary material*).

Durch die großen Datenmengen, die im Internet abrufbar sind, haben sich auch die Ansprüche an publizierte Evidenzkriterien verändert. Vor allem in den Teildisziplinen der Biologie, in denen theoretische und insbesondere modellierende Ansätze stark werden (etwa in der *computational neuroscience*, in der die Netzwerke der Nervenzellen im Gehirn untersucht werden, oder in der *systems biology*, in der die biochemischen Netzwerke von Zellen und Zellverbänden modelliert werden), nimmt der Anspruch zu, alle Daten zu publizieren, und nicht nur die Mittelwerte und die Ergebnisse der statistischen Tests. Dies liegt daran, dass die Theoretiker auf experimentelle Daten angewiesen sind und diese Daten idealerweise aus unterschiedlichen Experimenten und aus unterschiedlichen Arbeitsgruppen beziehen. Damit werden die Schlussfolgerungen, die aus den Ergebnissen eines Experiments gezogen werden, für alle nachprüfbar; das Experiment selbst wird dadurch natürlich nicht geprüft und auch nicht repliziert.

Durch die Flexibilität in der Datenübermittlung, die dank des Internets gegeben ist, sind die formalen Anforderungen an den geschriebenen wissenschaftlichen Artikel aber nicht reduziert worden. Wie hoch diese Anforderungen sind, hängt von der Zeitschrift ab. Generell werden von jeder Zeitschrift recht stringente Anforderungen gestellt. Die häufigste Einschränkung betrifft den Umfang, den eine Arbeit haben soll, und hier wiederum sind besonders häufig die Einleitung und die Diskussion starken Beschränkungen unterlegen.[25] Wie stark Ergebnisse und Diskussion getrennt werden, wird von verschiedenen Zeitschriften ebenfalls unterschiedlich stringent gehandhabt: In Zeitschriften, die wenig Platz zur Verfügung stellen, wird keine klare Grenze gezogen. Interessanterweise haben aber gerade diese Zeitungen die strengsten Auflagen in Bezug auf einen standardisierten Aufbau, bis hin zum detaillierten Aufbau der Zusammenfassung.[26]

Wie unterscheiden sich Kommunikations- und Erzeugungsprozess?

Der Erzeugungsprozess und der Kommunikationsprozess unterscheiden sich fundamental. Wie oben schon erwähnt, variiert der Kommunikationsprozess selbst in unterschiedlichen Medien: Die Evidenz, die für einen Artikel in der Tageszeitung nötig ist, reicht nicht für einen Fachartikel, der sich an die Expertenrunde richtet, und bei mündlichen Vorträgen haben wir eine ähnliche Bandbreite.

Eine in der Kommunikation bewährte Technik ist die, den Erkenntnisprozess beim Leser/Zuhörer zu initiieren. Das bedeutet, wir präsentieren eine Frage, dazu eine Vermutung (Eingangshypothese), stellen dann Ergebnisse aus einem Experiment vor, die auf diese Frage eine Antwort geben, und erhalten damit eine Antwort (Ausgangshypothese). Formal entspricht dies dem Arbeitsverlauf, wie er bei der *scientific method* dargestellt wurde. Tatsächlich wird gerade in der Kommunikation dieser Verlauf stringenter eingehalten als in der Forschungspraxis selbst. Wie kommt das?

Erstens werden in der Forschung oft viele Ideenstränge parallel verfolgt. Nicht alle Ansätze funktionieren, und manchmal gibt es Experimente, bei denen sich im Nachhinein herausstellt, dass sie keine verwertbaren Ergebnisse geliefert haben. Auch kann es vorkommen, dass im Rahmen einer bestimmten Fragestellung Experimente gemacht werden, die sich als nicht informativ in Bezug auf diese Frage herausstellen, aber für eine andere Frage sehr relevant sind. Für diese andere, gewissermaßen später hinzugefügte Frage müssen dann noch Experimente gemacht werden, die in der Logik oft aber schon vorher hätten gemacht werden müssen. Mit anderen Worten: Die Erkenntnisgewinnung im Labor nimmt nicht immer den geraden Weg, setzt nicht unbedingt Meilenstein auf Meilenstein, sondern erfolgt zum Teil über Umwege. Hinzu kommt, dass die Motivation für einen selbst, in der eigenen ganz engen Frage zu forschen, größer ist als die Motivation für einen Leser oder Zuhörer, der eher einen Überblick möchte und am großen Wurf interessiert ist statt an den detailreichen Einzelheiten.

Das bedeutet, das für die Publikation durchaus die Reihenfolge der Experimente im Vergleich zu der tatsächlichen Reihenfolge verändert wird, wenn der Gedankengang dadurch klarer wird. Das Ziel ist es, einen möglichst logischen Aufbau zu erreichen; die Ergebnisse sollen nachvollziehbar sein und die Evidenz schlüssig zu der Eingangshypothese passen, um diese zu belegen, zu erweitern, zu verändern.

Es gibt noch einen weiteren Grund, warum sich Erkenntnisprozess und Kommunikationsprozess unterscheiden. Während für die eigene Arbeit das Widerlegen einer Annahme immer eine zentrale Bedeutung hat, ist dies für die Publikation in den meisten Fällen uninteressant, solange nicht eine Alternative geboten wird. Im Raum der möglichen Lösungen in der Biologie gibt es zu viele Alternativen, als dass uns das Widerlegen einer dieser Lösungen in der Suche nach der richtigen Erklärung weiterbringt. Noch schwieriger wird es bei „negativen" Ergebnissen, wenn ein Befund nicht bestätigt werden kann. Es ist fast unmöglich, in diesen Fällen einen methodischen oder Ansatzfehler auszuschließen – solange nicht gezeigt wird, dass unter anderen Bedingungen der Befund wohl existiert. Wenn eine Arbeitsgruppe trotz großer Bemühungen nicht in der Lage ist, ein Tier zu klonen, ist das kein Beweis dafür, dass die Klonierung an sich unmöglich ist.

Zusammenfassung

In der biologischen Forschung gibt es eher deskriptive Ansätze, etwa die Suche nach einer neuen Art oder einem neuen Gen, und eher *hypothesis driven* research, etwa die Annahme, dass ein bestimmtes Gen eine bestimmte Aufgabe übernimmt. Die Glaubwürdigkeit der Ergebnisse wird durch die Reproduzierbarkeit, die richtigen Kontrollversuche und die statistische Signifikanz gesichert.

Die Relevanz der Versuche für die untersuchte Frage ergibt sich aber nicht durch die Statistik, sondern dadurch, dass die Versuche die Hypothese tatsächlich belegen. Dadurch wird die Kommunikation oft vereinfacht: In einem Zeitungsartikel wird weniger über die konkreten Zahlen referiert als über den großen Zusammenhang einer neuen biologischen Erkenntnis.

Daraus ergibt sich, dass die Evidenzkriterien in unterschiedlichen Zusammenhängen unterschiedlich angewendet werden. Während im Versuch an sich wie auch in der spezialisierten Zeitschrift durchaus jeder einzelne Datenpunkt relevant ist und wegen der zunehmenden Anzahl modellierender Ansätze auch publiziert werden muss, liegt in der Kommunikation generell der Schwerpunkt auf den logischen Zusammenhängen und den sich daraus ergebenden Schlussfolgerungen.

Anmerkungen

1   Die neuen Richtlinien wurden folgendermaßen dargestellt: „How much data should be provided when papers are submitted? Authors of cloning papers should always present enough data to document the logical flow and efficiency of a cloning procedure. But we may in addition require authors to provide raw data on request, for inspection by reviewers or editors. This allows an additional level of verification should questions arise during the review process, by ensuring that the data presented in the paper are an accurate interpretation of the raw data."

2   In einem Ratgeber zur Antragstellung wird erläutert, dass eine Hypothese fundamental für einen Antrag ist (aber auch schon – was neu ist – die Möglichkeit eines Antrags ohne Hypothese eingeräumt):

> Many top-notch NIH grant applications are driven by strong hypotheses rather than advances in technology. Think of your hypothesis as the foundation of your application –
>
> the conceptual underpinning on which the entire structure rests.
>
> Generally applications should ask questions that prove or disprove a hypothesis rather than use a method to search for a problem or simply collect information.
>
> However, an ongoing trend has moved us toward more applied research to discover basic biology or develop or use a new technology, especially in key areas such as organisms used for bioterrorism.
>
> If your application is not hypothesis-based, state this in your cover letter and give the reasons why the work is important.
>
> In most cases, you'll choose an important, testable, focused hypothesis that increases understanding of biologic processes, diseases, treatments, or preventions and is based on previous research.
>
> State your hypothesis in both the Specific Aims section of the Research Plan and the abstract.
>
> The following is an example of a good research hypothesis:
> „Analogs to chemokine receptors can inhibit HIV infection."
> Examples of a poor research hypothesis:
> „Analogs to chemokine receptors can be biologically useful" or „A wide range of molecules can inhibit HIV infection."
> (http://www.niaid.nih.gov/ncn/grants/plan/plan_c1.htm, 2008,
> mit Formatierungsänderung).

In einem weiteren Ratgeber wird erläutert, welche „hypothesis-free" Möglichkeiten es gibt:

> *Proposals that are not hypothesis driven: Clinical Research; Design-Directed/Developmental Research; Health Policy-Motivated Studies; Instrument/Methods Development; Resource/Database Creation; Curiosity-Driven Science; Discovery-Driven Research; Hypothesis-Developing Research.*

3   Nachfolgend finden sich um der besseren Lesbarkeit willen ausschließlich die männlichen Formen.

4   Die Rhinogradentia („Nasenschreitlinge") wurden 1961 in einer Publikation von Gerold Steiner unter dem Pseudonym Harald Stümpke vorgestellt. Tatsächlich handelt es sich dabei um eine rein fiktive Gruppe, die es aber bis in die zoologischen Lehrbücher geschafft hat (vielleicht als Beweis dafür, dass Zoologen Humor haben, oder als Test dafür, ob Studierende echte von erfundenen Tieren unterscheiden können).

5   Auf den Seitenwegen der Erkenntnis entstehen hier noch viele andere interessante Varianten, zum Beispiel wenn der Forscher nicht eine neue Rhinogradentia-Art findet, sondern eine neue Käferart – also eine Entdeckung ohne gezieltes Suchen macht; „serendipity" wird das im Englischen genannt.

6   Vgl. als Beispiel die Anforderungen aus dem Senkenbergmuseum in Frankfurt zur Beschreibung neuer Arten (http://www.senckenberg.de/root/index.php?page_id=1531): *Description of new taxa: In the case of describing new taxa, the following order of text paragraphs must be used:*

   a.   Introduction of the new taxon in a sub-headline like: „Lmnoiana n. gen." or „Abciana xyzei n. sp." or similar; including the correct abbreviations for the intended taxonomic act and also including the reference to an illustration (the holotype or at least the diagnostic characters must be illustrated within the publication).

   b.   Where necessary, a bibliographic list of the references in which the new taxon was already cited by error or misidentification in other publications.

   c.   Directly after the introduction of the new taxon (the listing of new taxa in the abstract or in main headings is not the official introduction!) the following information must be provided: For new taxa above the level of species: Designation of the typical taxon and information about the grammatical sex in case of new genera; for new taxa of the level of species: Designation of the holotype including information about the sex of the specimen, the exact collecting and collection data with all labels, including the number of the type catalogue (if already possible), a possible genitalia dissection number, and the depository of the holotype (in a public museum) and other information.

   d.   For new taxa of the level of species: the total number of paratypes, differenciated by sexes, in unambiguous listing: number males, number females for all collecting data (which can be combined), also including possible genitalia dissection numbers, etc., and depository/depositories of the paratype(s).

   e.   Where necessary, a list of specimens which have been examined and determined to also represent the new taxon, but are not included in the paratypes for one reason or another.

   f.   A paragraph explaining and describing the form of the new name: under the heading "Etymology" or "Derivatio nominis" or similar, the construction of the new name must be explained, with a note about the grammatical sex for names of the genus level. — It is seriously recommended to explicitly define zoological names of the species level which are formally adjectives on grammatical grounds, to be substantives in apposition to the generic name (Article 34.2.1 of the Code, ICZN 1999). This is to avoid the secondary change of the grammatical sex (i.e., the spelling!) of the specific name in case the species is transferred into another genus with another grammatical sex (especially in digital databases ...).

   g.   After these paragraphs, the differential diagnosis and the description of the new taxon come next. The holotype, the external morphology and differentiating characters must also be illustrated.

   h.   Finally, other information about the new taxon such as natural history information, preimaginal descriptions, taxonomic notes and comments, etc. can be provided.

       All new taxa must be listed in the abstract, including the correct abbreviation for the taxonomic act and, for taxa on the species level, the sex and the depository (and, where possible, type catalogue number) of the holotype.

7   Polymorphismen (poly=viel, morph=Form) sind unterschiedliche Erscheinungsformen einer Art, etwa wenn Männchen und Weibchen unterschiedlich aussehen oder Jungtiere an-

ders aussehen als Erwachsene. Starke Polymorphismen haben schon zur Folge gehabt, dass verschiedene Individuen aus einer Art unterschiedlichen Arten zugeordnet worden sind. Der zunehmende Zugang zu genetischen Informationen hat auch bei der Beschreibung neuer Arten neue Techniken und damit neue standardisierte Kriterien hervorgebracht, auf die hier nicht eingegangen wird.

8 Ich verwende hier und im weiteren Text die englischen Begriffe nicht, um neue Anglizismen einzuführen, sondern weil ich mich konkret auf die englischsprachige Literatur beziehe. Biologische Fachdiskussionen werden derzeit fast ausschließlich auf Englisch kommuniziert. Die Begriffe *strong inference* und *scientific method* werden viel strenger und genauer gefasst als ihre deutschen Umschreibungen, etwa „wissenschaftliche Arbeitsmethodik". Ein weiterer Grund für die höhere Präzision des englischen Begriffs ist rein sprachlich: „science" ist „Naturwissenschaft", und nicht „Wissenschaft", sodass *scientific method* eher etwas umständlich als „naturwissenschaftliche Arbeitsmethodik" zu übersetzen wäre.

9 "Certain systematic methods of scientific thinking may produce much more rapid progress than others", Platt 1964. Dieser Artikel wurde durchaus kontrovers diskutiert. Kritiker waren der Meinung, dass entweder die Praxis tatsächlich ganz anders aussieht oder dass durch so ein festes Korsett die Qualität der Wissenschaft abnimmt, und nicht zunimmt; siehe etwa O'Donohue & Buchanan, 2001: Behavior and Philosophy, 29:1–20.

10 Entsprechende Poster finden sich im Internet. Hier die Abschrift von einem Poster für amerikanische Vorschulen, in dem 7 Punkte im Kreis angeordnet und über Pfeile miteinander verbunden sind: 1. Choose a problem (state the problem as a question), 2. Research your problem (Read, get advice, and make observations), 3. Develop a hypothesis (Make a prediction about what will happen), 4. Design an experiment (Plan how you will test your hypothesis), 5. Test your hypothesis (Conduct the experiment and record the data), 6. Organize your data (Create a chart or graph of your data), 7. Draw conclusions (Analyze your data and summarize your findings).

11 Manche haben genau diesen Punkt kritisiert: Wenn nur noch gedacht werden darf, was überprüfbar ist, dann beschneidet man sich im Denken. Die Verfechter argumentieren, dass ebendies die Stärke ist: Wenn gedacht wird, was nicht überprüfbar ist, dann befindet man sich außerhalb der Wissenschaft und schadet ihr nur.

12 Ein Beispiel: Der Mathematiklehrer stellt eine neue Reihe vor: 2, 4, 6, 8 ..., und fragt die Schüler: Welche Zahl ist die nächste? Die Schüler melden sich: 10! Richtig! 12! Richtig! 14! Richtig! Dann fragt der Lehrer, was denn das Kriterium dafür ist, ob eine Zahl richtig ist. Die Schüler sagen: Es muss immer die nächste gerade Zahl sein. Mit anderen Worten: Die Hypothese lautet, dass die Reihe aus allen geraden Zahlen besteht. Der Lehrer antwortet: Nein – die Regel ist „Immer richtig". Um herauszufinden, ob ihre Hypothese wahr ist, hätten die Schüler auch Zahlen testen müssen, die nach ihren Kriterien die Antwort „Falsch!" generieren (d.h. Alternativhypothesen testen). Durch die Fixierung darauf, die eigene Erklärung zu bestätigen, wurde der Erforschungsraum eingeengt.

13 Die „Kontrolle" gehört mit zu den wichtigsten Bestandteilen jeder experimentellen Arbeit. Idealerweise wird jeder Versuch doppelt angelegt, einmal mit der experimentell zu untersuchenden Manipulation, einmal in jeglicher Hinsicht identisch, aber ohne diese Manipulation. Die Kunst der richtigen Kontrolle ist es, nur den einen Parameter, den man untersuchen will, als einzig freien Parameter anzulegen. Kontrollversuche werden weiter unten thematisiert.

14 „Signifikant" heißt immer „statistisch signifikant". Die Statistik ist ein Grundpfeiler der wissenschaftlichen Methodik in allen quantitativen Wissenschaften. Sie ist aber kein Evidenzkriterium: So wie man zur Darstellung von exponentiell wachsenden Daten eine

Log-Funktion verwendet, so nimmt man für die Analyse von quantitativen Daten die dafür geeignete Statistik.

15   Gemeint ist die historische Evolutionsbiologie, etwa die Stammbaumrekonstruktion. Evolutionsmechanismen können sehr wohl experimentell überprüft werden.

16   Van Ommen, 2008: Popper revisited, GWAS was here, last year. Europ. J. Hum. Gen. Interessanterweise wird hier der „hypothesenfreie" Ansatz, für Krankheiten verantwortliche Gene zu finden, beschrieben; hypothesenfrei deshalb, weil keine Vorhersage über die beteiligten Gene gemacht wird. In einer erweiterten Sichtweise ist der Ansatz aber mitnichten hypothesenfrei, da allein das Suchen nach verantwortlichen Genen die Hypothese voraussetzt, dass Gene für eine bestimmte Krankheit verantwortlich sind.

17   Dieses Beispiel basiert auf der Arbeit von Falkenburger, Barstow und Mintz, Science 293:2465–2470, 2001.

18   Auch wenn in solchen Studien die Schlussfolgerung die ist: es ist so, wie wir es zeigen, bleibt die grundsätzliche Skepsis und Bescheidenheit bestehen: Keine Theorie ist so sicher, dass sie nicht durch eine bessere ersetzt oder abgelöst werden könnte, wenn die Daten besser interpretiert werden oder wenn neue Daten hinzukommen. So gesehen ist keine naturwissenschaftliche Erkenntnis „wahr". Dadurch entsteht aber mitnichten Beliebigkeit; der Naturwissenschaft liegt der Glaube zugrunden, dass es eine Wahrheit gibt und dass verschiedene Erklärungen unterschiedlich gut (wahr) sind. Nur deswegen lohnt es sich für uns, sich der Wahrheit immer weiter anzunähern.

19   Interessanterweise werden diese Argumentationsweisen, die aus der Philosophie kommen, nur ganz selten in den Naturwissenschaften gelehrt. Unter Studierenden sind diese Begriffe fast gänzlich unbekannt. Hingegen sind die Argumentationsweisen, die hinter diesen Begriffen stehen, allen Studierenden bekannt und werden im Allgemeinen auch befolgt. Hier ist die Praxis ein Learning by Doing. Wenn ich Studierenden diese Begriffe vermitteln will, kommt oft die Frage, warum dies denn so formalisiert werden soll – es sei doch selbstverständlich! Worum handelt es sich bei *Modus tollens* und *Modus ponens*? Im Modus ponens gibt es zwei Prämissen, erstens „Aus A folgt B" und zweitens, dass „A" gegeben ist. Daraus folgt, dass „B" gegeben sein muss. Im Modus tollens sind die Prämissen ebenfalls erstens „Aus A folgt B", aber zweitens „nicht B". Die Schlussfolgerung ist hier: „nicht A".

20   Jede Disziplin hat auch ihre eigenen Konventionen bei der mündlichen Präsentation. In der Biologie ist es üblich, frei zu reden – der abgelesene Vortrag gilt im Allgemeinen als inakzeptabel. Daten dürfen nicht nur mündlich vermittelt werden, sie müssen auch visuell dargestellt werden. Diese Konventionen in der Präsentation gehen einher mit Kapazitäten auf Zuhörerseite: Ähnlich wie im Fernsehen oft wechselnde Bilder dazu dienen, die Aufmerksamkeit der Zuschauer aufrechtzuhalten, ist das auch beim biologisch-wissenschaftlichen Vortrag. Wenn durch mangelnde visuelle Abwechslung die Aufmerksamkeit der Zuhörer verloren geht, wird dies dem Vortragenden angelastet, er gilt dann als schlechter Redner. Ich kann mir vorstellen, dass in anderen Disziplinen, wo das lange Zuhören stärker geübt wird, der Fehler in einer solchen Situation beim Zuhörer gesucht wird.

21   So wie viele Zeitschriften klare formale Vorgaben zum Aufbau von Artikeln machen, gibt es von verschiedenen Gesellschaften auch Richtlinien oder Empfehlungen für die Präsentation von Postern und den Aufbau von Kurzvorträgen, etwa von der Society for Neuroscience. Ein Beispiel für ein solches Poster ist „Arachidonic Acid Anomalously Accumulates after Archetypic Apoptosis at Aardvark Association Areas", unter http://www.sfn.org/am2008/index.cfm?pagename=resources_presentation#posters (2009).

22   Hier unterscheidet sich der wissenschaftliche Vortrag ganz grundlegend von einer Vorlesung. Selbst wenn in der Vorlesung auch Evidenzen genannt werden, so vermittelt die

Vorlesung im Allgemeinen „das akzeptierte Wissen", während im Vortrag „neues" Wissen vermittelt werden soll. Während bei der Vorlesung der Wahrheitsgehalt nicht grundsätzlich infrage gestellt wird, muss der Zuhörer beim wissenschaftlichen Vortrag erst überzeugt werden.

23 Wie auch in anderen Bereichen der visuellen Darstellung ist die Ikonografie solcher Darstellungen sehr zeitabhängig. Die Zeit der möglichst flachen, zweidimensionalen Darstellungen, bei denen möglichst wenig grafische Komplexität den Blick auf das Wesentliche lenken sollte, ist abgelöst worden durch Abbildungen, in denen die grafischen Objekte oft unter hohem Aufwand als dreidimensionale Objekte dargestellt werden. Dies macht die Bilder ansprechender und für ein heutiges Auge rezeptiver. In der Zukunft werden die Bilder zunehmend von animierten Darstellungen ersetzt werden. Der Effekt kann aber auch ins Gegenteil umschlagen, wenn die grafischen Elemente zu stark werden.

24 Die Leser prüfen die Evidenz der beschriebenen Daten natürlich unter der Vertrauensannahme, dass diese Daten nicht gefälscht sind – es geht beim „Prüfen" also um die Konsistenz, den Umfang der Daten und um die Schlussfolgerungen, nicht darum, die Ergebnisse selbst anzuzweifeln.

25 Der standardisierte Aufbau einer Publikation umfasst: Titel, Autoren und Adresse (zunehmend mit einer Erklärung über die Beitragsgröße der einzelnen Autoren), Abstract (also eine Zusammenfassung), Einleitung („Was war schon bekannt?"), Material und Methoden („Was haben wir getan?"), Ergebnisse („Was haben wir beobachtet?"), Diskussion („Wie interpretieren wir das?") und Liste der zitierten Literatur. In den Anhang kommen Zusatzexperimente und weitere Datensätze. Der Anhang wird zunehmend im Internet zur Verfügung gestellt.

26 In den „Instructions for Authors" der Zeitschrift *Nature* wird das so formuliert: „Articles have a summary, separate from the main text, of up to 150 words, which does not have references, and does not contain numbers, abbreviations, acronyms or measurements unless essential. It is aimed at readers outside the discipline. This summary contains a paragraph (2–3 sentences) of basic-level introduction to the field; a brief account of the background and rationale of the work; a statement of the main conclusions (introduced by the phrase 'Here we show' or its equivalent); and finally, 2–3 sentences putting the main findings into general context so it is clear how the results described in the paper have moved the field forwards."

Katharina Landfester
Max-Planck-Institut für
Polymerforschung, Mainz

Chemie

von Katharina Landfester

Jede Wissenschaft zielt auf die Vermehrung und Optimierung von Erkenntnissen beziehungsweise Wissen. Dieses Ziel wird in der Chemie in den meisten Teildisziplinen durch Experimente erreicht. Die Chemie ist ihrem Wesen nach also eine experimentbasierte oder experimentelle Wissenschaft.

Wie kann man in der Chemie zum „Heureka-Erlebnis" kommen? Am Anfang steht in irgendeiner Form die zündende Idee, das eigene „Heureka-Erlebnis". Anschließend müssen Experimente gezielt geplant werden, damit ausreichend experimentelle Daten vorliegen, durch die durchaus weitere „Heureka-Erlebnisse" für den Wissenschaftler erzeugt werden können. Nach diesen Arbeiten gilt es, im Kommunikationsprozess die Resultate und damit auch das „Heureka" zu erklären. Dabei muss auch vermittelt werden, wo der springende Punkt dieses Experiments liegt.

Der wissenschaftliche Kommunikationsprozess als Vermittlungsprozess

Wie in anderen Wissenschaften muss auch in der Chemie zwischen dem eigentlichen Arbeitsprozess und dem Kommunikationsprozess unterschieden werden. Zum Kommunikationsprozess gehören sowohl die auf einen kleinen Kreis beschränkten Kommunikationsformen wie Gespräche und Präsentationen bei nichtöffentlichen Veranstaltungen, zum Beispiel Seminaren, als auch die Veröffentlichungen, zu denen Vorträge in öffentlichen Veranstaltungen und schriftliche Publikationen zählen.

Thesen und Behauptungen liegen in der Chemie jedem Veröffentlichungsprozess zugrunde. Nicht immer werden diese explizit benannt, dann kann der Leser jedoch häufig aus der Fragestellung eine These ableiten. Allerdings ist es für die Verständlichkeit von Veröffentlichungen durchaus wünschenswert, dass eine explizite Darstellung der These oder Behauptung erfolgt. Eine klare Trennung zwischen Behauptung und These ist häufig schwierig. Tendenziell geht es bei einer Behauptung eher um eine allgemeine Aussage wie „Es gibt ein (neues) Herstellungsverfahren zur Synthese dieser oder jener Substanz" oder „Es gibt ein Material mit den und den Eigenschaften"; Thesen gehen eher weiter und beinhalten (eventuell auch implizit) bereits Hinweise auf die Belege.

Für den (öffentlichen) Kommunikationsprozess werden in der Regel Thesen aufgestellt, die verifiziert werden, nur selten erfolgt ausschließlich eine Falsifikation. Letzteres bedeutet, dass neben der These noch eine Gegenthese aufgestellt wird, die es zu falsifizieren gilt. Hierdurch wird eine Verstärkung der These bewirkt.

Während im (öffentlichen) Kommunikationsprozess die These im Vordergrund steht, ist der Arbeitsprozess selbst, zu dem Gespräche in Form von nichtöffentlicher Kommunikation gehören können, durch Hypothesen bestimmt.

Im Folgenden sollen die Begriffe „Hypothese" und „These" unterschieden werden. Dabei soll der Begriff "Hypothese" eine Aussage mit einem sehr vorläufigen Charakter bezeichnen; Hypothesen werden insofern permanent aufgestellt. Die Chemie kann als eine hypothesengetriebene Wissenschaft verstanden werden. Hypothesen sind ein unverzichtbarer Bestandteil und Grundlage für das Arbeiten eines jeden Chemikers. Es wird zunächst eine Hypothese als Arbeitsgrundlage formuliert, um diese im Labor mit Experimenten (aus denen dann Daten entstehen, die zu Belegen zusammengefasst werden können) zu stützen. Nur so können Experimente in der Tat vorab geplant werden. Die Hypothesen müssen im Verlauf der Experimente und in Abhängigkeit von deren Verlauf meistens noch modifiziert und angepasst werden. Es ist durchaus nicht unüblich, dass Hypothesen zu Beginn einer Arbeit, im Erzeugungsprozess, noch einmal komplett überarbeitet werden müssen, da die Experimente andere Ergebnisse liefern als zu Beginn angenommen. Die Arbeitshypothesen können damit aufgrund von neuen Ergebnissen sehr schnell modifiziert werden.

Wenn die Hypothesen dann mit Daten untermauert werden, können sie zu „Thesen" für einen Kommunikationsprozess werden. Thesen sind also mit Daten und Belegen unterlegte Hypothesen.

Im Kommunikationsprozess wird zunächst eine tragfähige These präsentiert, die während des Entstehungsprozesses entwickelten Hypothesen können gegebenenfalls später als Gegenargumente und Gegenthesen in der Kommunikation aufgeführt werden. Während im Arbeitsprozess eine Hypothese aufgestellt und überprüft wird und insofern ein induktives Verfahren zum Einsatz kommt, wird beim Verfassen der Veröffentlichung die These eigentlich eher deduktiv aus den Ergebnissen abgeleitet. Damit ist die These mit der Hypothese nicht unbedingt identisch.

Die Hauptthese beziehungsweise Behauptung wird bei der Kommunikation häufig relativ allgemein gehalten. Welche Bandbreite von Thesen aufgestellt wird, hängt ganz von dem Arbeitsgebiet und der Arbeitsweise innerhalb der Chemie ab.

Im Folgenden sind einige Kategorien von Thesen genannt, ohne dass Vollständigkeit beansprucht wird:

1. **Geglückte Herstellung einer neuen Substanz:** Die Substanz (zum Beispiel ein organisches Molekül, ein anorganischer Festkörper) ist im Prinzip erschließbar (beispielsweise eine längere Kette oder ein Atom, eine Seitenkette) oder aber der Syntheseweg dorthin ist bisher nicht gezeigt worden. Die Substanz wird synthetisiert, weil aufgrund der veränderten Struktur ein bestimmtes Verhalten prognostiziert oder erwartet wird.
   Die *These* bezieht sich auf das Verfahren; eine andere Herangehensweise ermöglicht die Synthese dieser Substanz. Eine Anwendung ist möglich, wird aber im Rahmen der Arbeit nicht unbedingt gezeigt. Der Schwerpunkt liegt auf (komplexer) Synthese des Moleküls.
   Beispiel: neues Steroid.

2. **Neues Verfahren zu eigentlich bekanntem Produkt:** Hierdurch erzielt man teilweise auch eine Verbesserung der Produkteigenschaften.
   Die *These* besagt, dass ein Verfahren die Herstellung des bestimmten Produktes ermöglicht.
   Beispiel: verbesserte und neue angewendete Fullerensynthese.

3. **Neues Material, das ganz neue Eigenschaften zeigt:** Hier kommt es auf das Design, die Morphologie mit einer gekoppelten Eigenschaft an (Struktur-Eigenschafts-Beziehung).
   Die *These* beinhaltet die Erzeugung einer neuen Morphologie, die zu einem anderen Verhalten führt. Der Schwerpunkt liegt auf der Kopplung von Synthese mit einer physikalischen Eigenschaft der Substanz.
   Beispiele: Blockcopolymer mit neuem Phasenverhalten; neues Molekül ist UV-schaltbar.

4. **(Altes) Material mit neuer Eigenschaft:** Man hat ein Molekül oder ein Material, das eine bestimmte physikalische oder andere Eigenschaft zeigt, die es nun nachzuweisen gilt.

Die *These* lautet: Das Material hat nicht nur die bisher gekannte Eigenschaft, sondern noch eine weitere, bisher unbekannte.

Beispiel: Titandioxid ist nicht nur ein Pigment mit deckenden Eigenschaften, sondern kann auch wegen des selbstkatalytischen Effekts für selbstreinigende Oberflächen verwendet werden.

5. **Komplett neue Idee führt zu neuem Material:** Ein ganz neues Konzept eröffnet ein neues größeres oder kleineres Thema in der Chemie.

   Die *These* besagt, dass es eine Klasse an bisher unbekannten Molekülen oder Materialien gibt, die eine bestimmte Eigenschaft aufweisen.

   Beispiel: leitfähige Polymere (großes Thema), Fullerene oder Hochtemperatursupraleiter.

6. **Neue Idee führt zu einer neuen Reaktion.**

   Die *These* lautet: Es gibt eine ganz neue Synthesemöglichkeit.

   Beispiel: Entwicklung der Polymerasekettenreaktion.

7. **Aufklären eines Mechanismus.** Es wurde eine Beobachtung gemacht, für die bislang keine Erklärung gefunden werden konnte. Nun soll der Mechanismus geklärt werden. Das kann entweder mit einem neuen und damit eventuell einfacheren Messverfahren erreicht werden oder mit einem neuen, eventuell geschickteren Experimentdesign beziehungsweise durch eine Kombination von verschiedenen Experimenten.

   Die *These* beinhaltet die Beschreibung des neuen Mechanismus.

   Beispiel: Untersuchungen zu extrem schnellen Reaktionen durch sprunghafte Änderung eines Parameters.

8. **Widerlegen einer bisher gültigen (Hypo-)These, etwa aufgrund eines neuen Messverfahrens oder eines geschickteren Experimentdesigns.**

   Die *These* stellt die Gegenthese zu einer bisher angenommenen (Hypo-)These dar.

   Beispiel: Aufklärung der heterogenen Natur kolloidaler Lösungen durch Methoden, die grundlegend für die moderne Kolloidchemie sind.

Wie wird in der Chemie eine These oder Behauptung gestützt und kommuniziert?

Stützung einer These durch Daten und Belege

Als Daten, die schließlich zu Belegen zusammengeführt werden können, werden in der Chemie häufig die folgenden eingesetzt:

1. Bildliche Daten und Methoden

Zu bildlichen Daten und Methoden gehören Illustrationen, die ein Verfahren oder einen Syntheseschritt erklären können; bildgebende Verfahren wie die Mikroskopie, die eine Visualisierung ermöglichen; spektroskopische Daten (wie NMR-, IR-, UV-Spektren), die eine Charakterisierung von Komponenten und Materialien erlauben; Elementaranalysen, die die Zusammensetzung von Komponenten anführen. Tabellen und Graphen, die die Messdaten (Rohdaten) in geeigneter Form zusammenfassen, indem sie gezielt Korrelationen aufzeigen und damit zu bearbeiteten Daten werden (ein Parameter A wird gegen einen Parameter B aufgetragen), können zum Beleg werden. Die Anordnung und Auswahl der Daten und damit die Präsentation der Daten kann zum Beleg führen, die Daten werden mithin durch Argumentation im Kontext zum Beleg. Tabellen können eine gute Übersicht über die durchgeführten Experimente und die Resultate (Daten) vermitteln.

2. Mathematische Methoden

Wichtig ist, dass die Daten statistisch gesichert sind, dass Fehlerbalken und Balkendiagramme in geeigneter Form vorliegen. Sie sind Voraussetzung dafür, dass die Daten als verlässlich eingestuft werden können und damit unangreifbar sind. Beweise müssen nachvollziehbar sein.

3. Naturwissenschaftliche Erfordernisse

Die Ergebnisse müssen mit Kontrollexperimenten gestützt werden, durch unabhängige Messungen sollte die Reproduzierbarkeit in ausreichender Form gezeigt werden. Einzelergebnisse sind wertlos, wenn nicht gezeigt werden kann, dass sie wiederholt werden können. Die Synthese- und Messvorschriften müssen glaubhaft und nachvollziehbar sein.

4. Zitationen

Wichtig ist zudem die Stimmigkeit mit dem bereits existierenden und zum Teil auch publizierten Fachwissen. Dies wird in der Regel über Zitationen gewährleistet. Die Daten aus anderen Veröffentlichungen werden in Kombination mit den eigenen Daten zu Belegen verdichtet. In jedem Fall werden die eigenen Belege durch Zitate aus Untersuchungen anderer Wissenschaftler verstärkt.

5. Argumente

Ein wichtiges Instrument zur Stützung einer These ist die Darstellung der Methodenauswahl und Methodenvielfalt.

Die Zusammenstellung der einzelnen Belege führt zu einer Argumentationskette. Wichtig ist, dass die Belege stimmig miteinander verknüpft werden.

6. Modelle

Modelle werden in der Chemie häufig entwickelt, um eine über das Einzelexperiment hinausgehende Allgemeingültigkeit einer Aussage zu erhalten. Modelle können helfen, ein allgemeines Verständnis zum Beispiel über einen Prozess aufzubauen.

7. Nicht ausreichende Evidenz

Nicht ausreichend ist es, wenn alte Fakten und Argumente einfach wiederholt werden, nicht mit den eigenen Belegen verknüpft und damit in die Argumentationskette logisch einbezogen werden.

8. Beispiele

In Veröffentlichungen im Bereich Chemie werden Beispiele eher weniger verwendet, dafür sind sie in Vorträgen aber ein häufig eingesetztes Mittel zum Aufbau von Evidenz.

Kommunikation der These

Ziel ist es, eine These, die über Belege gestützt ist, zu kommunizieren. Hier gibt mehrere Kommunikationsmöglichkeiten.

Gespräch, Kaffeepause

Ein nicht zu unterschätzender Faktor des Kommunikationsprozesses ist das Gespräch mit Kollegen oder die Kaffeepause in der eigenen Arbeitsgruppe. Hier können Daten auf einfache Art kommuniziert werden, und es wird diskutiert, ob diese schon als Belege ausreichen können. Es ist ein „Austesten", ob der Gesprächspartner die vorliegenden Daten bereits als Belege akzeptiert und ob er eventuell weitere Ideen und Vorschläge hat. In dieser recht ungezwungenen Form werden sowohl (Arbeits-)Hypothesen als auch Thesen gleichermaßen besprochen.

Vortrag

Im mündlichen Vortrag werden in der Regel eher belegte Thesen präsentiert. Im Vergleich zu einer schriftlich fixierten Publikation ist hier allerdings noch nicht in allen Fällen eine „Endgültigkeit" der These gefordert. Die Präsentation hängt dabei ganz entscheidend vom Publikum und der Situation ab. Bei einem großen Fachkongress wird erwartet, dass die Thesen sehr gut mit Belegen gestützt sind, während bei einem kleinen Symposium auch ein hypothetischer Charakter möglich ist. In den Vorträgen werden Daten und Belege offengelegt, allerdings wird, auch aufgrund der vorgegebenen Zeit, eine etwas „oberflächlichere" Darstellung der Ergebnisse gewählt als bei der Publikation. Ein Vortrag kann als Test für die Stichhaltigkeit der Thesen gesehen werden. Am Ende eines Vortrags werden bisweilen Gegenargumente aus dem Publikum vorgetragen, die der Redner – weil er dieses Gegenargument in seinen Analysen schon bedacht hatte, aber nicht all seine Überlegungen in den begrenzten Vortrag integrieren konnte – schnell ausräumen kann. Manchmal bietet es sich zudem an, die Belege anders zu verknüpfen, um eine höhere Evidenz zu erzeugen.

Publikation: Artikel und Buch

Eine Publikation als Artikel oder als Buch setzt voraus, dass die aufgestellte These durch Daten und Belege gestützt wird. In welcher Zeitschrift veröffentlicht wird, hängt von der Relevanz des Themas, der Neuigkeit der Idee, der Tragweite der These, aber auch von der Überzeugungskraft der Belege ab. Grundsätzlich ist man darauf bedacht, in einer möglichst angesehenen Zeitschrift zu veröffentlichen. Die Wahl der Zeitschrift, in der eine Publikation erfolgen soll, ist nicht ganz unwesentlich. Je nach von den Autoren eingeschätzter Relevanz der These kann eine Veröffentlichung in mehr oder weniger renommierten Zeitschriften des Faches erwogen werden. Je allgemeingültiger die These und je besser die Datenlage und damit die Belege, desto größer ist die Chance, die These in einer anerkannten Zeitschrift veröffentlichen zu können. Die angemessene Wahl von relevanten Zitaten und damit der Verweis auf andere Veröffentlichungen ist eine der Voraussetzungen dafür, dass eine Publikation ernst genommen und akzeptiert wird.

An dieser Stelle seien einige Richtlinien für die Erstellung einer Publikation vorgestellt. Das Arbeiten im Labor und die Inszenierung (Kommunikation) von Ergebnissen lassen sich nicht ganz voneinander trennen. Um Daten inszenieren, das heißt mündlich oder schriftlich kommunizieren zu können, müssen für einen selbst zunächst folgende Punkte geklärt sein:

1. Können die *Rohdaten* zu geeigneten Daten zusammengefasst werden?
2. Sind die *Daten*, die vorliegen, ausreichend?
3. Sind die *Daten* ein Beleg für die aufgestellte (Hypo-)These?
4. Sind die *Belege* ausreichend, um von anderen Wissenschaftlern akzeptiert zu werden?

Die Frage ist also, wie Rohdaten zu Daten und wie Daten zu Belegen werden, damit es zu einer Evidenz einer These kommt (zunächst bei einem selbst und dann bei anderen Lesern).

Am Anfang einer Untersuchung steht ein (hypothesengeleitetes) Experiment, aus dem man Rohdaten erhält. Das kann ein Spektrum sein, um eine Substanz zu charakterisieren; das kann die Messung von Teilchengrößen sein. Hier werden zunächst Datenpunkte als Zahlenkolonnen erzeugt, die ohne den Zusammenhang völlig wertlos sind. Die Rohdaten müssen aus verlässlichen Messungen stammen, die eine Reproduzierbarkeit erlauben, eine Statistik ist existent (aber nicht relevant), sodass die Rohdaten unanfechtbar sind. Der statistische Test in einem Experiment ist ein methodischer Teil, nicht aber die Evidenz selbst. Aus diesen Rohdaten können nun Daten gemacht werden, indem man Auftragungen durchführt: zum Beispiel dass aus den Spektren ein Umsatz in Abhängigkeit von der Reaktionstemperatur aufgetragen wird oder dass die Teilchengröße als Funktion der Reaktionszeit beschrieben wird. Hier entstehen Tabellen, Graphen etc.; die Wahl der Darstellung wird vom Wissenschaftler bewusst getroffen. So werden die Rohdaten zu bearbeiteten Daten. Diese Daten werden dann kombiniert und können somit zu Belegen werden.

Bei der organischen Synthese sind die Daten in der Regel vorgegeben, die als Belege angeführt werden müssen, damit evident wird, dass die Substanz wirklich synthetisiert wurde und damit vorliegt. Allerdings muss natürlich auch hier entschieden werden, welche Daten zwingend notwendig sind, um als Belege zusammengefasst zu werden. Vor allem bei der Identifizierung von synthetisierten Molekülen gibt es sehr klare Vorgaben an Daten, die als Belege angeführt werden müssen.

In den „Instructions for Authors" werden je nach Zeitschrift zum Teil sehr genaue Vorgaben gemacht, welche Daten vor einer Veröffentlichung vorliegen sollen oder sogar müssen. Diese Daten bilden dann die Grundlage für die Veröffentlichung.

Die „Instructions for Authors" enthalten häufig auch sehr klare Vorgaben zur inhaltlichen Struktur einer Veröffentlichung. Diese können sehr stark zu einer vorgegebenen Strukturierung und Schematisierung der Publikationen führen, wie etwa bei Zeitschriften mit eher kurzen Artikeln beobachtet wird. Das Sprachliche tritt hierbei häufig eher in den Hintergrund (dies ist für manch einen auch eine Hilfe).

Hier ein Beispiel aus den „Instructions for Authors" (Journal of Organic Chemistry), in dem für den Gutachterprozess sogar eine Checkliste gefordert wird:

„Authors of manuscripts reporting the characterization of compounds or the results of theoretical computations are required to furnish a completed Compound Characterization Checklist (CCC) at the time the manuscript is submitted to *The Journal of Organic Chemistry*.

The Journal's Guidelines for Authors require that authors report the data used to characterize (demonstrate purity and establish identity of) the compounds whose preparation they describe. The requirement applies both to new compounds and to known compounds whose isolation or preparation by a new or improved method is being reported. [...] The editors have concluded that having authors furnish a summary of the reported characterization data will substantially reduce the frequency with which manuscripts missing some of those data are transmitted to the Journal and are subsequently delayed while the missing data are requested. That summary, embodied in the *Compound Characterization Checklist*, will be provided to reviewers to help them evaluate the overall completeness of the characterization data. The Compound Characterization Checklist will not be published."

Es folgt dann eine genaue Beschreibung, welche Daten angegeben werden müssen und wie die Charakterisierung erfolgt sein sollte.

In diesem Beispiel geht es um das Vorliegen von Daten. Die Vollständigkeit von Daten kann hier recht einfach festgestellt werden; mit einer Checkliste kann schematisch vorgegangen werden. Allerdings wird in den seltensten Fällen wirklich die gesamte Checkliste abgearbeitet sein; entscheidend ist dann, welche Daten anschließend ausreichend sind. Diese Daten können in einem weiteren Schritt als Belege für die erfolgreiche Synthese herangezogen werden; und sobald die Daten zum Nachweis ausreichend sind, lässt sich Evidenz auch bei anderen Wissenschaftlern erzeugen. Viele andere Zeitschriften wie zum Beispiel das *Journal of Physical Chemistry* oder *Biomacromolecules* machen solche Vorgaben über notwendige

Daten überhaupt nicht. Das hängt damit zusammen, dass in diesen Zeitschriften sehr heterogene Fragestellungen präsentiert werden. Es geht hier in erster Linie nicht um die Synthesen einzelner Substanzen, sondern häufig um das Darstellen einer neuen Idee oder auch die Präsentation eines neuen Materials, einer neuen Anwendung für ein Material etc. Die Frage, was in diesem Fall als „ausreichend" bezeichnet werden kann, erscheint als ein viel subjektiverer Prozess, den man gerade als „Neueinsteiger" schwer zu verstehen vermag. Wichtig ist in jedem Fall, dass der Wissenschaftler eine möglichst überzeugende Sammlung von Daten vorweisen kann, um potenzielle Einwände ausräumen zu können. Die Auswahl der Daten, die als Belege angeführt und insgesamt zu einer Argumentationskette verdichtet werden, aber auch die Aufstellung der Gegenargumente sind allerdings vom Wissenschaftler selbst zu leisten. Natürlich sollten Daten an sich nicht angezweifelt werden können. Ob sie in der gewählten dargestellten Kombination als Belege ausreichen, ist eine andere Frage. Bei der Frage, welche Daten nun herangezogen werden, kann man sich an anderen Publikationen mit vergleichbaren Fragestellungen orientieren.

Bei der Erstellung einer Publikation sollte der Wissenschaftler zunächst folgende Punkte reflektieren:

1. Wie lautet die These/Behauptung oder Fragestellung, die diesem Paper zugrunde liegt?

2. Welche Daten liegen vor, die in dem Paper zusammengeführt werden sollen?

3. Was sind vorliegende "repräsentative" Datensätze? Repräsentativ heißt hier, dass diese das beobachtete Phänomen möglichst jeweils allein schon zeigen.

4. Wie sollen die Daten präsentiert werden, um daraus Belege zu schaffen? Wie soll daraus die Argumentation aufgebaut werden?

5. Wie können die Daten in Relation zueinander interpretiert und in Relation zu der Hypothese gebracht werden?

6. Welche unterschiedlichen Interpretationsmöglichkeiten gibt es? Hier sollte man alle denkbaren Möglichkeiten berücksichtigen, um eventuellen Einwänden zu begegnen! Nur dadurch wird die These überzeugend gemacht.

7. Welche Argumente werden angeführt, warum sind das Argumente?

8. Welche Einwände gibt es? Sind manche ganz offensichtlich?

9. Wer ist das Zielpublikum?

10. Was gibt es in der Literatur zu dem Thema, was sind wichtige Quellen, auf die man sich beziehen muss (auch zur Abgrenzung), und welche Quellen können als weitere Belege zur Verstärkung der eigenen angeführt werden?

Beim Schreiben eines Artikels sind zwei Formen von Evidenz zu unterscheiden: die Evidenz, die dem Wissenschaftler selbst in der Entstehung der Arbeit gereicht hat, um an die Hypothese zu glauben, und die Evidenz, die er akkumulieren muss, um die Hypothese mehr oder weniger hieb- und stichfest zu machen, damit sie zu einer These wird. In der Publikation soll daher nicht der Prozess des Erkenntnisgewinns Schritt für Schritt aufgezeigt werden; es geht nun vielmehr darum, dem Leser eine Zusammenstellung zu geben, die ihm ein „Heureka" ohne Umwege ermöglichen kann.

In einer Publikation müssen die Ergebnisse vorgestellt werden. Dabei präsentiert der Wissenschaftler die aus den Rohdaten erhaltenen Daten; durch die Gewichtung in der Darstellung werden diese zu Belegen, die er dann zu einer Argumentation verdichtet. Dadurch kann (und sollte, das ist das Ziel der Veröffentlichung!) eine Evidenz beim Leser hervorgerufen werden.

Mit einem Artikel („Paper") verbindet der Wissenschaftler die Absicht, dass der Leser sich möglichst zwingend der dargestellten Auffassung anschließt, und zwar aufgrund der durch Belege gestützten Argumente. Der Leser soll aufhören, Gegenargumente zu suchen. In dieser Vermittlungsarbeit ist das Sprachliche durchaus nicht unwesentlich.

In einigen Zeitschriften ist allerdings, wie oben schon angemerkt, eine starke Formalisierung der Manuskripte zu erkennen. Dies kann zum Beispiel beim Schreiben eines Abstracts heißen, dass ein Satz über die Frage, ein Satz über das Vorgehen und ein Satz über das Ergebnis („we show") zu verfassen sind. Auch sonst ist in vielen Fällen eine Reduktion des Sprachlichen auf Phrasen zu erkennen, was damit zu erklären ist, dass die meisten wissenschaftlichen Artikel in Englisch verfasst sind, sodass viele Autoren nicht in ihrer Muttersprache schreiben. Dann ist es eine Erleichterung, wenn man als Nicht-Muttersprachler auf vorgegebene Phrasen zurückgreifen kann. Andererseits erinnert dies mehr an das Ausfüllen eines Fragebogen mit vorgegebener Struktur als an das Schreiben eines auch sprachlich ansprechenden Textes.

Beim Verfassen eines Papers sollten allgemeine, logische Strukturen beachtet werden. Wie ein Paper „inszeniert" wird, um Evidenzen erzeugen zu können, soll im Folgenden kurz dargestellt werden:

Abstract

Im Abstract sollte in Kurzform die These genannt werden, anschließend sollten die in der Publikation angeführten Belege dargelegt werden. Hier geht es darum, dass der Leser in wenigen Worten eine möglichst umfassende Auskunft über den Inhalt des Artikels bekommt, um abschätzen zu können, ob es sich für ihn lohnt, den Artikel weiterzulesen. Damit ist der Abstract als „Werbetext" zu verstehen.

Einleitung

Vor dem Schreiben der Einleitung sollte einem die Fragestellung sowie die These der eigenen Arbeit klar sein. Die Einleitung führt auf diese These hin. Es wird zunächst allgemein in die Problematik eingeführt und erläutert, warum die gewählte Fragestellung für das Fach interessant ist. Dabei deckt man Schwachstellen oder Fragen der bisherigen Forschung auf. Insgesamt sollte sehr zielgerichtet vorgegangen werden und es sollten nur wirklich die Fragestellung betreffende Dinge erwähnt werden. Daraus ergibt sich dann die Motivation, nach der die Fragestellung und die daraus entstehende These auf jeden Fall explizit genannt werden sollten. Eine implizite Formulierung der These ist durchaus in vielen Fällen üblich, vor allem wenn sie sich aus einer gut formulierten Fragestellung einfach ableiten lässt (häufig ist ja die These bereits auch im Abstract genannt). Zu beachten ist an dieser Stelle auch, wie eine alternative These aussehen würde beziehungsweise ob es noch weitere Möglichkeiten gibt. Die alternative These oder Gegenthese muss wiederum nicht explizit genannt werden, sollte aber bei der Diskussion später berücksichtigt werden, um damit mögliche Gegenargumente aus dem Weg räumen zu können. Man gibt dann an, wie die These im Paper gestützt wird, welche Daten also zu Belegen herangezogen werden, wie Evidenz aufgebaut werden soll und warum man diesen Weg gewählt hat. Hier können die Evidenzkriterien klar benannt werden.

De facto haben Einleitungen nicht immer eine so klare Struktur und die These wird auch nicht immer explizit gemacht; klar genannt werden aber auf jeden Fall die mit der Publikation verfolgten Ziele. Allerdings ist die explizite Formulierung der These für Autor wie Leser nur vorteilhaft.

Experimenteller Teil

Im experimentellen Teil werden alle Vorgehensweisen in der Veröffentlichung dargelegt. Dieser Teil ermöglicht das Reproduzieren der Daten auch für andere Arbeitsgruppen. Aus diesem Grund sollten die folgenden Angaben sehr gewissenhaft und genau gemacht werden.

1. **Materialien:** Die verwendeten Chemikalien mit ihren Reinheiten und ihrer Herkunft werden angegeben. Die Chemikalien, mit denen man selbst zum Erfolg gekommen ist, werden benannt; denn ein Erfolg oder eben auch Misserfolg kann durchaus zum Beispiel durch Verunreinigungen eines Edukts (so nennt man einen Stoff, bevor eine chemische Reaktion mit diesem Stoff abläuft) einer anderen Firma verursacht sein.

2. **Synthesen:** Die Durchführung der Experimente wird im Detail wiedergegeben. Es handelt sich um Vorschriften, die von anderen Personen auf der Grundlage dieser Angaben durchgeführt werden können müssen. Mengenangaben und experimentelle Parameter werden detailliert angegeben.

3. **Methoden:** Die Parameter der in der Arbeit verwendeten Methoden werden hier festgehalten. Dabei wird das Gerät inklusive Hersteller genauso angegeben wie die für eine Messung erforderlichen Bedingungen (Temperatur, Druck etc.). Besondere Aufbauten werden spezifiziert.

Hauptteil

Die Darstellung im Hauptteil sollte so erfolgen, als habe man das Experiment gezielt für genau die in der Einleitung genannte Fragestellung und die damit verknüpfte These/Behauptung entwickelt, selbst wenn man im Arbeitsprozess ursprünglich mit einer anderen Fragestellung gestartet ist.

Zunächst werden aus den Rohdaten erzeugte Daten dargestellt; diese müssen durch korrektes Arbeiten und gute Statistik unangreifbar sein. Die Darstellung der Daten ist bereits ein Weg zur Entwicklung der Belege, also zu der Überlegung, wie die Daten zusammengestellt und in welcher Reihenfolge sie präsentiert werden. Bilder, Grafiken und Statistiken sind lediglich die Repräsentationen der Daten, das heißt der Ergebnisse der experimentellen Arbeit, und sie sind daher per se zunächst keine Evidenzen, sie können lediglich durch ihre Repräsentationen Evidenzen vermitteln und damit überzeugen. Entscheidend für die Frage, ob mit einem Experiment oder der Kombination von Ergebnissen Evidenz erzeugt wird, ist das Experimentdesign. Dieses Experimentdesign entscheidet darüber, ob das Ergebnis ausreicht oder nicht, um eine Evidenz beim Leser zu erzeugen. Im nächsten Schritt erfolgt dann die eigentliche Interpretation und Diskussion der Daten. Hier werden aus den Daten Belege formuliert; dabei sollen die

Daten verwendet werden, um nun die Beziehungen zwischen den Belegen zu entwickeln und diese dann in Bezug auf die Hypothese zu diskutieren. Aus den Daten und Belegen kann eine Theorie entwickelt werden beziehungsweise die Daten können in eine bestehende Theorie eingebaut werden. Man kann dies als Argumentation in der Kommunikation verstehen.

Zusammenfassung und Folgerung

Die Zusammenfassung sollte die wichtigsten Resultate der Arbeit in knapper Form enthalten und die durch die Belege herbeigeführte Evidenz in Bezug auf die eingangs formulierte These beinhalten. Es sollte dann eine kurze abschließende Bewertung erfolgen. Die Zusammenfassung kann mit einer Ausgangs- oder Schlussthese enden, die durchaus eine Eingangsthese für eine weitere Publikation darstellen kann.

Danksagungen

In den Danksagungen werden die Personen genannt, die zu der Arbeit in gewissem Umfang einen Beitrag geleistet haben, der allerdings als so gering eingeschätzt wird, dass eine Mitautorschaft nicht vorliegt. Es gibt durchaus auch Fälle, in denen die Nennung einer Fachautorität genutzt werden soll, um der Arbeit ein höheres Gewicht zu geben und bei der Leserschaft eine höhere Akzeptanz der These zu erzeugen.

Referenzen

In der Einleitung sollten die für das Thema relevanten Artikel in angemessener Form genannt werden. Man sollte hier auf Ausgewogenheit achten, zum Beispiel indem Artikel von verschiedenen Gruppen ähnlicher Relevanz zitiert werden und nicht nur Paper einer einzigen Gruppe. Es müssen auf jeden Fall alle Publikationen genannt werden, die im direkten Bezug zu der eigenen Publikation stehen. Auch kritische Arbeiten sollten nicht unter den Tisch fallen. Vor allem Arbeiten, die sehr ähnliche Experimente zeigen und damit den Stellenwert der eigenen Arbeit herabsetzen könnten, dürfen nicht wissentlich verschwiegen werden.

Welche Beziehung muss zwischen Daten und Belegen bestehen?

Die Daten müssen konsistent sein.

Wenn ein Parameter variiert wird, müssen alle anderen konstant gehalten werden. Damit ist die Überführung von Daten in Graphen möglich. Damit die Vergleichbarkeit von Daten gewährleistet ist, sollten „unmotivierte" Veränderungen von mehr als einem Parameter vermieden werden.

Beispiel: Man führt eine Esterspaltung bei 80 °C und einer Säurekonzentration von 1 mol/l durch; hier erhält man einen Umsatz von 50 Prozent. Dann führt man die gleiche Reaktion bei 60 °C und einer Säurekonzentration von 5 mol/l durch, man erhält hier einen Umsatz von 80 Prozent. Da hier neben der Temperatur gleichzeitig die Säurekonzentration variiert wurde, ist eine eindeutige Interpretation der Ergebnisse nicht möglich.

Die Daten müssen in Beziehung zueinander gebracht werden können, um so zu einem Beleg werden zu können.

Die Daten können nur in Beziehung zueinander gebracht werden, wenn vergleichbare Parameter vorliegen.

Beispiel: Man beginnt mit der Synthese von Estern aus Komponente A und B und zeigt hierbei den Einfluss der Temperatur (erste Datenreihe, die man zu einem Graphen zusammenfasst). Dann möchte man in einem weiteren Schritt den Einfluss der Konzentration untersuchen (zweite Datenreihe), verwendet aber statt A und B ein System A und C. Jede Datenreihe für sich kann sinnvolle Ergebnisse darstellen, aber eine Verknüpfung zwischen den beiden Datenreihen zu einem sinnvollen Beleg ist nicht möglich.

Die Daten sollten ausreichend sein.

Wann reichen Daten aus, um sie publizieren zu können? Im Prinzip dann, wenn sie zu Belegen zusammengeführt werden können, die beim Zuhörer oder Leser Evidenz erzeugen.

Der wissenschaftliche Arbeitsprozess als Erkenntnisprozess

Evidenz wird in vielen Fällen in mehreren Schritten gewonnen, die sich zwei übergeordneten Phasen zuweisen lassen: der Phase des Arbeitsprozesses und der Phase der Kommunikation (Gespräch, Vortrag, Artikel).

Beim Experiment steht an erster Stelle das Heureka-Erlebnis, aus dem (häufig) eine Hypothese entsteht. Dann kommt die Evidenz, die sich aus einem Experiment herleitet, das in einer direkten Relevanzbeziehung zur Hypothese steht. Die Trennlinie zwischen Erzeugung, logischer Struktur und Kommunikation verläuft dabei nicht immer eindeutig.

Die naturwissenschaftliche Arbeitsweise im Überblick:

1. Idee für eine wissenschaftliche Hypothese; allein die Findung der Fragestellung und das Aufstellen der Hypothese stellen ein eigenes Heureka-Erlebnis dar.
   a) Ich habe eine Fragestellung.
   b) Ich formuliere eine Hypothese.
   c) Ich habe eine Idee für einen dazu passenden Versuch.
   d) Ich mache einen Vorversuch und beobachte etwas Spannendes. Das will ich jetzt belegen (Konkretisierung der Hypothese). Für mich persönlich ist jetzt möglicherweise schon klar geworden, worum es geht – aber die Datenlage ist unzureichend (das heißt, die Hypothese ist noch nicht zur ausreichend beleggestützten These geworden).

2. Design des Experiments, das genau die Fragestellung, die die Hypothese verifizieren soll, adressieren soll.
   a) Ich plane den Versuch, um möglichst viele Parameter kontrollieren zu können und um genug quantitative Messpunkte zu erhalten.
   b) Ich wiederhole den Versuch so oft wie nötig, nehme die erforderlichen Kontrollen mit veränderten Parametern vor und messe die Ergebnisse.

3. Der dritte Schritt ist vom Ergebnis der Experiments abhängig: Entweder ist die Fragestellung bereits beantwortet (damit wird die Hypothese zur belegten These), dann kann mit 4. fortgefahren werden; wenn ein Experiment nicht die Hypothese stützt, muss entweder eine Anpassung der Hypothese an die Ergebnisse erfolgen oder es muss für die bestehende Hypothese ein neues Experiment beziehungsweise ein neues Experimentdesign geplant und durchgeführt werden, um dann eine belastbare These zu erhalten.

4. Planung weiterer Experimente, um eventuell auftretende Gegenargumente entkräften zu können.

5. Im letzten Schritt erfolgt dann die Präsentation des wissenschaftlichen Arbeitens. Das Heureka-Erlebnis soll dem Rezipienten vermittelt werden, sodass dieser dieselbe Evidenz erfährt, wie sie sich dem Wissenschaftler beim Experimentieren dargeboten hat.

Der Verlauf des Erkenntnisgewinns im Arbeitsprozess kann dabei wie folgt aussehen:

1. Von der Vision zur Idee

Am Anfang steht die Vision: Was könnte etwas Neues sein, das es sich zu erforschen lohnt? Die neue Hypothese – gleichgültig, ob Minimalhypothese oder weitreichendere Hypothese – gilt es mit einer guten Strategie zu verifizieren. Zunächst einmal testen wir nur für uns selbst, ob das Thema die Mühe wert ist, wir machen also einen Vorversuch.

2. Verwirklichung einer Idee – Bewegung im Hypothesenraum

Für die Überprüfung der aufgestellten Hypothese bleiben wir zunächst möglichst nah an Standardbedingungen, beziehungsweise wir überlegen uns, was offensichtlich von uns beachtet werden muss, damit das Experiment auch funktioniert. Die ersten Experimente sind „Intuitionsexperimente", die einer ganz besonders sorgfältigen Protokollierung bedürfen. Hier sollten wirklich alle Beobachtungen, die gemacht werden, protokolliert werden, auch wenn manche Dinge trivial erscheinen oder man die Experimente als völlig missglückt bezeichnen würde.

In diesem Stadium befindet man sich in einem offenen Hypothesenraum. Man muss offen sein, Hypothesen im Laufe der Arbeit anzupassen oder auch völlig zu verändern. Man schränkt den Hypothesenraum ein, wenn ein Experiment „geglückt" ist, und arbeitet mit der dann aufgestellten Hypothese weiter.

Während des Arbeitsprozesses werden durchaus Hypothesen von unterschiedlicher Tragweite aufgestellt: von der Hypothese zum Ausgang eines einzigen Experimentes bis hin zu einer Hypothese einer weitreichenden Idee.

Sofern ein Experiment „missglückt", bedeutet dies zunächst, dass der Ausgang nicht den mit der Hypothese verbundenen Erwartungen entspricht und damit die aufgestellte Hypothese nicht stützt. Nun geht es darum, den Parameter zu finden, den man verändern muss, damit das Experiment durchführbar ist. Hier gilt: „Geht nicht gibt's nicht." Wie bereits erläutert, sollte jeweils möglichst nur ein Parameter variiert werden; andernfalls sind eindeutige Rückschlüsse nicht möglich.

Die ersten Experimente bedürfen ständig einer kritischen reflektierenden Analyse: Denn durch die Frage nach dem WARUM oder eben WARUM NICHT werden bestimmte Ergebnisse erzielt. Jedes daraufhin sinnvoll geplante Experiment ist wichtig, um ein Verständnis dafür zu bekommen, was in der Tat abläuft. Die Experimente liefern dann Daten, die sinnvoll zusammengestellt werden können. Nur wenn wir verstehen, welche Parameter einen Einfluss haben, kommen wir zum Erfolg. Wer die Ergebnisse nicht zwischendurch reflektiert, sondern einfach „wild drauflosprobiert" und jede Menge Daten sammelt, um „zufällig" zum Ziel zu kommen, wird große Schwierigkeiten haben, eine bestimmte Hypothese zu stützen und damit neue Dinge zu entdecken, denn die Möglichkeiten sind zu vielfältig. Es ist daher wichtig, für sich die Daten als Belege für eine aufgestellte Hypothese im Arbeitsprozess zusammenzufassen und zu fragen, inwieweit eine These ausreichend gestützt ist.

3. Von der deskriptiven Chemie zum „richtigen" Design von Experimenten

Zunächst sammeln wir einfach Daten, die wir nicht immer ganz unter Kontrolle haben (System 1 sieht so aus, System 2 so); erst allmählich sehen wir Verknüpfungen, wie wir die Daten zusammenfassen könnten, um dann ganz systematische Experimente zu designen. Diese Experimente sind dann geeignet, die Daten zu Belegen zusammenzufassen und dann Evidenz für uns und später auch für andere zu erzeugen.

In dieser Phase lernen wir auch die für das Behandeln dieser Problematik notwendigen Evidenzkriterien besser kennen, sodass wir wissen, welche Daten wir schließlich präsentieren wollen.

Außerdem ist eine gute Literaturrecherche unverzichtbar: Was haben andere zu dem Thema herausgefunden, welche Analysemethoden können zur Unterstützung unserer These verwendet werden? Die Daten anderer Wissenschaftler können mit in die Belege eingebracht werden, um die eigene Hypothese zusätzlich zu stützen. Dadurch „reift" eine Hypothese zu einer These heran.

4. Das Ziel ist nicht immer klar ...

Was heißt eigentlich: Ein Experiment hat geklappt? Das ist in der Tat eine sehr schwierige Frage; man definiert eigentlich den Erfolg vor dem Experiment.

Dabei ist das Ziel nicht unbedingt klar und eindeutig. Ziele und damit auch Hypothesen können aufgrund von Experimenten mit unerwarteten Resultaten umdefiniert werden. Experimente mit unerwartetem Ausgang können zu neuen Richtungen im Denken führen. Solche Entwicklungen sind für die Wissenschaft unverzichtbar.

Der Wissenschaftler sollte für unerwartete Resultate offen sein. Vielleicht sind diese ja (im Nachhinein) viel interessanter als die, die erwartet waren.

Denn offensichtlich ist das Kriterium für „erfolgreiche" Experimente nicht eindeutig. Welche Messung entscheidet denn über den Erfolg? Im ersten Stadium hat man meistens nur wenige Analysemethoden, die eingesetzt werden können, aber diese sind besonders wichtig.

Wenn wir zum Beispiel eine stabile Dispersion herstellen wollen, lässt sich recht leicht sagen, was „Erfolg" bedeutet.

Wenn man nachweisen will, ob eine bestimmte Reaktion abgelaufen ist, dann muss man sich Gedanken machen, wie der Ablauf der Reaktion nachweisbar ist.

Welche Hinweise haben wir?

Ein Beispiel: Die These lautet: Nylonpartikel können in Heterophase hergestellt werden. Das Experiment: Zunächst muss man die Parameter finden, um a) die Emulsion vor der Reaktion herzustellen und b) eine Reaktion zu haben und anschließend c) eine stabile Emulsion auch nach der Reaktion zu haben. „Stabilität" lässt sich visuell feststellen (System ist weiß und sieht wie Milch aus), die Reaktion an sich lässt sich jedoch nicht so ohne Weiteres zeigen. Wir müssen also hier Belege finden. Man sucht im Erfahrungsschatz oder in bereits publizierten Arbeiten, was bei ähnlichen Problemen an Analysemethoden genutzt wurde. Diese Methoden führt man dann aus, bis man eine gute Nachweismethode, die auch für die Analyse weiterer Synthesen genutzt wird, gefunden hat.

Wenn allerdings ein Experiment „erfolgreich" war (vielleicht sogar „zufällig", weil man etwas „falsch" gemacht hat, weil man zum Beispiel die zehnfache Menge von irgendetwas eingewogen oder die Temperatur zu hoch gewählt hat), ist man einen großen Schritt weitergekommen. In diesen Fällen gilt: Die Hypothese ist belegt. Nun muss die „Idee" mit Daten (Synthese und Analyse) gestützt werden, um ausreichend Belege zu haben, die Evidenz aufbauen können.

5. Systematische Ausführung der Idee/Erzeugen und Verstärken der Evidenz

Experimentdesign: Zur Evidenzerzeugung sind sinnvolle Daten zu erzeugen, bei denen jeweils ein (nicht mehrere) Parameter im Experiment variiert wird. Es muss klar sein, welche Daten erzeugt werden. Diese Daten müssen in direktem Zusammenhang zueinander stehen, sodass Auftragungen möglich sind, die dann als Belege herangezogen werden können. Das Experimentdesign entscheidet darüber, ob das Ergebnis als Evidenz gelten kann, um eine aufgestellte Hypothese zu belegen.

Was heißt, dass die Daten in einem Zusammenhang stehen? Dass eine hohe regionale Storchpopulation zufälligerweise mit einer hohen Geburtenrate einhergeht, kann nicht sinnvoll kausal miteinander verknüpft werden.

Es muss aber auch klar sein, für welchen Beleg man die Daten heranziehen möchte, ansonsten sind die Daten nicht relevant für das Lösen des Problems oder für die Verifizierung der Hypothese.

Ein Beispiel: Variation der Art und Menge des Tensids, wodurch die Partikelgröße beeinflusst wird. Daten sind die Partikelgrößen, als Zwischenschritt wird dann ein Graph erstellt (dieser kann erstellt werden, weil nur ein Parameter variiert wird), der dann zeigt, dass die Teilchengröße mit steigendem Tensidgehalt steigt. Die Daten werden hier durch die Art der Verkoppelung (Datenbeziehung zueinander) zum Beleg. Wofür sie dann ein Beleg sind, hängt von der Ausgangsfragestellung ab.

Experimente müssen so gestaltet sein, dass sie nachvollziehbar sind.
Nicht alle Leser wiederholen die Experimente, aber jeder Leser sollte genau erfahren, wie das Experiment durchgeführt wurde. Die Nachvollziehbarkeit wird durch exakte Angaben der experimentellen Vorschriften erreicht. Hier sollten Details beschrieben werden.

Experimente müssen reproduzierbar sein, sowohl vom jeweiligen Wissenschaftler selbst als auch von anderen Gruppen.
Daten können nur verwendet werden, sofern sie reproduziert und erklärt werden können. Wenn ein Experiment einmal zu einem großartigen Ergebnis geführt hat (zum Beispiel weil sich eine Komponente gebildet hat), dies aber unter den anscheinend gleichen Bedingungen nicht mehr möglich ist, dann kann auch das einmal erfolgreiche Experiment mangels Beweiskraft nicht veröffentlicht werden, da nicht klar ist, wieso die Synthese einmal erfolgreich und mehrere Male eben nicht erfolgreich war.

Ein Beispiel: Die Perestersynthese in Miniemulsion hat bei der ersten Durchführung zu einem hohen messbaren Umsatz von 70 Prozent geführt. Unter anscheinend gleichen Bedingungen lässt sich diese Synthese jedoch nicht reproduzieren. Es wurden daher anschließend Versuche unternommen, um festzustellen, welcher Parameter (unwissentlich) ebenfalls geändert wurde und damit zum Erfolg beziehungsweise Misserfolg der Synthese führte. Dieser Parameter ließ sich allerdings nicht ermitteln. Obwohl also prinzipiell gezeigt wurde, dass eine Synthese möglich ist, konnte keine Beziehung der Daten zu einem entscheidenden (noch unbekannten) Parameter angegeben werden. Damit können die Daten nicht als Beleg verwendet werden und die Synthese kann (zum gegenwärtigen Zeitpunkt) nicht veröffentlicht werden.

Es gibt Daten, bei denen klar ist, wie sie als Belege verwendet werden können. So können die Daten eines Spektrums anerkanntermaßen als Belege für die erfolgreiche Herstellung eines Moleküls herangezogen werden. Ob ein Beleg ausreicht oder mehrere erbracht werden müssen, hängt von der Komplexität der Fragestellung ab.

Aber in vielen Fällen ist nicht von vornherein ersichtlich, wie die Daten in Beziehung zueinander gebracht werden und damit als Belege verwendet werden können. Genau dies ist dann zunächst Teil des Erkenntnisprozesses und die Vermittlung dieser Erkenntnis Teil des Kommunikationsprozesses.

Die Zusammenstellung der Experimente muss sinnvoll sein:
Nun gibt es aber auch andere Parameter, die je nach Thema gut ausgewählt werden müssen. Hier müssen wir sehen, was wichtig sein könnte, um ausreichend Belege für das Erzeugen von Evidenz zu erhalten. Dann sind Synthesen *und* Analysen in gleicher Weise gefordert: Worauf werden die Leser später achten? Was ist wohl interessant? Das sind schwierige Entscheidungen, aber basierend auf den Belegen kann die Argumentation in der Publikation aufgebaut werden. Dafür gibt es kein vorgefertigtes Schema, maßgeblich ist die jeweilige Fragestellung.

Es empfiehlt sich, bereits bei der Planung der Experimente sehr systematisch zu arbeiten, damit die (manchmal eben noch unzusammenhängend erscheinenden) Daten anschließend als Belege verwendet werden können. Das Experimentdesign ist hier von besonderer Bedeutung. Schwierig ist dies, zugegebenermaßen, wenn sich die (Arbeits-)Hypothese während des Erkenntnisprozesses verändert.

Was heißt das für die Arbeit? Man hat zu Beginn der Arbeit etwa die Hypothese aufgestellt, dass der Druck ein wesentlicher Faktor ist. Wenn sich zum Beispiel aber die Temperatur als wichtiger (vielleicht sogar wichtigster) Parameter erweist, so muss man trotzdem für ein späteres Paper einen von vorn bis hinten vollständigen und systematischen Datensatz der immer gleichen Probe haben. Das klingt logisch, wird aber häufig nicht beachtet. Was ist damit genau gemeint?

Beispiel 1: Zunächst wurde die Hypothese aufgestellt, dass der Druck einen Einfluss bei einer bestimmten Reaktion habe. Am Anfang hat man die Experimente bei 50 °C bei variablem Druck gemacht, sie waren zwar „erfolgreich" (das heißt, es ist ein Produkt entstanden), aber der Druck ist, wie sich dann herausstellt, gar nicht der entscheidende Faktor. An einem solchen Produkt hat man aber bereits verschiedene aufwendige Analysen durchgeführt, zum Beispiel elektronenmikroskopische Analysen. Dann jedoch stellt sich heraus, dass eigentlich eine Temperatur von 70 °C zu viel besseren Resultaten führt. Hier ändert sich jetzt die Hypothese („Temperatur ist wichtiger Faktor"). An einer neu hergestellten Probe werden nun beispielsweise Lichtstreuexperimente und Röntgenstreuexperimente durchgeführt. Nun sollen diese Daten kommuniziert werden, und man sieht, dass man von der Probe bei 50 °C die aufwendig erzeugten Daten der elektronenmikroskopischen Analysen vorliegen hat, von der Probe bei 70 °C hingegen nur Daten aus anderen Experimenten. Das ist so nicht zu einem schlüssigen Beleg zusammenzuführen. Was ist zu tun, wenn man sehr komplizierte Experimente durchgeführt hat, die man nicht so einfach wiederholen kann (da man keine Messzeit hat ...). Diese Situation sollte durch ein geschicktes Experimentdesign und durch das Vorliegen von vollständigen Datensätzen möglichst vermieden werden. De facto wird jedoch häufig eine Beziehung der Experimente zueinander hergestellt (ein Experiment, das zeigt, dass zum Beispiel die elektronenmikroskopischen Analysen bei 50 °C und bei 70 °C ähnliche Ergebnisse zeigen), damit man die Ergebnisse trotzdem sinnvoll veröffentlichen kann.

Beispiel 2: Man hat eine Probe, die mit einer komplizierten Analysemethode nach verschiedenen Temperaturbehandlungen untersucht wird. Dabei muss sehr, sehr genau darauf geachtet werden, dass diese Messungen immer einheitlich durchgeführt werden, sie sind ansonsten nicht evident. Beim Mikroskopieren heißt das, dass die Bilder stets mit der gleichen Vergrößerung aufgenommen werden. Das ist manchmal schwieriger, als es scheint. Denn dann sieht bei 50 °C das Bild mit einer x-fachen Vergrößerung sehr überzeugend aus (man sieht genau das, was man zeigen will), aber bei 70 °C das mit der y-fachen Vergrößerung. In einem solchen Fall ist es ratsam, für die 70 °C beide Vergrößerungen vorzulegen.

Nur wenn Daten konsistent sind, können sie in Beziehung zueinander gebracht werden, und nur dann können sie zu überzeugenden Belegen werden, um anschließend Evidenz aufzubauen. Dabei geht es nicht darum, möglichst große Datenmengen zu erzeugen, sondern hier sind Daten mit unterschiedlichen, aufeinander abgestimmten Kriterien zu nennen. Viele verschiedene Eigenschaften (Größe, Gewicht, Leitfähigkeit) müssen als Belege miteinander verknüpft werden. Und: Die Daten müssen einen sinnvollen Beleg für das Problem darstellen, das heißt, es muss eine sinnvolle Beziehung zwischen den Ergebnissen des Experiments und der Hypothese bestehen, sodass die Ergebnisse eine eindeutige Annahme oder Ablehnung der Hypothese erlauben. Wenn es etwa darum geht, ein leitfähiges Material herzustellen, sind Daten zur Dichte nicht interessant; es müssen Daten über die Leitfähigkeit vorliegen.

Schlussbemerkung

Die für die Chemie relevante Frage ist, wie man von Daten zu einer Evidenz gelangt. Wichtig ist, dass Daten als solche zunächst für sich stehen. Wofür sie evident sind, ist eine andere Frage. Hier kommt es später bei der „Inszenierung", der mündlichen oder schriftlichen Kommunikation, auf die Diskussion und Interpretation im Kontext an. Je mehr Daten vorliegen, aus denen man Belege erzeugen kann, und je überzeugender die Kombinationen von Experimenten sind, die für eine Argumentation verwendet werden, desto unwahrscheinlicher werden weitere mögliche Interpretationen gemacht: Erst die Kombination und die Einschränkung der Interpretationsmöglichkeiten führen dann zu einer Evidenz mit hoher Überzeugungskraft. Das verwendete Experimentdesign entscheidet darüber, ob das Ergebnis als Evidenz gelten kann, um eine aus einer Hypothese hervorgegangene These zu belegen.

Hildegard Westphal
MARUM
Universität Bremen

Geologie

von Hildegard Westphal

„Elaborate apparatus plays an important part in the science of today, but I sometimes wonder if we are not inclined to forget that the most important instrument in research must always be the mind of man."

W.I.B. Beveridge, The Art of Scientific Investigation (1957, S. viii)

Einleitung

Im Studium lernt der Geologe, aus Gesteinen deren Entstehungsprozesse, Klima- und Umweltbedingungen zur Zeit ihrer Bildung und tektonische Ereignisse zu rekonstruieren. Er lernt, zu entscheiden, wie das vorliegende Material zu interpretieren ist. Doch wie entscheidet er zum Beispiel, ob bestimmte, Millionen Jahre alte Ablagerungen durch einen Tsunami entstanden sind oder durch einen Sturm? Was geht in seinem Kopf vor, wenn er sich das Gestein anschaut und über dessen Entstehungsprozess nachdenkt? Wie überprüft er seine Vermutungen über diesen Prozess? Wann ist er von seiner Interpretation überzeugt? Wie überzeugt er seine Kollegen im Gespräch, im Vortrag, und welche Argumente sind in der schriftlichen Fassung erforderlich? Von diesen Fragen handelt das vorliegende Kapitel. Es soll aber auch auf die Frage eingegangen werden, was die Besonderheiten der Wissenschaft Geologie sind, da sie sich zum Teil sehr von anderen Naturwissenschaften unterscheidet.

„Da die Geologie im Grunde genommen eine geschichtliche Wissenschaft ist, zeigt die Arbeitsmethode eines Geologen Analogien mit der eines Geschichtsforschers. Daher ist die Persönlichkeit des geologischen Untersuchers von Bedeutung für die Art und Weise, in der die Analyse der Vergangenheit durchgeführt wird. Diese subjektive Seite der Untersuchung verursacht, dass man zwei Tendenzen unterscheiden kann, nämlich die, in der man sich bemüht, die Geologie als exakte Wissenschaft zu betreiben, und jene, in der die Geologie als eine Kunst betrachtet wird." (van Bemmelen 1959)

Heute wird dieser Einschätzung wohl kein Geologe mehr folgen wollen, weil sie gegen das herrschende Selbstverständnis verstößt. Kunst, Subjektivität – das ziemt sich nicht für eine moderne Naturwissenschaft. Die moderne Geologie verwendet elaborierte Analysemethoden und entwickelt in rascher Folge neue Methoden und Ansätze. Und doch zeichnet es die Geologie auch aus, dass sie einen deutlichen hermeneutischen[1] und historischen Methodenanteil aufweist. Sie deutet die Spuren von Vorgängen, die in der Vergangenheit auf und in der Erde stattgefunden haben. Hinzu kommt, dass die Geologie eine Wissenschaft ist, die auf vierdimensionalem Denken, also räumlicher Vorstellung und Veränderung in der Zeit, beruht. Geologie ist daher eine genuin synthetische Wissenschaft, die eine ganze Reihe logischer Verfahren vereint.

Der hermeneutische Aspekt der Geologie zeigt sich beispielsweise, wenn Geologen verschiedene Kriterien und Eigenschaften eines Aufschlusses (also einer Stelle an der Erdoberfläche, wo der Gesteinsuntergrund zutage tritt) und deren Signifikanz für die Beantwortung einer Fragestellung bewerten. Ein Geologe wählt aus der Unzahl von Merkmalen der Gesteinsabfolge (Schichtung, Klüftung, Lagerungsbeziehungen, Gefüge, Fossilinhalt etc.) diejenigen aus, die Hinweise auf die Prozesse und Ereignisse der Bildung der Gesteinsformation geben. Ein geologischer Aufschluss kann von einem erfahrenen Geologen „gelesen" werden, während einem Laien erst die Augen geöffnet werden müssen.

Der Wissenschaftsphilosoph David L. Hull (1975) identifizierte vier historische Wissenschaften: die Kosmologie, die Geologie, die Paläontologie und die Realgeschichte. Er definiert eine historische Wissenschaft über die Rolle, die historischen Erklärungen darin zukommt. Die Geologie ist wohl diejenige unter den (auch) historisch arbeitenden Wissenschaften, die mit am stärksten wechselnden Zeitskalen arbeitet, von Sekunden bis Milliarden von Jahren: Ein Erdbeben ereignet sich vergleichsweise schnell, eine Gebirgshebung dagegen sehr langsam.

Historisch arbeitende Wissenschaften verwenden für ihre Erklärungen das klassische deduktiv-nomologische Modell[2]. Zusätzlich verwenden sie jedoch weitere logische Methoden, etwa Analogbeispiele, Prüfung der Widerspruchsfreiheit, eliminierende Induktion. Dieser Ansatz lässt sich in Bezug auf die Geologie darauf zurückführen, dass (1) die Aussagekraft von Laborexperimenten aufgrund der großen zeitlichen und räumlichen Skalen vieler geologischer Prozesse begrenzt ist, was dazu führt, dass in der Geologie auch andere Beweisführungen einbezogen werden müssen; und dass die Geologie (2) eine stark narrativ verfahrende Wissenschaft ist (vgl. Frodeman 1995).

In experimentellen Wissenschaften wie der Physik oder der Chemie spielen der Ort und der Zeitpunkt eines Experiments keine Rolle; sie sind somit „un-historisch". Das Experiment findet in einem idealisierten Umfeld, dem Labor, statt, wo die Randbedingungen bekannt sind und kontrolliert werden können. Andere Wissenschaftler können die Experimente unter genau den gleichen Bedingungen nachvollziehen und erhalten dieselben Ergebnisse. Das Erkenntnisinteresse eines Experimentalwissenschaftlers liegt dann auch in der Abstraktion allgemeiner Gesetze und Regeln. In historisch arbeitenden Wissenschaften dagegen interessieren die spezifischen Bedingungen, die zur Ausbildung eines individuellen Studienobjekts (in der Geologie wären das etwa ein bestimmter Aufschluss der ältesten Erdkruste in Kanada, die Abfolge des schwäbische Jura oder die Fauna in den Schichten bei Ediacara in Australien) geführt haben. Der Geologe fragt vor allem, wie etwas zu dem wurde, was es heute ist.

Daraus können dann in der Geologie allerdings im Gegensatz zu genuin historisch arbeitenden Disziplinen allgemeine Gesetze abgeleitet werden, die eine weitreichende Erklärungskraft haben, wie zum Beispiel die Walther'sche Faziesregel („Bei ungestörter Schichtung liegen nur solche Fazies – also Sedimenttypen – übereinander, die zeitgleich nebeneinander vorkommen"). Ist ein Studienobjekt zudem so weitgehend erforscht, dass ein konsistentes Modell über dieses Objekt vorliegt, erlaubt dieses Wissen auch Vorhersagen über weitere räumliche oder zeitliche Verläufe und Zustände, zum Beispiel über die Dimensionen und die Qualität eines Erdölspeichers oder die Eigenschaften einer Erzlagerstätte oder die Zuverlässigkeit eines Endlagers, aber auch über zukünftige Umweltveränderungen. Auch die prädiktive Geologie und damit insbesondere die angewandte Geologie macht somit Gebrauch von den historischen Annahmen und Methoden der Geologie.

Weil das Studienobjekt ein individuelles und historisch gewordenes ist, ist es häufig unmöglich, Hypothesen experimentell zu überprüfen. Sie können jedoch durch das Studium weiterer ähnlicher Beispiele geprüft werden. Geologen können Laborexperimente konzipieren, die die Natur imitieren (Sedimentstrukturen in Strömungskanälen, Deformation von plastischem Kunststoff, geotechnische Versuche, heute vor allem auch Computersimulationen). Doch das Verhältnis dieser Experimente zu dem realen, natürlichen Studienobjekt ist letztlich nicht nachweisbar, denn die zum Teil großen Skalen, in denen geologische Prozesse stattfinden – sowohl zeitlich als auch räumlich –, sowie die Einzigartigkeit und Komplexität jedes einzelnen geologischen Ereignisses machen es schwer, die geologische Vergangenheit im Labor oder mit dem Computer zu modellieren (vgl. Frodeman 1995). Die Folge ist, dass für Geologen Analogien („the present is the key to the past", Experimente als Analogien) eine große Rolle spielen. Weiterhin ist der Umgang mit multiplen Hypothesen und Szenarien sowie eliminierender Induktion[3] in der Geologie grundlegende Praxis.

Die Verwendung von Analogien in der Geologie beruht auf der Annahme, dass heutige Vorgänge mit Vorgängen in der Vergangenheit vergleichbar sind. Diese Annahme ist unter dem Begriff „Aktualismus"[4] (englisch: uniformitarianism) geläufig, es geht also um die Gleichförmigkeit der Prozesse in der Erdgeschichte. Die Untersuchung heutiger Korallenriffe dient beispielsweise dem Verständnis fossiler Riffe – wissend, dass die Organismen andere waren und dass die Ökologie eine andere gewesen sein könnte. Die Analogie, die sich von heutigen Vorgängen auf vergangene erstreckt, wird deshalb durch Wissen über den untersuchten geologischen Zeitraum (plattentektonische Situation, Evolution, Atmosphärenchemie, Meereschemie, Klima) ergänzt. Eine Schwäche des Aktualismusprinzips liegt darin, dass das beobachtete heutige Zeitfenster zu klein ist, um alle möglichen Modi des Erdsystems beobachtbar zu machen und Analogien zur Verfügung zu stellen, denn etliche der aus der Erdgeschichte bekannten Ablagerungssysteme existieren heute überhaupt nicht (man denke an Epikontinentalmeere wie in der Kreide oder an Riesenkontinente wie Pangaea in der Trias). Weiterhin haben wir – glücklicherweise – bisher keine Analogien zu Ereignissen wie Supervulkanausbrüchen und Meteoriteneinschlägen erlebt. Und zudem ist das Zeitfenster zu klein, um sehr langsame Abläufe, wie sie vielen geologischen Prozessen zugrunde liegen, zu beobachten. Darum spielt auch die Extrapolation beobachtbarer Raten (Bewegung von Kontinenten, Erosionsraten, Hebung von Gebirgen) eine große Rolle für die Thesen, Erklärungen und Vorhersagen von Geologen.

Ein weiteres Grundcharakteristikum geologischen Denkens und Argumentierens ist das Rückwärtsdenken im Prozess. Der Geologe betrachtet das Produkt eines komplexen Prozesses (ein Gestein, eine Landschaft, ein Fossil). Aus dem Produkt rekonstruiert er den Ausgangszustand und den Entwicklungsprozess. Das muss man sich in etwa so vorstellen, als sähe man ein fertiges Gemälde und wollte rekonstruieren, wie der Maler gearbeitet hat, oder aber als wollte man von den leeren Weinflaschen und -gläsern am Morgen auf den Verlauf des Festes in der vergangenen Nacht rückschließen. Solche Spuren der gerichteten Prozesse sind in der Geologie sehr vielfältig. Sie umfassen Sedimentzusammensetzung, Fossilgehalt, Sedimentstrukturen, Schichtungsgeometrien und diagenetische Überprägung, geochemische Muster, geophysikalische und petrophysikalische Eigenschaften, tektonische Störungsmuster und Verschiebungen, Mineralbestand und Struktur magmatischen und metamorphen Gesteins und etliches mehr.

Diese Spuren führen zur Bildung eines Modells der dreidimensionalen Welt im Zeitverlauf, also zu einer vierdimensionalen Rekonstruktion (vgl. van Bemmelen 1959). Die Rekonstruktion der Prozesse wird fortlaufend auf Plausibilität und auf Konsistenz mit den petrografischen, geophysikalischen, geochemischen, paläontologischen Daten sowie mit Blick auf den Kontext in Raum und geologischer Zeit (Klima, Meeresspiegel, Faunenprovinz, tektonische Provinz etc.) überprüft. Meist arbeiten Geologen mit multiplen Hypothesen, die dann je nach Konsistenz mit den Daten verworfen oder beibehalten werden. Oder wie Frodeman (1995) es ausdrückt: In der Geologie wird logisches Denken durch den Sinn für die übergreifende Kohärenz einer Theorie und nicht durch die einfache Übereinstimmung zwischen der Gegenwart und der Vergangenheit beschrieben.

Aufstellen von Thesen in der Geologie

Thesen oder Fragestellungen in der Geologie werden entweder als Resultat von Beobachtungen natürlicher Phänomene oder auf Basis von Literaturrecherchen formuliert. Häufig steht am Anfang auch das Überprüfen allgemein anerkannter Thesen. Die Idee der Fragestellung, das Bemerken von offenen Fragen oder Inkonsistenzen ist das erste Heureka-Erlebnis im Forschungsprozess. Die Schritte von der Idee zu der Schlussfolgerung sind folgende (vgl. Schumm 1991):

1. Erkennen des Problems auf der Basis einer Beobachtung natürlicher Phänomene und/oder der Literatur. Weiterhin kann ein Problem ausgemacht werden, indem der Geologe eine Anomalie oder einen Trend (Verschiebung des Mittelwertes, beispielsweise entlang einer zeitlichen Abfolge) in Daten, die für einen anderen Zweck erhoben wurden, feststellt. Training, Erfahrung und Kenntnis der Literatur sind eine notwendige Voraussetzung, um ein Problem überhaupt erst zu erkennen. Ein weiterer Ansatz besteht darin, etwas völlig Neues, bisher nicht Gesehenes oder Bemerktes zu beschreiben; hier unterscheiden sich teilweise deskriptiv arbeitende Wissenschaften (wie die Geologie oder Biologie) von anderen, weniger deskriptiv arbeitenden Naturwissenschaften (wie etwa der Physik).
2. Formulieren der These (Eingangsthese; Beispiel: „Die Kalkgesteine von Menorca, die keine tropischen Korallen enthalten, haben sich in einem

tropischen Meer gebildet") oder häufiger mehrerer konkurrierender Arbeitshypothesen (Szenarien, Modelle; Beispiel: „Ozeanischer Auftrieb hat die Nährstoffkonzentration so stark erhöht, dass dort trotz tropischer Temperaturen keine Korallen leben konnten" und „Humide Bedingungen im spanischen Hinterland haben zu Erosion und Eintrag von terrigenem Material geführt, das das Korallenwachstum unterdrückt hat" und „Die Wassertemperaturen waren zu kalt für tropische Korallen") mittels Induktion („Da tropische Korallen nicht in Gewässern mit hohen Nährstoffgehalten wachsen können aber auch nicht in kalten Gewässern, ist es wahrscheinlich, dass einer dieser Faktoren eine Rolle spielt"). Es geht darum, das wahrscheinlichste Szenario zu bestimmen.

3. Erarbeiten eines Ansatzes zur Überprüfung der These oder der Thesen (Beispiel: Wie finde ich heraus, ob die Wassertemperaturen warm oder kalt waren und welche Nährstoffbedingungen geherrscht haben?). Welche Daten sind relevant und sollen erhoben werden? Welche Methoden (Profilaufnahme, paläontologische Untersuchung, geochemische Messungen, Seismik etc.) sind anwendbar? Wenn die These auf Beobachtungen oder aber auf der vorhandenen Literatur über eine Lokalität beruht, ist eine geografische Verortung der Untersuchung häufig gegeben; wenn es sich um ein generelleres Problem handelt, schließt sich die Überlegung an, welcher Ort dieser Erde geeignet wäre, um die These zu überprüfen.

4. Nach der theoretischen Erarbeitung des Ansatzes folgen praktische Überlegungen: Wie komme ich in mein Arbeitsgebiet für eine Geländearbeit? Was muss ich organisieren, um mit einem Forschungsschiff die Proben nehmen zu können, die ich brauche, und zwar am richtigen Ort? Habe ich im Anschluss an die Probennahme die geeigneten Analysemöglichkeiten zur Verfügung? Der Arbeitsplan muss solche praktischen Fragen berücksichtigen.

5. Wurden ein Ansatz und ein Umsetzungskonzept erarbeitet, so ist der nächste Schritt die Untersuchung im engeren Sinne – die Schiffsexpedition oder Geländearbeit mit der Geländeaufnahme (Zeichnen, Beschreiben und Fotografieren der stratigrafischen Profile, also der Gesteinsabfolge, der tektonischen Störungen in den Aufschlüssen, Beschreibung der Gesteinszusammensetzung und des Fossilinhalts, geologische Kartierung etc.) und Beprobung, die Laborarbeiten, das Experiment, die Simulation. Es werden also Daten erhoben und Beobachtungen gemacht.

6. Deduktion[5], also Überprüfung, ob die Ergebnisse mit der These und den dahinterstehenden Gesetzen in Einklang stehen; Eliminieren der inkonsistenten und damit zu verwerfenden Arbeitshypothesen. Stützen

die Daten die These, wird dies als Beleg gewertet – das zweite Heureka-Erlebnis. Die Konsistenz der Daten mit dem Szenario der Arbeitshypothese unter Einbeziehung aller weiteren Informationen über die untersuchte Zeit (Evolution, Tektonik, Klima etc.) und der geologischen Bedingungen am untersuchten Ort (Umwelt, Meeresspiegel, Gebirgsbewegungen etc.) zur untersuchten Zeit ist ein entscheidender Prüfstein. Widersprechen die Daten dem Szenario der Arbeitshypothese, so wird diese als falsifiziert verworfen oder modifiziert.

7. Neuformulierung der These vor dem Hintergrund der Untersuchungsergebnisse und gegebenenfalls Vorhersagen. Das Ergebnis der Untersuchung ist in diesem Fall die modifizierte These oder auch die Ausgangsthese.

8. Im nächsten Schritt wird die belegte These an Kollegen kommuniziert und damit das Heureka-Erlebnis an Dritte weitergegeben.

Geologen ist wie generell fast allen Naturwissenschaftlern bewusst, dass ihre Ergebnisse und Schlussfolgerungen nicht mehr als Zwischenergebnisse sind, die so lange gelten, bis sie widerlegt sind; die Begriffe „wahr" und „Wahrheit" spielen deshalb auch keine Rolle.

Bei angewandten Zweigen der Geologie steht häufig eher die Lösung eines Problems als die Suche nach allgemeingültigen Erkenntnissen im Vordergrund: Lohnt eine Erdölbohrung in einem bestimmten Erdölfeld oder ist sie nicht wirtschaftlich? Wie viele Barrel Öl sind zu erwarten? Ist das Öl schwefelhaltig, was die Produktion verteuert? Bei angewandten Fragen werden Lösungen gesucht, die die gewünschten praktischen Ergebnisse mit sich bringen – Vorhersagen über das Vorkommen, die Menge und die Ausbeutbarkeit von Ressourcen, Erdbebenwahrscheinlichkeit, Endlagersicherheit, Klimaveränderungen.

Kommunikation einer These

In der Kommunikation von Thesen sind bildliche Darstellungen von großer Bedeutung – nicht nur zur Illustration, also zur Verdeutlichung von Daten, Interpretationen und Modellen, sondern auch als Belege, da Daten in der Geologie häufig bildlich sind (Dünnschliff- und Rasterelektronenmikroskop-Bilder, Aufschlussfotos, Computersimulationen, etc.). Bei Vorträgen wird man Geologen auch stets dabei ertappen, wie sie die zeitliche Komponente mit Gesten untermalen, um die Vierdimensionalität der Geologie zu vermitteln – Abtauchen von tektonischen Platten, submarine Rutschungen, Progradation von Sedimentsystemen usw.

Um Thesen zu kommunizieren, werden auf Tagungen Vorträge gehalten und Poster vorgestellt sowie Fachartikel publiziert. Daneben spielt aber auch in der Geologie die informelle Kaffeepause eine wichtige Rolle, vor allem wenn es darum geht, Thesen zu diskutieren. Eine Form der Kommunikation, die außer in der Geologie noch in den anderen Wissenschaften, für die Geländearbeit wesentlich ist (Biologie, Geografie), vorkommt, ist die Diskussion im Gelände – also am Studienobjekt. Entsprechend haben Exkursionen und gemeinsame Geländeaufenthalte einen sehr hohen Stellenwert nicht nur in der Ausbildung, sondern auch während der Berufsausübung (ob im wissenschaftlichen Bereich oder in der freien Wirtschaft). Im Gelände werden beobachtete Merkmale auf eine plausible Interpretation und auf ihre Relevanz für die Gültigkeit einer These hin diskutiert, Erklärungsmodelle entwickelt, und damit wird der Hypothesenraum erweitert oder eine These falsifiziert.

Belegen einer These

Hypothesen, die empirisch nur indirekt überprüfbar sind, spielen in der geologischen Forschung eine große Rolle (vgl. von Engelhardt und Zimmermann 1982). Jenseits der Gegebenheiten, die derzeit der Beobachtung zugänglich sind, wollen Geologen die geologische Vergangenheit und unzugängliche Bereiche (etwa Gesteinsschichten in großer Tiefe) untersuchen. „Indirekt überprüfbar" meint daher, dass von der Hypothese Schlussfolgerungen abgeleitet werden, die dann durch Beobachtung geprüft werden können.

Es stellt sich die Frage, was in der Geologie das Kriterium für die Signifikanz von Daten ist. Häufig ist es die statistische Signifikanz. Dies gilt insbesondere für Datentypen, bei denen viele Messpunkte vorliegen und die Daten kontinuierliche Werte zeigen, sprich in den quantitativen Bereichen der Geologie (Richtungsrosen in der Tektonik, Konzentrationen oder Isotopengewichte in der Geochemie, Verteilung und Häufigkeit von Taxa). Bei anderen Datentypen gilt das Prinzip der Präsenz/Absenz – ist auch nur eine tropische Koralle in einem Sediment vorhanden, so war das Wasser offensichtlich warm genug für diese Organismen. Warum es dann nicht mehr Exemplare der Korallenart gibt, ist eine weiterführende Frage, sozusagen die Fragestellung der nachfolgenden Untersuchung.

In der Geologie spielt die Erkennung von visuellen Mustern (Fossilien im Dünnschliff, tektonische Störungen und Faltungen im Gelände) wie auch abstrakten Mustern (Isotopenkurven, Aussterbemuster) eine große Rolle. Muster werden zum Vergleich und als Referenz herangezogen; Analogien in Mustern werden als Belege gewertet. Dieses Pattern Matching wird mit zunehmender Erfahrung des Geologen immer zielsicherer; kumulatives Wissen unterstützt diese Art des wissenschaftlichen Arbeitens, denn es ermöglicht eine Kategorisierung, obwohl es keine zwei identischen natürlichen Phänomene gibt.

Entsprechend der Bedeutung grafischer Muster spielen auch grafische Darstellungen eine weit wichtigere als nur eine illustrierende Rolle. Häufig sind sie die Rohdaten (Dünnschliffbilder, Aufschlussfotos etc.), und häufig werden Zeichnungen verwendet, die bestimmte signifikante Charakteristika deutlich machen (Muskelabdruck in Muschelschalen, Störungen in Aufschlüssen, Schichtungsmuster etc.). Goethe, der sich als scharf beobachtender Geologe einen Namen gemacht hat, schrieb in der *Italienischen Reise*: „Wir reden zuviel, wir sollten weniger sprechen und mehr zeichnen."

Das Erkennen abstrakter Muster wird dort wichtig, wo der Geologe Lösungen unter Einbeziehung von unvollständigen oder uneindeutigen Daten finden muss. Unvollständigkeit resultiert aus Überlieferungslücken und der Auflösungsgrenze der Stratigrafie[6] (die zeitliche Auflösung kann je nach Abschnitt der Erdgeschichte bei bis zu mehreren Millionen Jahren liegen); Uneindeutigkeit resultiert aus dem historischen Charakter der Überlieferung und der daraus folgenden eingeschränkten Einsatzmöglichkeit von Experimenten.

Wie unterscheiden sich Kommunikations- und Erzeugungsprozess?

Wissenschaftliche Erkenntnisse, die nicht kommuniziert werden, existieren faktisch nicht. Erkenntnisse müssen weitergegeben werden, um kritisch diskutiert werden zu können, um neue Fragen zu stimulieren und um im Idealfall Grundlage weiterer Forschung zu werden. Im schlimmsten Fall werden Erkenntnisse einfach ignoriert. Um diesem Schicksal zu entgehen, wird viel Mühe und Sorgfalt auf die Kommunikation und auf die Wahl der Kommunikationswege verwendet.

Die schlussendliche Kommunikation von Ergebnissen und Erkenntnissen verläuft in der Geologie wie in anderen Wissenschaften auch anders als das Zustandekommen derselben. Die letztlich an die wissenschaftliche oder allgemeine Öffentlichkeit gebrachten wissenschaftlichen Resultate stellen häufig einen idealisierten Weg dar, wie man zu den Ergebnissen der Untersuchung gelangt ist, weil der Weg dahin von Irrtümern und Misserfolgen gesäumt sein kann. Dass Irrwege meist nicht kommuniziert werden, ist ein Problem gängiger Praxis, weil solche Irrwege deshalb von anderen Forschern nicht sofort erkannt und vermieden werden können. In Vorträgen wird der idealisierte Weg besonders pointiert dargestellt, um den Zuhörer zur Klimax des Heureka-Erlebnisses zu führen. Ein wissenschaftlicher Artikel dagegen beschreibt die Ergebnisse umfassender und enthält keinen inszenierten Aha-Effekt. Er ist nüchtern und sachlich und enthält alle relevanten Informationen, um die beschriebene Untersuchung nachprüfen zu können.

Zusammenfassung

Die Praxis des Geologen, Thesen aufzustellen und zu überprüfen, geht über den Methodenkanon der naturwissenschaftlichen Schwesterdisziplinen hinaus. Geologisches Denken und Arbeiten setzt auf Methodenvielfalt (Beobachtung, Experiment, Analogien, hermeneutische und historische Methoden, Numerik, Statistik usw.), um Lösungen für vierdimensionale komplexe Probleme zu finden. Das Prinzip der multiplen Arbeitshypothesen, die Beurteilung der Relevanz von Datentypen und Parametern, das Einbeziehen quantitativer wie qualitativer Daten ergänzen sich zu erfolgreichen Arbeitsansätzen, wo es der Geologe mit unvollständigen oder uneindeutigen Daten zu tun hat.

Anmerkungen

1 Hermeneutik ist eine Theorie der Interpretation.

2 Eine deduktiv-nomologische Erklärung ist ein logisch korrektes Argument, das aus einem allgemeingültigen (wissenschaftlichen) Gesetz und einer empirischen Beobachtung das zu Erklärende folgert.

3 Induktion: abstrahierender Schluss von beobachteten Phänomenen auf eine allgemeinere Erkenntnis, etwa auf einen allgemeinen Begriff oder ein Naturgesetz. Eliminierende Induktion: Ausschluss von Hypothesen aufgrund von Beobachtungen. Zum Beispiel: Für die Rolle der Federn beim Urvogel *Archaeopteryx* können verschiedene Hypothesen aufgestellt werden (Flugfähigkeit; thermische Isolierung; zufällige, nutzlose Entwicklung), die dann anhand der Skelettmerkmale mithilfe von Analogien zu heutigen Vögeln und Reptilien im Kontext der Umweltbedingungen im Oberjura überprüft und nach und nach verworfen werden können, bis eine oder wenige Hypothesen übrig bleiben.

4 Die verschiedenen Spielarten des Aktualismus, ihre Geschichte und ihre Gültigkeit sollen hier nicht diskutiert werden und sind bei Stephen Jay Gould (1987) nachzulesen.

5 Deduktion: Schlussfolgerung vom Allgemeinen auf das Besondere; Ableitung von speziellen und komplizierteren Sätzen aus allgemeinen, vorausgesetzten und elementaren Sätzen.

6 Stratigrafie (lat. Stratum = Schicht): Methode zur Korrelation und relativen Datierung von Sedimentgesteinen auf der Basis verschiedener Merkmale (Fossilgruppen: Biostratigrafie; Umkehrungen des Erdmagnetfeldes: Magnetostratigrafie; Isotopenverhältnisse: Chemostratigrafie; etc.)

Zitierte Literatur

Andrews, S. (2002–2003): Spatial thinking with a difference: an unorthodox treatise on the mind of the geologist. AEG News, Bd. 45, Nr. 4, und Bd. 46, Nr. 1–3.

van Bemmelen, R. W. (1959): Die Methode in der Geologie. Mitteilungen der Geologischen Gesellschaft in Wien, Bd. 53, S. 35–52.

Beveridge, W.I.B. (1957): The Art of Scientific Investigation. An entirely fresh approach to the intellectual adventure of scientific investigation,
2. Aufl., New York: W.W. Norton & Company.

von Bubnoff, S. (1924): Über geologische Grundtheorien. Zur Kritik der Argumentation. Geologische Rundschau, Bd. 14, S. 354–356.

von Engelhardt, W. und Zimmermann, J. (1982): Theorie der Geowissenschaft, Paderborn: F. Schöningh Verlag.

Frodeman, R. (1995): Geological reasoning: Geology as an interpretive and historical science. Geological Society of America Bulletin, Bd. 107,
S. 960–968.

Goodman, N. (1967): Uniformity and simplicity. Geological Society of America, Special Paper 89, S. 93–99.

Gould, S.J. (1987): Time's arrow, time's cycle: Myth and metaphor in the discovery of geologic time, Cambridge/Mass.: Harvard University Press.

Hull, D.L. (1975): Central subjects and historical narratives. History and Theory, Bd. 14, S. 253–274.

Schumm, S. (1991): To interpret the earth: Ten ways to be wrong; Cambridge/UK: Cambridge University Press.

Thomas Großbölting
Historisches Seminar
Westf. Wilhelms-Universität Münster

Geschichtswissenschaft

Geschichtswissenschaft

von Thomas Großbölting

Wann ruft ein Historiker „Heureka" und kann eine Erkenntnis, vielleicht gar eine bahnbrechend neue, verkünden? Grundsätzlich verbindet sich damit die Frage, ob wir heute besser informiert sind über die Vergangenheit, schlauer mit Blick auf die Geschichte, und wenn ja, wie das zustande kommt. Und – eng damit verbunden – wie beurteilen wir eigentlich die Qualität von Geschichtsschreibung, um mittels solcher Maßstäbe auch den Wissenszuwachs oder die Irrwege der Vergangenheitsdeutung abzulesen?

Als ich einen erfahrenen und überaus geschätzten Kollegen mit diesen Fragen konfrontierte (und über die Anforderung berichtete, endlich einen Artikel dazu zu Ende zu bringen), war dessen Antwort ebenso kurz wie präzise. Zwei Umstände könnten neue Erkenntnisse hervorrufen und unser Wissen um die Vergangenheit erweitern: neue Quellen, neue Ideen – sonst nichts! Dass ich schon etwas mehr schreiben müsse, wisse er wohl, aber da auch bei ihm die nächste Publikation warte ... Der Rest des Satzes ging unter im Stimmengewirr einer Gruppe von Studenten, hinter der er nach einem angedeutetem Abschiedsnicken eilig entschwand.

Neue Quellen, neue Ideen – diese knappe Antwort ist ebenso einleuchtend wie defizitär, sagt alles und erklärt kaum etwas. Die folgenden Abschnitte sind deshalb Variationen dieser Stichworte, liefern darüber hinaus aber auch Ergänzungen. Auch wenn das Sprachspiel von der „Quelle" viel Falsches suggeriert, weist diese Metapher auf einen grundlegenden Punkt hin: Im Gegensatz zu allen Arten von fiktionalen Texten, die ja ebenfalls in der Vergangenheit liegende Sujets aufgreifen können, ist Geschichtswissenschaft auf empirisch belegbare Informationen aus der Vergangenheit angewiesen. Die Frage, inwiefern und wie diese zu gewinnen sind, umreißt bereits einen wesentlichen Teil des Nachdenkens über die Vergangenheit, zudem verweist sie auf die Möglichkeiten und Grenzen der Beschäftigung mit ihr. Im zweiten Schritt sind „Ideen" aufzugreifen, hier nicht wie im Historismus des 19. Jahrhunderts verstanden als wesenhafte Triebkräfte der Geschichte, sondern als grundlegende Sichtweisen und Interpretationen der Vergangenheiten. Mit welchen Fragen wir uns vergangenen Zeiten nähern und wie wir „aus Geschäften Geschichte" (Johann Gustav Droysen) machen, erklärt vieles über die Erkenntnismöglichkeiten von Geschichtswissenschaft. Und drittens wird darüber zu sprechen sein, wie sehr auch das Orientierungs- und (weniger edel, aber mindestens ebenso gravierend) das Unterhaltungsbedürfnis der jeweiligen Gegenwart sowohl die Formen der Veröffentlichung als auch die Wege der historischen Forschung mitbestimmen.

Von „Quellen" und anderen Informationen

„Heureka" – die damit verbundene Assoziation vom Philosophen, den die Erkenntnis förmlich durchzuckt und der daraufhin aus der Badewanne hüpft, ruft zunächst einmal populäre, weit verbreitete Assoziationen auf, die die Realität nicht treffen. Wenn Harrison Ford in der Figur des Indiana Jones als „Jäger des verlorenen Schatzes" agiert, steht er für den (vielleicht auch von vielen professionellen Historikern verfolgten) Traum vom Durchbruch qua spektakulärer Neuentdeckung. Im Mittelpunkt dieses und ähnlicher Plots steht immer ein Held, der sich nach der Entdeckung des sagenumwobenen Irgendwas mit dem Jubel der Masse, einem Haufen Geld oder der Zuneigung einer Hollywood-Schönheit belohnt sieht. Echte Historiker haben dazu in der Regel nicht das Zeug, gleichen nicht nur phänotypisch „Maulwürfen auf Urlaub", sondern hüten sich auch ansonsten vor spektakulären Entdeckungen. Das lehrt die Erfahrung und hat sich bei vielen Vergangenheitsdeutern tief in das professionelle Selbstverständnis eingegraben. Als die Illustrierte *Stern* und ihr Redakteur Gerd Heidemann 1983 „Hitlers Tagebücher" präsentierten, verkündete man lauthals, die Geschichte des „Dritten Reiches" müsse nun neu geschrieben werden – der Hype fiel in sich zusammen, als kurze Zeit später der Militariahändler Konrad Kujau eingestand, die neun angeblich von Adolf Hitler selbst geschriebenen Kladden gefälscht zu haben.[1] Dieser Fall von Geschichtsfälschung sticht hervor aufgrund des hohen Maßes an krimineller Energie, ist aber kein Einzelfall: Im Juni 2006 veröffentlichte die Bild-Zeitung die Skizze einer angeblichen Uranbombe, die beweisen sollte, dass die Nationalsozialisten über eine Atombombe verfügten. Die These von den angeblichen Kernwaffenversuchen in Nazideutschland erwies sich ebenso rasch als unhaltbar wie vielen andere spektakuläre Funde und Sensationen.[2]

Das Fach selbst zeigt sich gegenüber Neuentdeckungen zurückhaltend. „Zwerge auf den Schultern von Riesen" – so die professionelle Selbstverortung, die vor allem Doktorväter und -mütter dem von ihnen betreuten wissenschaftlichen Nachwuchs einimpfen. Bloß kein Sensationalismus oder gar Hochmut. Die meisten „Neuentdeckungen" gehen, so eine stehende

Redensart, vor allem auf mangelnden Lektürefleiß zurück, denn es gebe wenig, was nicht vorher schon gedacht und aufgeschrieben worden sei. Und ohnehin sei die wichtigste Eigenschaft eines Historikers der „bleierne Hintern", also das unermüdliche kontemplative Brüten über den Quellen, das erst zur Erkenntnis beitragen könne. Als unverzichtbar gelten das „Bohren dicker Bretter", die Durchsicht und Analyse umfangreicher Quellenbestände oder auch das aufwendige Durchdenken von Fragestellungen, die dann nicht in knappen Papieren, sondern – so die Meisterform der Darstellung – in großen Synthesen präsentiert werden. Am „großen Wurf" orientiert sich das Fach, und das befriedigt auch am ehesten das Interesse des Lesepublikums. Nicht von ungefähr werden vor die Fernsehkameras vor allem graumelierte Mittsechziger gebeten, die wohl am ehesten den gewünschten Typ des gelehrten Historikers repräsentieren.

Im Mittelpunkt solcher und anderer Erzählungen steht immer ein überraschender, spektakulärer Fund, die „Quelle". Diese bei Historikern beliebte und anscheinend auch allgemein sehr eingängige Metapher suggeriert, dass da irgendetwas sei, was uns Erkenntnis von der Vergangenheit bietet und – um im Bild zu bleiben - möglichst rein und unaufhörlich sprudelt. Klassisch ist die Definition der Quelle als all die „Texte, Gegenstände oder Tatsachen, aus denen Kenntnis der Vergangenheit gewonnen werden kann"[3]. Wie wir „aus Geschäften Geschichte" (Johann Gustav Droysen) machen, das Material zu einem Ganzen fügen, aus ihm einen „Lebenszusammenhang" bilden, in dem die Teile in ihrer Bedeutung füreinander und für das Ganze erfasst sind (Wilhelm Dilthey), das ist damit noch lange nicht beschrieben. Geschichte ist nicht einfach da oder leitet sich aus den Informationen zur Vergangenheit (den „Quellen" eben) ab. Geschichte liegt auch nicht, nachhaltig gelagert und sorgfältig konserviert, in den Archiven, sondern entsteht aus dem Interesse an ihr. Und aus den Fragen, die wir deswegen an sie stellen. Dennoch bleibt ein Respekt vor dem Eigenwert der Quellen als praktische Erfahrung, die viele empirisch arbeitende Historiker gemacht haben. Nicht zuletzt aus dieser Haltung speist sich auch Reinhart Kosellecks Diktum vom Vetorecht der Quellen. „Streng genommen kann uns eine Quelle nie sagen, was wir sagen sollen. Wohl aber hindert sie uns, Aussagen zu machen, die wir nicht machen dürfen. Die Quellen haben ein Vetorecht. Sie verbieten uns, Deutungen zu wagen oder zuzulassen, die aufgrund eines Quellenbefundes schlichtweg als falsch oder als nicht zulässig durchschaut werden können. Falsche Daten, falsche Zahlenreihen, falsche Motiverklärungen, falsche Bewußtseinsanalysen: all das und vieles mehr läßt sich durch Quellenkritik aufdecken. Quellen schützen uns vor Irrtümern, nicht aber sagen sie uns, was wir sagen sollen."[4]

Interpretationen der Vergangenheit – vom Neuansatz zum Paradigmenwechsel

Wie dennoch zwar nicht hollywoodreife Durchbrüche, wohl aber in ihrem Kontext ebenfalls spektakuläre Neuentdeckungen gemacht werden, soll an einem Beispiel angedeutet werden, bei dem die Neulektüre altbekannter Akten zu einer – in diesem Fall kann man das getrost sagen – grundstürzenden Neubewertung geführt hat: Seit circa eineinhalb Jahrzehnten streiten Frühneuzeithistoriker um die Bewertung und Neubewertung des Reichstags im Ersten Deutschen Reich. Hervorgegangen aus der Versammlung der Reichsstände des Heiligen Römischen Reiches, wurde er vertraglich zwischen Kaiser und Ständen 1495 institutionalisiert und entwickelte sich seit 1663 bis zu seiner Auflösung 1806 zu einer permanent tagenden Institution, dem Immerwährenden Reichstag in Regensburg. Auch wenn der Name anderes suggeriert, entwickelte er sich niemals zu einer ständischen Vertretung oder gar zu einer Art Quasiparlament, wie wir es von heute aus denken könnten Er blieb ein Vertretungsorgan der geistlichen und weltlichen Kurfürsten, Fürsten, der Reichsstädte wie auch anderer Gruppen mit Stimmrecht. Die obersten Spitzen dieser Institutionen aber waren kaum einmal persönlich anwesend, sondern ließen sich durch Gesandte vertreten.

Jedem, der die Akten des Reichstages studiert, sticht eine Reihe von Kuriositäten ins Auge, die Historiker jahrzehntelang nicht weiter beachtet haben, die aber einer Bewertung der Verfassung des Reiches und des Reichstages selbst ein entscheidendes Moment hinzufügen können. Ein Beispiel: Als die habsburgischen Kaiser im 17. Jahrhundert einige neue Fürsten ernannten, ging der Streit mit den „Alten" im Reichstag, so Stollberg-Rilinger, „nicht so sehr darum, ob, sondern wo die Neuen in der Fürstenkurie ihren Sitz haben sollten". Eine Verfassung im modernen Sinn hat es niemals gegeben, nur einzelne Urkunden, am wichtigsten die Goldene Bulle von 1356 über die herausgehobene Stellung der Kurfürsten und der Westfälische Friedensvertrag von 1648. Die korrekte Sitzordnung musste daher ständig neu verhandelt werden, der Disput darüber wurde zum Dauerbrenner. Im „Sitz" manifestierte sich die Anerkennung durch die anderen Reichsstände, die aber oftmals nur unter Vorbehalten und begleitet von einem ganzen Rattenschwanz von Protesten begleitet war, etwa in dem Sinn: Man nehme es für diesmal hin, wolle deshalb für die Zukunft aber keinesfalls in seinen Rechten beeinträchtigt werden, es dürfe also kein Präzedenzfall geschaffen werden. Ihren Höhepunkt erreichten diese Auseinandersetzungen um Fragen der Etikette (so würden wir heute sagen) paradoxerweise erst im 18. Jahrhundert, als diese alte politische Kultur im Kern längst ausgehöhlt war. Schon lange beehrte kaum noch einer der Fürsten persönlich den Immerwährenden Reichstag in Regensburg mit seiner Anwesenheit, dieser hatte sich von einer Fürstenversammlung zu einem Gesandtenkongress gewandelt. Die Kurfürsten setzten durch, dass die Sessel ihrer Gesandten während der Audienz beim kaiserlichen Prinzipalkommissar mit den Vorderbeinen auf dem roten Teppich stehen durften – aber nur mit diesen! Bereits 1652 war es nur mit Mühe gelungen, den Regensburger Rathaussaal für die Reichstagssitzungen herzurichten: Sollte der Abstand zwischen den Fürsten und Kurfürsten einerseits, den Städtevertretern andererseits bloß mit Stufen oder zusätzlich mit einer Schranke sichtbar gemacht werden? Der gefundene Kompromiss schöpfte die Bandbreite der symbolischen Ausdrucksformen maximal aus: Ein Gatter wurde installiert, das allerdings unverschlossen blieb.

Die Bedeutung, die diesen und anderen Fragen beigemessen wurde, war lange bekannt, dennoch beachteten die Historiker diese Dispute nicht, sondern fokussierten die Arbeitsergebnisse des Reichstags als politischen Gremiums. Mit der Neulektüre der Quellen konnte dieses Bild dann entscheidend korrigiert werden: Bis ins 19. Jahrhundert hinein wirkten die Wurzeln der mittelalterlichen Präsenz- und Zeigekultur fort, so argumentiert die Frühneuzeithistorikerin Barbara Stollberg-Rilinger. „Rang und Status der hohen Personen mussten beständig vor aller Augen geltend gemacht und durch fein abgestufte Formen der Ehrerbietung von anderen anerkannt werden". Diese Präsenzkultur büßte dieser Lesart zufolge der Reichstag spätestens 1664 ein, als leibhaftige Fürsten und auch der Kaiser in ihm nicht mehr auftraten. Unter dieser Untersuchungsperspektive sieht Stollberg-Rilinger daher auch den Immerwährenden Reichstag nicht als zukunftsweisendes 'Parlament des Alten Reiches', sondern bewertet ihn, ohne seine Bedeutung als Informationsbörse schmälern zu wollen, als defizitär. Im 18. Jahrhundert fungiert er eben nicht, wie im Westfälischen Frieden vorgesehen, als gemeinsames Beschlussorgan von Kaiser und Reichsständen in allen wichtigen politischen Materien – die wichtigsten Entscheidungen fielen längst an den großen Höfen. Zusätzlich war die Versammlung weniger, geburtsständisch und von ihren Fähigkeiten oftmals eher unbedeutender Reichstagsgesandter kaum dazu geeignet, die Majestät von Kaiser und Reich wirklich darzustellen. So gut wie alle weltlichen Fürsten und Kurfürsten, resümiert Stollberg-Rilinger, „hielten bis zum Schluss die institutionelle Fiktion der alten Reichsordnung im Ritual aufrecht, kämpften noch um die Plätze darin, während sie zugleich an deren Unterminierung arbeiteten". Unser Bild vom Reichstag als politischer Institution ist durch diese kulturhistorische Neuinterpretation der Quellen entscheidend erweitert und in Grundzügen auch korrigiert worden.[5]

Die Geschichtswissenschaft heute ist ein hoch reflexives Fach. Nicht zuletzt die zahlreichen Diskussionen um ihre Wissenschaftlichkeit wie auch ihren gesellschaftlichen Nutzen haben dazu beigetragen, dass sich ein arglos-positivistisches Herangehen an die Vergangenheit als wissenschaftliche Haltung weitgehend verflüchtigt hat. Seitdem Menschen Erinnerungen aus der Vergangenheit weitergeben, haben sie sich auch darüber verständigt, welche Möglichkeiten der Tradierung und welche Grenzen es gibt und inwieweit der Rückblick zur Reflexion der jeweils eigenen Gegenwart taugt.

Um der Frage nach Erkenntnisfortschritten der Geschichtswissenschaft nachzugehen, müssen wir nicht ganz so weit zurückblicken. Es soll genügen, einige der Gedanken aus der vorerst letzten „Grundlagendiskussion" aufzunehmen. Das Heureka-Beispiel des frühneuzeitlichen Reichstags leitet sich nicht nur daraus ab, dass eine Quelle neu befragt wurde. Gleichzeitig ordnet sich diese Neuentdeckung ein in einen internationalen Paradigmenwechsel. Die bundesdeutsche Geschichtswissenschaft hatte sich erst in den Sechziger- und Siebzigerjahren des 20. Jahrhunderts allmählich von ihren historistischen Wurzeln lösen können. Dem Primat der „traditionellen" politischen und ereignisorientierten Geschichtsschreibung in der Tradition des deutschen Historismus setzte vornehmlich eine junge Generation von Historikern mit dem Verständnis von Geschichte als historischer Sozialwissenschaft ein neues Leitbild entgegen. Im allgemeinen politisch-kulturellen Reformklima der Siebzigerjahre gewann die Sozialgeschichte mit ihrem reflektierten, theoriebewussten Blick auf Strukturen und Prozesse der Vergangenheit rasch an Überzeugungskraft. Neue Themenfelder wurden erschlossen – etwa die Geschichte sozialer Gruppen (wie der Arbeiterschaft) oder sozial-ökonomischer Prozesse (Industrialisierung, Urbanisierung, demografische Revolution etc.). Als gemeinsame Klammer diente dabei die Idee, die gesamte Geschichte mit dem Fluchtpunkt der gesellschaftlichen Formierung, des gesellschaftlichen Wandels erfassen zu können.

Die Etablierung der Sozialgeschichte, die sich in der Bielefelder Schule und der 1975 gegründeten Zeitschrift *Geschichte und Gesellschaft* einen festen Kern gab, war immer auch von theoretischen Auseinandersetzungen begleitet. Wo sich aber die Kritik beispielsweise der Alltags- oder der Geschlechtergeschichte im Wesentlichen als Erweiterung und Korrektur im Rahmen von sozialgeschichtlichen Ansätzen verstand, da konstatierte mit Jürgen Kocka einer der führenden Vertreter der Sozialgeschichte, dass sich seit den späten Achtzigerjahren „der Wind gedreht" hat, „zum Teil bläst er der Historischen Sozialwissenschaft frontal ins Gesicht"[6]. Die postmoderne Kritik an den „großen Erzählungen", die Infragestellung des Fortschrittsdenkens und die Relativierung von Positionen der Aufklärung sowie die damit verbundene Erosion eines zuvor weitgehend unhinterfragten und unreflektierten Modernebegriffs hat auch die historischen Erklärungsmodelle erschüttert.

Mit dem Verblassen des Paradigmas einer sozialwissenschaftlich orientierten Geschichtswissenschaft haben modernisierungstheoretische Vorstellungen an Terrain eingebüßt, die Theorielandschaft vor allem in den Geisteswissenschaften wurde von einer neuen Grundlagendebatte bewegt – die linguistische Wende, der *Spatial Turn*, ein *New Historicism,* wie überhaupt der grundlegende kulturwissenschaftliche Paradigmenwechsel, bilden die Schlagworte dieser Neuorientierung.

Eine gemeinsame, interdisziplinäre Textur dieser Tendenzen lässt sich auf drei Interessensschwerpunkte fokussieren: auf die Historisierung und Kontextualisierung von Semantiken, Bedeutungssystemen und symbolischen Ordnungen, auf die Frage nach den narrativen Strategien, die der so konstruierten „sozialen Wirklichkeit" Sinn und Bedeutung verleihen, sowie auf eine „selbstreflexive" Perspektive hinsichtlich der gesellschaftlichen Grundlagen von wissenschaftlichen Erkenntnisinteressen und auf die Funktion von Wissenschaft als Ort der Produktion gesellschaftlich legitimierter Beschreibungssysteme. Vor diesem Hintergrund wird vor allem seit der Mitte der Neunzigerjahre eine Debatte um die Legitimität beziehungsweise die Reichweite eines „kulturwissenschaftlichen Paradigmenwechsels" in den Geschichtswissenschaften geführt, die sich auf die Polarisierung der Begriffe „Kultur" und „Gesellschaft" zugespitzt hat.[7] Die Tendenz, dass sich Theoriedebatten selbst in den Vordergrund schoben, ist zugunsten einer pragmatischen Herangehensweise abgeklungen.[8] Wie allgemein gilt auch für die Geschichtswissenschaft: „The proof of the pudding is the eating". Beim angeführten Beispiel vom frühneuzeitlichen Reichstag ist das neue Konzept hervorragend aufgegangen. In engem Zusammenhang mit diesem *Cultural Turn* steht eine weitere Entwicklung der Geschichtswissenschaft: Mehr als jemals zuvor fragt sie nach Narrativen und Erzählmustern. Sie interessiert sich für das „Wie" historischer Erkenntnisbildung und -vermittlung nicht weniger als für das „Was". Die öffentliche Thematisierung von Geschichte seit den Achtzigerjahren des 20. Jahrhunderts gab dazu allen Anlass.

Geschichtswissenschaft und „Öffentlichkeit"

Geschichte entsteht aus dem Interesse an ihr, aus den Fragen, die an die Vergangenheit gestellt werden. Dabei fällt auf, dass Geschichte heute weniger denn je eine Angelegenheit der Angehörigen der „Zunft" – so die (meist, aber bei Weitem nicht immer mit einer gehörigen Portion Selbstironie verwandte) Selbstbezeichnung für professionelle Vertreter des Faches – ist. Während die Leserschaft von historischen Fachzeitschriften nach Mediennutzungsanalysen „im statistisch nicht mehr qualifizierbaren Bereich" liegt, binden zeithistorische Fernsehdokumentationen und Spielfilme regelmäßig ein Millionenpublikum und erreichen gelegentlich Einschaltquoten von über 20 Prozent. Profiliertere Zeitschriften und Zeitungen beschäftigen wie selbstverständlich einen oder mehrere Zeitgeschichtsredakteure, und Titelstorys zur Zeitgeschichte erhöhen zuverlässig den Absatz von *Spiegel*-Ausgaben.[9] Dass die Geschichtswissenschaft einem allgemeineren Publikum zugewandt ist, ist an sich keine Neuerung, schrieben doch auch die Historiker des 19. Jahrhunderts ihre Bücher auch für eine bildungsbürgerliche Leserschaft. Sicher aber hat sich diese Öffentlichkeitsorientierung im Laufe des 20. Jahrhunderts verstärkt und gewandelt. Geschichte ist „in" wie kaum einmal zuvor: In der Öffentlichkeit der Siebzigerjahre dominierte die Zukunft. Die an sie gerichteten und nahezu unbegrenzten Erwartungen paarten sich mit einem ebenso gewaltigen Machbarkeitsglauben, man blickte nach vorn und nicht zurück. Die Zunft der Historiker selbst sah sich am Rand. Wenn Reinhart Koselleck 1970 den Hauptvortrag des Historikertages der Frage widmete „Wozu noch Geschichte?", dann war diese Frage keineswegs rhetorisch gemeint, sondern stand für die kleinlaute wie auch verzagte Selbstsuche der professionellen Vergangenheitsdeuter.

Heute sind Vergangenheitsbezüge allerorten zu finden. Im Fernsehen und im Kino sind historische Stoffe hochpräsent, finden ihre Zuschauer und spielen auf diese Weise ihre Produktionskosten wieder ein. *History sells*, davon kann nicht nur Guido Knopp ein Lied singen. Die Popularität aller Art von Historie lässt sich einerseits recht simpel mit demografischen Entwicklungen und den damit freigesetzten Marktkräften erklären: Der allgemeine Bildungsgrad steigt, zumindest in den westlichen Industrieländern gibt es in einer tendenziell alternden Gesellschaft mehr und mehr Freizeit, die nach Beschäftigung verlangt. Und dabei bietet der Blick zurück anscheinend mehr als die nur auf die Gegenwart fixierte Unterhaltung. Sein eigenes Leben in einem größeren Zusammenhang verorten zu können, scheint hoch attraktiv. Internetforen wie „Friends Reunited" oder

„Stay Friends" ermöglichen es, Bekanntschaften aus frühesten Schultagen aufzufrischen. Wer weiter zurückgehen will, kann dank der von den Mormonen in Salt Lake City gesammelten Datenmengen Ahnenforschung per Mausklick betreiben. Es sind die Rückbezüge auf die (vermeintlich) großen staatstragenden Daten ebenso wie die vielen kleinen und neuartigen individuellen Zugänge zur Vergangenheit, die Margaret MacMillan vom „history craze" unserer Jahre sprechen lassen.[10]

So sehr jeder Wissenschaftler dieses öffentliche Interesse an seinem Fach begrüßen wird, so ändert sich damit unbestreitbar auch der Gegenstand selbst. Wie steht es also um das Verhältnis von Öffentlichkeit und Geschichtswissenschaft? Dass die Wehrmacht als eine der größten und in nahezu jede deutsche Familie greifende Institution keinesfalls „sauber", sondern in die rassisch-ideologisch motivierten Vernichtungsaktionen des Zweiten Weltkriegs entscheidend involviert war, hatte das Militärgeschichtliche Forschungsamt bereits seit 1979 in der aufwendig recherchierten Reihe *Das Deutsche Reich und der Zweite Weltkrieg* publik gemacht. Zum Gegenstand öffentlichen Interesses und zum Politikum wurde dieser Fakt hingegen erst mit der Ausstellung des Hamburger Instituts für Sozialforschung. Die These, dass den Deutschen ein eliminatorischer Antisemitismus eigen sei, hat der amerikanische Historiker und Publizist Daniel Jonah Goldhagen aufgestellt und dafür ebenso viel Aufmerksamkeit in den Medien bekommen wie vernichtende Kritik von den Kollegen. „Heureka" hat in diesem Fall vor allem eine geschickt agierende Verlagsgruppe gerufen und damit kommerziell einen großen Erfolg gelandet, während die Fachwelt müde abwinkte. Und – ein letztes Beispiel – ob die DDR ein „Unrechtsstaat" war, interessiert eben nicht nur Spezialisten der Vergangenheitsdeutung, sondern auch einen großen Teil der deutschen Bevölkerung, vor allem in den fünf neuen Bundesländern.

In den Geistes- und Sozialwissenschaften ist die Entwicklung von Forschung ebenso wenig von ihrem allgemeinen Umfeld zu trennen wie die Verbreitung ihrer Ergebnisse. Alle Trends und Neuentwicklungen sind immer auch Reaktionen auf kulturelle Orientierungsfragen und Bedürfnisse von „außen" (diese Aussage gilt weniger tiefgreifend, aber ansonsten durchaus vergleichbar auch für die Naturwissenschaften und andere, vermeintlich „harte" Disziplinen). Wie stark Geschichtswissenschaft an einem allgemeinen Publikum orientiert ist, zeigt sich insbesondere daran, dass sie sich nicht wie andere Disziplinen durch eine Fachsprache von dem abgrenzt, was „draußen" passiert, im Gegenteil: Die Sprache der Geschichtswissenschaft bleibt in hohem Maße die allgemeine alltägliche wie außeralltägliche Sprache, und die Geschichtswissenschaft wird ihrem Gegenstand umso

eher gerecht, je umfassender sie sich der Fülle der Ausdrucks- und Differen-
zierungsmöglichkeiten der Gemeinsprache bedient. Sie unterscheidet sich
in dieser Hinsicht von anderen Wissenschaften, die ebenfalls Lebensnähe
beanspruchen, wie zum Beispiel die Rechtswissenschaft. Der Jurist zwingt
mehrdeutigen Begriffen der Gemeinsprache seine Definition auf, um sie
auf diese Weise zu eindeutigen Fachbegriffen zu machen.[11]

Viel mehr gilt dieses für die allgemeinen Geschichtsbilder, die im Um-
lauf sind: Dass wir heute (und nicht schon vor 50 Jahren) die Geschichte des Nationalsozialismus unter dem Interpretament der „Volksgemein-
schaft" diskutieren, ist eben auch damit zu erklären, dass immer weniger
Akteure und Verantwortungsträger jener Zeit heute noch leben. Wo die
ersten Interpretationen des Nationalsozialismus sich vor allem auf besonders hervorstehende Institutionen oder Herrschaftseliten kaprizierten und
in ihrem Geschichtsbild die Verantwortung letztlich auf eine kleine Per-
sonengruppe zuschnitten, da fragten die Achtundsechziger hoch schematisch und abstrakt nach der Verantwortlichkeit ihrer Elterngeneration. Ein
Gedenken an die Opfer der NS-Diktatur, aber auch die Erforschung und
das öffentliche Thematisieren von Tätern und Tätergruppen waren dann
erst seit den Siebzigerjahren an der Tagesordnung. Wir können sicher sein,
dass die nachfolgenden Generationen wieder andere Fragen an die Zeit des
Nationalsozialismus stellen und ihre Antworten finden werden.

Die Interdependenz von Forschung und öffentlichem Interesse ist aktu-
ell an keinem anderen historischen Gegenstand so gut zu erkennen wie am
Beispiel der DDR-Forschung und speziell an den Untersuchungen zum
Ministerium für Staatssicherheit. In diesem Fall gab es tatsächlich nicht nur
einen neuen Quellenfund, sondern es öffneten sich ganze Archive: neben
den Akten der staatlichen und halbstaatlichen Stellen je nach Mess- und
Schätzvariante mehr als 170 laufende Kilometer Stasiunterlagen – und
damit ein Volumen, dass circa drei Viertel der Materialien ausmacht, die
das Bundesarchiv zur gesamten Geschichte Deutschlands gesammelt hat.
Unzweifelhaft hat sich damit unser Wissen um die Staatssicherheit und ihr
Wirken vervielfacht. Obwohl auch die Forschung vor 1989 über die Existenz des DDR-Geheim- und Repressionsapparats informiert war, ist dessen schiere Größe und das Ausmaß seiner Verästelung in die Gesellschaft
hinein unterschätzt worden. Die Stasi war, so hat Christoph Kleßmann zu
Recht festgestellt, in ihrer Bedeutung für die Existenz der DDR vollkommen unterbelichtet.[12]

Nach 1990 ist der ehemals „weiße Fleck" Stasi wieder in eine Sonderrol-
le gerückt. Er avancierte zum Boomthema der DDR-Forschung und galt
bereits 2002 als „eines der am besten erforschten Themen der DDR"[13].

Wie in vielen anderen Fällen auch hat nicht nur die historisch wohl einmalige Aktenlage, sondern auch der erinnerungspolitische „Bedarf" Regie geführt. Insbesondere die Ansätze der ersten Jahre waren oftmals von der Tendenz bestimmt, die Deutungshoheit über das DDR-Erbe zu gewinnen und das SED-Regime mit allen Mitteln zu delegitimieren. Zugleich führte der extrem auf die Akten konzentrierte Blick zu einer Verengung auf eine Dichotomie von Tätern und Opfern. Jens Gieseke skizziert dieses als eine „bewusste oder unbewusste Übernahme der MfS-Sicht, wenngleich mit umgekehrten Vorzeichen: die Welt ist plötzlich voller IM, OibE (Offizier im besonderen Einsatz), UMA (Unbekannter Mitarbeiter) oder noch perfekter getarnter Mitarbeiter und Zuträger der Staatssicherheit. Auf der anderen Seite tendiert diese Wahrnehmung dazu, Widerstand und Opposition in der DDR-Gesellschaft zu überschätzen."[14] Entsprechend schwierig gestaltet sich heute die Anschlussfähigkeit dieser Forschungen an andere Stränge der DDR-Forschung wie auch der Geschichtswissenschaft allgemein.

Auf den nachholenden Informationsbedarf der ersten Jahre nach der friedlichen Revolution richtete sich ein anderer Forschungszweig, der oftmals als „Stasiologie" bezeichnet wird: Die detaillierte Rekonstruktion von Organisationsstrukturen und Entscheidungswegen innerhalb der weitverzweigten Stasi-Bürokratie war eine wichtige Grundlage für weitere Forschungen. Zudem wurden hier auch wichtige Impulse und Korrektive für gängige Stasi-Images erarbeitet. Zugleich aber sind die Grenzen dieses Zugangs für eine Befruchtung und Orientierung der öffentlichen Debatte ganz offensichtlich.[15]

Das öffentliche Informationsbedürfnis, der politisch und auch gesellschaftlich getragene Aufklärungswille wie auch andere Faktoren des DDR-Geschichtsbooms waren ein weiterer Schritt zu einem sich verändernden Verhältnis von historisch-politischer Wissenschaft und der medialen sowie der politischen Öffentlichkeit. Der Trend existierte allerdings bereits vorher[16]: Wo sich die seit 1961 geführte Fischer-Kontroverse um den Ausbruch des Ersten Weltkriegs noch ganz überwiegend in den engen Grenzen des Faches bewegte, da wurde der 1986 entbrannte Historikerstreit um die Frage der Vergleichbarkeit stalinistischer und nationalsozialistischer Verbrechen bereits medial inszeniert und ausgeschlachtet.[17] Trotz aller Schärfe blieb der Streit letztlich fruchtlos. Die Debatte um Daniel Goldhagens 1996 publizierte These von einem spezifisch deutschen eliminatorischen Antisemitismus wurde von den Medien gestartet, ihre Öffentlichkeit bot das Forum für diese Diskussion, und ihre Schreiber erklärten die Debatte für beendet, nachdem sie das Interesse daran verloren hatten. Fachwissenschaftler traten dabei allenfalls in Nebenrollen auf und ließen den eigentlichen Protagonisten, Goldhagen, in umso hellerem Licht erscheinen.[18] Ähnlich verhielt es sich im Fall der sogenannten „Wehrmachtsausstellung", bei der die Rolle der deutschen Armee im Vernichtungskrieg im Osten unter weitgehender Ausblendung des wissenschaftlichen Kenntnisstandes mehr skandalisiert als diskutiert wurde.[19]

Die Wiedervereinigung und die Aufarbeitung der DDR-Geschichte eröffneten zweifelsohne eine neue Phase der Public History. In dem Maße, in dem historisches Wissen gefragt war, die Vergangenheit populär und zum Thema der Medien wurde, passte sich auch manches Forschungsergebnis den neuen Regeln an: Aktualität, Sensation, Personalisierung – diese und andere Faktoren garantierten Gehör in der Öffentlichkeit und in politischen Gremien.[20] „Wer jeweils die höchsten Schätzungen zur Zahl der inoffiziellen Mitarbeiter (IM), Verhaftungen, Todesopfer, Telefonkontrollen usw. in die Debatte warf, die brutalsten Fälle von Verfolgung und Überwachung ausmalte, erlangte die größte Resonanz."[21] Damit verstärkte sich die immer virulente Frage, wie viel Distanz die Wissenschaft zur Politik und ihrer Farbenlehre halten kann und soll, oder umgekehrt gefragt: Wie stark darf die immer schon politiknahe DDR-Geschichtsschreibung in den Sog der Politik, ihrer Interessen und ihrer Fördergelder geraten?

Insbesondere mit Blick auf die Geschichte der zwei Diktaturen in Deutschland ist neben die wissenschaftliche Forschung das öffentliche Gedenken getreten. Parallel zum historischen Forschungsinstitut oder dem Universitätsseminar gibt es damit einen zweiten Ort, an dem Geschichte und Geschichtsbilder verhandelt werden: die Gedenkstätte. Idealtypisch ließen sich die beiden der Vergangenheit zugewandten Institutionen leicht voneinander trennen – die methodisch kontrollierte Forschung der in die Universität eingebundenen Geschichtswissenschaft einerseits, das auf heutige Zusammenhänge abhebende aktualisierende Erinnern der Gedenkstätte andererseits. In der Praxis sind die Zonen der Überschneidung jedoch breit. Wo sich mediales Interesse an Sensation, Aktualität oder auch Personalisierung ausrichtet, darf sich Geschichtswissenschaft diese Maßstäbe nicht zu eigen machen. Wo die Politik und die Zivilgesellschaft darauf setzen, dass aus der Geschichte zu lernen ist, und dementsprechend auch Initiativen der historischen Forschung im Sinne einer historisch-politischen Bildung qua Fördermittel lenken, da muss Geschichtswissenschaft sowohl um ihrer selbst willen wie auch mit Blick auf ihren Gegenstand an ihrer Autonomie festhalten und fachintern um Qualitätsmaßstäbe streiten. Historiker als „public historians" werden sich vor allem als Anwalt der Vergangenheit begreifen und gegen eine allzu glatte Funktionalisierung von

Geschichte in Politik und Gesellschaft die Sperrigkeit der Vergangenheit in Anschlag bringen. Mir erscheint es noch weithin offen, wie das Fach Geschichte von diesem großen öffentlichen Interesse (mit) geprägt und die skizzierte Gratwanderung meistern wird. Eine selbstkritische Reflexion dieses immer stärker greifenden Zusammenhangs steht allerdings wohl erst am Anfang. Für das Lesepublikum, vor allem aber für den Zuschauer bedarf es, wie im allgemeinen Umgang mit einer neuen Medienvielfalt auch, hinsichtlich historischer Themen eine besondere Kompetenz. Ein Grundmisstrauen gegen Heureka-Rufe im Fernsehen gehört sicher dazu.

Gibt es – über all die methodische Vielfalt und Uneinheitlichkeit wie auch die besondere Rückwirkung mit der Öffentlichkeit hinaus – einen gemeinsamen Kern historischen Arbeitens, an dem sich Qualität wie auch Erkenntnisfortschritt ablesen lassen? Auf einen fachinternen Konsens hat Lorraine Daston aufmerksam gemacht: „Die Unterscheidung zwischen Quellen und Literatur, der Kult des Archivs, das Handwerk der Fußnoten, die sorgfältig erstellte Bibliographie, das intensive und kritische Lesen von Texten, die riesengroße Angst vor Anachronismen."[22] Darüber hinaus sind es vor allem Vorgehensweise und Verfahrensschritte, die die intersubjektive Überprüfbarkeit von historischer Forschung garantieren und damit auch aus wissenschaftlicher Sicht ihre Qualität verbürgen: die Formulierung und Ausdifferenzierung von Fragestellungen, die genaue Begriffsklärung, die Bestimmung des Quellenkorpus und seiner Grenzen, die Explizierung der Untersuchungsmethoden und schließlich die Auswahl der Darstellungsformen. Das sind Basisschritte der jeweiligen historischen Analyse, die mindestens ein Bemühen um wissenschaftliche Redlichkeit zeigen. Wie stark ihre Ergebnisse dann nicht nur die professionellen, sondern auch die allgemeinen Fragen an die Vergangenheit zu beantworten vermögen (und vielleicht gar, wie so oft gefordert, unsere Gegenwart orientieren können), muss sich jeweils im kulturellen und diskursiven Austausch erweisen.

Anmerkungen

1 Vgl. u. a. P.-F. Koch: Der Fund. Die Skandale des Stern. Gerd Heidemann und die Hitler-Tagebücher, Hamburg 1990; M. Seufert, Der Skandal um die Hitler-Tagebücher, Frankfurt/M 2008.

2 Vgl. dazu und zu zahlreichen anderen „Fällen" S.-F. Kellerhoff, Geschichte muss nicht knallen – Zwischen Vermittlung und Vereinfachung: Plädoyer für eine Partnerschaft von Geschichtswissenschaft und Geschichtsjournalismus, in: M. Barricelli, J. Hornig (Hg.), Aufklärung, Bildung, „Histotainment"? Zeitgeschichte in Unterricht und Gesellschaft heute, Frankfurt/Main 2008, S. 147–158.

3 Vgl. P. Kirn, Einführung in die Geschichtswissenschaft, 3. Aufl., Berlin 1966, S. 29. Zu einer radikalkonstruktivistischen Weiterführung und einem „Umsturz" dieses Quellen-begriffs vgl. T. Etzemüller, „Ich sehe das, was Du nicht siehst". Wie entsteht historische Erkenntnis?, in: J. Eckel, ders. (Hg.), Neue Zugänge zur Geschichte der Geschichtswissen-schaft, Göttingen 2007, S. 27–68, insb. S. 30 f.

4 Vgl. R. Koselleck, Standortbindung und Zeitlichkeit. Ein Beitrag zur historiographischen Erschließung der geschichtlichen Welt, in: ders., Vergangene Zukunft. Zur Semantik geschichtlicher Zeiten, 3. Aufl., Frankfurt/Main 1995, S. 176–207, hier S. 206.

5 Vgl. B. Stollberg-Rilinger, Des Kaisers alte Kleider. Verfassungsgeschichte und Symbolspra-che des Alten Reiches, München 2008.

6 Vgl. J. Kocka, Historische Sozialwissenschaft heute, in: Paul Nolte u.a. (Hg.), Perspektiven der Gesellschaftsgeschichte, München 2000, S. 5–11.

7 Vgl. als Ausfluss dieser Debatte die Beiträge in: C. Conrad, M. Kessel (Hg.), Kultur & Geschichte. Neue Einblicke in eine alte Beziehung, Stuttgart 1998.

8 Erfrischend der Band von: J. Hacke, M. Pohlig (Hg.), Theorie in der Geschichtswissen-schaft. Einblicke in die Praxis historischen Forschens, Frankfurt a.M./New York 2008.

9 Vgl. hierzu: S.-F. Kellerhoff, Zwischen Vermittlung und Vereinfachung: Der Zeithistoriker und die Medien, in: ZfG 54 (2006), S. 1082–1092, hier S. 1083 ff.

10 Vgl. M. MacMillan, The Uses and Abuses of History, Toronto/New York 2008, S. 3.

11 Vgl. V. Sellin, Einführung in die Geschichtswissenschaft, Göttingen 1995, S. 131 f.

12 Vgl. C. Kleßmann: Zwei Staaten, eine Nation. Deutsche Geschichte 1955–1970, 2. Aufl., Bonn 1997, S. 671.

13 Vgl. J. Hüttmann, Die „Gelehrte DDR" und ihre Akteure. Strategien, Inhalte, Motiva-tionen: Die DDR als Gegenstand von Lehre und Forschung an deutschen Universitäten. Unter Mitarbeit von Peer Pasternack, Wittenberg 2004, S. 33 ff.

14 J. Gieseke, Zeitgeschichtsschreibung und Stasi-Forschung. Der besondere deutsche Weg der Aufarbeitung, in: S. Suckut, J. Weber (Hg.), Stasi-Akten zwischen Politik und Zeitgeschich-te. Eine Zwischenbilanz, München 2003, S. 218–239, hier S. 224.

15 Vgl. ebd., S. 225.

16 Vgl. generell: P. Weingart, Stunde der Wahrheit? Zum Verhältnis der Wissenschaft zu Poli-tik, Wirtschaft und Medien in der Wissensgesellschaft, Göttingen 2001.

17 Vgl. grundlegend dazu: K. Große Kracht, Die zankende Zunft. Historische Kontroversen in Deutschland nach 1945, Göttingen 2005.

18 Vgl. die hellsichtige Analyse von: M. Zank, Goldhagen in Germany: Historians' Nightmare & Popular Hero. An Essay on the Reception of Hitler's Willing Executioners in German, in: Religious Studies Review 24 (1998), 3, S. 231–240.

19 Vgl. H.-U. Thamer: Vom Tabubruch zur Historisierung? Die Auseinandersetzung um die „Wehrmachtsausstellung", in: M. Sabrow, R. Jessen, K. Große Kracht (Hg.), Zeitgeschichte als Streitgeschichte. Große Kontroversen nach 1945, München 2003, S. 171–187; K. H. Pohl, „Vernichtungskrieg. Verbrechen der Wehrmacht 1941–1944". Überlegungen zu einer Ausstellung aus didaktischer Perspektive, in: ders. (Hg.): Wehrmacht und Vernichtungspolitik. Militär im nationalsozialistischen System, Göttingen 1999, S. 141–163.

20 Vgl. K. Große Kracht, Kritik, Kontroverse, Debatte. Historiografiegeschichte als Streitgeschichte, in: J. Eckel, T. Etzemüller (Hg.), Neue Zugänge zur Geschichte der Geschichtswissenschaft, Göttingen 2007, S. 255–283, hier S. 265.

21 Vgl. J. Gieseke: Die Einheit von Wirtschafts-, Sozial- und Sicherheitspolitik. Militarisierung und Überwachung als Probleme einer DDR-Sozialgeschichte der Ära Honecker, in: Zeitschrift für Geschichtswissenschaft, 51 (2003), S. 996–1021, hier S. 997.

22 Vgl. L. Daston, Die unerschütterliche Praxis, in: R. M. Kiesow, D. Simon (Hg.), Auf der Suche nach der verlorenen Wahrheit. Zum Grundlagenstreit in der Geschichtswissenschaft, Frankfurt a.M. 2000, S. 13–19, hier S. 15.

Ulrike von Luxburg
Max-Planck-Institut für biologische
Kybernetik, Tübingen

Informatik

Informatik

von Ulrike von Luxburg

Die Informatik ist eine weitgefächerte Disziplin, unter deren Dach sich viele verschiedene Teilgebiete versammeln. Die Methoden und Herangehensweisen dieser Teilgebiete unterscheiden sich sehr stark voneinander. Während die Methoden der theoretischen Informatik mit denen der Mathematik vergleichbar sind, ähnelt das Design von Hardware-Komponenten eher den Arbeitsweisen der Physik oder der Ingenieurwissenschaften. Das Herzstück der Informatik, mit dessen Hilfe sich die Informatik als eigenständige wissenschaftliche Disziplin etabliert hat, bildet die praktische Informatik. Sie untersucht alle Aspekte der Frage, wie sich gegebene Probleme mithilfe eines Computers lösen lassen: von der Entwicklung von Betriebssystemen und Programmiersprachen über das Design von Algorithmen und Datenstrukturen bis zur Frage, wie Software gut geplant, implementiert und gewartet werden kann.

Heureka-Erlebnisse in der Informatik können sehr unterschiedlich ausfallen. Es verschafft enorme Befriedigung, ein Softwaresystem so implementiert zu haben, dass es stabil ist und genau das tut, was es soll. Dafür ist aber oft nicht ein einziger Gedankenblitz die Ursache, sondern handwerkliches Geschick, genügend Ausdauer und eine glückliche Kombination vieler kleiner Ideen, die alle für sich genommen kein Heureka darstellen. Unter Heureka-Erlebnissen verstehen wir ja eher einzelne Ideen, Gedankenblitze, die alles Hergebrachte auf den Kopf stellen. In der Forschung treten solche Heureka-Erlebnisse immer wieder auf: eine Idee, wie man ein Verfahren so verbessern kann, dass es viel schneller wird. Oder eine elegante Lösung für ein neues Problem, das so noch nicht betrachtet wurde. Oder aber der Beweis, dass es für ein bestimmtes Problem keine effiziente Lösung gibt und man es daher mit fundamental neuen Methoden angehen muss. Im Folgenden schauen wir uns an, wie Heureka-Erlebnisse in der praktischen Informatik zustande kommen. Exemplarisch wollen wir uns dabei auf das Gebiet des Algorithmendesigns konzentrieren.

Ein Algorithmus ist eine Rechenvorschrift, mit deren Hilfe man einem Computer Schritt für Schritt mitteilen kann, wie er ein bestimmtes Problem lösen soll. Betrachten wir das folgende klassische Problem, das sogenannte „Problem des Handlungsreisenden": Gegeben ist eine Liste von verschiedenen Städten. Gesucht ist eine möglichst kurze Reiseroute, bei der der Handlungsreisende jede Stadt genau einmal besucht und dann zum Ausgangspunkt zurückkehrt.

Um dieses Problem mit einem Computer lösen zu können, müssen wir uns eine Lösungsstrategie ausdenken: einen Algorithmus. Hier sind zwei Beispiele:

Erster Algorithmus zur Lösung des Handlungsreisenden-Problems:

1. Starte in der ersten Stadt auf der Liste.
2. Solange du noch nicht alle Städte auf der Liste besucht hast, führe die folgenden zwei Schritte aus:
   (a) Unter allen noch nicht besuchten Städten bestimme diejenige, die von deinem jetzigen Standpunkt aus gesehen am nächsten liegt.
   (b) Dann fahre in diese Stadt.
3. Am Schluss kehre zu deinem Ausgangspunkt zurück.

Zweiter Algorithmus zur Lösung des Handlungsreisenden-Problems:

1. Erstelle eine Liste aller möglichen Reiserouten, mit denen die Städte abgefahren werden können.
2. Berechne die Länge jeder Reiseroute auf dieser Liste.
3. Wähle diejenige Reiseroute, die am kürzesten ist.

Es gibt viele verschiedene Kriterien, mit denen man einen Algorithmus bewerten kann. Zum Beispiel sind beide obigen Algorithmen „korrekt" in dem Sinne, dass sie für eine beliebige Liste von Städten eine Reihenfolge bestimmen, in der die Städte besucht werden sollen. Sie produzieren also zu jeder Eingabe auch eine sinnvolle Ausgabe.

Sehr wichtig in der Praxis ist, wie „schnell" ein Algorithmus seine Lösung berechnet. Die beiden hier angeführten Algorithmen weichen in dieser Hinsicht stark voneinander ab: Der erste Algorithmus erfordert nicht mehr als n^2 Rechenschritte, um eine Lösung zu berechnen.[1] Für den zweiten Algorithmus sind hingegen ungefähr $n! = n \cdot (n-1) \cdot (n-2) \cdot ... \cdot 2 \cdot 1$ Rechenschritte[2] notwendig – das ist viel, viel mehr! Während ein moderner Computer mit dem ersten Algorithmus auch für große Städtelisten nur Sekunden braucht, um die Lösung zu berechnen, braucht der zweite Algorithmus schon für 50 Städte mehr Rechenzeit, als das Universum alt ist! Daran kann man sehen, dass es extrem wichtig ist, wie schnell ein bestimmter Algorithmus zu einer Lösung führt.

Neben der Schnelligkeit ist die Güte der berechneten Lösung das ausschlaggebende Kriterium zur Bewertung von Algorithmen. Für unser Beispiel bedeutet dies: Da der zweite Algorithmus alle möglichen Reiserouten durchprobiert, findet er mit Sicherheit immer die kürzeste aller möglichen Reiserouten. Beim ersten Algorithmus ist das jedoch nicht der Fall, im Gegenteil. Es gibt Beispiele von Städtelisten, für die dieser Algorithmus eine extrem schlechte Reiseroute berechnet: zum Beispiel eine Route, die 100 Mal länger ist als die optimale Route.[3] Im Hinblick auf dieses Kriterium schneidet der zweite Algorithmus also deutlich besser ab als der erste.

Werden in der Informatik Thesen aufgestellt?

Ergebnisse in der Informatik werden hauptsächlich in Form von Artikeln in Konferenzbänden oder Fachzeitschriften publik gemacht. Eine These wird in solchen Artikeln meist nicht explizit aufgestellt. Implizit findet sich in vielen Artikeln eine These, die aber eher als „Hauptaussage" oder „Hauptergebnis" umschrieben wird. Der Artikel dient dann dazu, diese Hauptaussage zu untermauern. Die Hauptaussage eines Artikels kann sehr unterschiedlich ausfallen:

- Manchmal löst ein Artikel eine offene Frage, zum Beispiel der folgenden Art: „Kann es einen effizienten Algorithmus geben, der für das Problem des Handlungsreisenden immer die optimale Lösung liefert?" Falls es eine verbreitete Vermutung gibt, wie die Antwort aussehen könnte, dient diese als These. Falls nicht, wird einfach die offene Frage klar formuliert und dann die gefundene Antwort begründet.
- Sehr viele Artikel beschreiben neue Algorithmen, die in irgendeinem Sinne „besser" sind als schon bekannte Algorithmen. Thesen werden in diesem Fall zwar meist nicht explizit formuliert. Es gibt aber eine Reihe von Standardthesen, die in solchen Artikeln normalerweise gezeigt werden. Auf diese wird weiter unten genauer eingegangen.
Üblicherweise werden nur positiv formulierte Thesen untersucht und dann bestätigt („Mein Algorithmus ist schneller"). Manchmal ist das Ergebnis auch etwas differenzierter („Mein Algorithmus ist zwar langsamer, aber robuster"). Es kommt jedoch nur selten vor, dass die Hauptaussage eines Artikels über einen neuen Algorithmus negativ ist. Das liegt daran, dass es schwierig ist, objektiv zu beschreiben, warum ein spe-

zieller Ansatz nicht funktioniert. Vor allem muss ausgeschlossen werden können, dass ein Verfahren nur deshalb nicht funktioniert, weil man es ungeschickt angewendet hat. Negative Ergebnisse sind nur dann von Interesse, wenn daraus eine Lehre für die Zukunft gezogen werden kann.

- Manche Artikel analysieren bereits bekannte Algorithmen und versuchen, deren Verhalten besser zu verstehen und vorauszusagen. Man könnte zum Beispiel charakterisieren, welche Eigenschaften eine Städteliste haben muss, damit der oben beschriebene Algorithmus zur Lösung des Handlungsreisenden-Problems eine optimale Lösung erzeugt. In solchen Artikeln wird meist eine explizite These formuliert (wenngleich sie nicht so genannt wird). Das ist auch nötig, denn für diesen Fall gibt es keine wohletablierten „Standardthesen", die implizit zugrunde gelegt werden können.

- Wenige, meist aber einflussreiche Artikel beschreiben ein neuartiges Problem. Sie erläutern, warum dieses Problem interessant ist und was für Vorteile es hätte, wenn man dieses Problem lösen könnte. In solchen Artikeln ist keine These vorgesehen.

Wie oben schon erwähnt, gibt es einen Satz von Standardthesen, die in vielen Artikeln untersucht werden. Das geschieht dann in mehr oder weniger expliziter Form. Solche Standardthesen sind zum Beispiel:

- *Im Vergleich zu schon bestehenden Algorithmen ist der neue Algorithmus schneller.* Zum Beispiel braucht er für die gleiche Städteliste weniger Rechenschritte.

- *Im Vergleich zu schon bestehenden Algorithmen erzielt der neue Algorithmus qualitativ bessere Ergebnisse.* Zum Beispiel liefert er für die gleiche Städteliste kürzere Reiserouten.

- *Im Vergleich zu schon bestehenden Algorithmen ist der neue Algorithmus einfacher zu implementieren.* Bevor ein Algorithmus von einem Computer ausgeführt werden kann, muss er in einer Programmiersprache implementiert werden. Das führt zu einem Computerprogramm, das von einem Computer interpretiert und ausgeführt werden kann. Manche Algorithmen sind sehr einfach zu implementieren. Andere Algorithmen sind jedoch höchst komplex, und es ist nicht offensichtlich, wie sie am besten in eine Programmiersprache übersetzt werden. Oft unterscheiden sich dann die Ergebnisse verschiedener Implementierungen des gleichen Algorithmus voneinander. In diesem Falle ist es schwierig, den Algorithmus zu evaluieren, was ein großer Nachteil ist. Es ist also wünschenswert, dass ein Verfahren einfach zu implementieren ist.

- *Im Vergleich zu schon bestehenden Algorithmen ist der neue Algorithmus einfacher zu bedienen.* Manche Algorithmen haben viele Stellschrauben (Parameter), mit denen man das Verhalten des Algorithmus verändern kann und die man richtig einstellen muss. Je mehr Stellschrauben ein Algorithmus hat, desto aufwendiger ist es, herauszufinden, welche Einstellungen zu guten Ergebnissen führen.
- *Im Vergleich zu schon bestehenden Algorithmen ist der neue Algorithmus zuverlässiger und robuster.* Manchmal treffen Algorithmen zufällige Entscheidungen (so wird zum Beispiel der Startort der Städtereise zufällig aus der Liste ausgewählt). Oder ihre Ergebnisse hängen von an und für sich unwichtigen Details der Eingabedaten ab (etwa von der Reihenfolge, in der die Städte eingegeben werden). Je weniger das Ergebnis eines Algorithmus unter solchen Variationen der Eingabe schwankt, desto besser.

Es ist etablierte Praxis, dass für einen neuen Algorithmus eine oder mehrere dieser oder verwandter Thesen untersucht werden.

Wie wird in der Informatik eine These oder Behauptung gestützt?

Will man in der Informatik jemanden davon überzeugen, dass man einen guten neuen Algorithmus gefunden hat, muss man sowohl theoretische Analysen als auch praktische Evaluierungen vorweisen können.

Mithilfe *theoretischer Ergebnisse* werden grundlegende Eigenschaften eines Algorithmus bewiesen. Theoretische Aussagen werden wie in der Mathematik in Form von Sätzen formuliert und durch Beweise begründet (siehe Kapitel Mathematik).

Hier ein Beispiel für theoretische Aussagen: „Für eine beliebige Liste von n Städten, deren Abstand voneinander jeweils mindestens einen Kilometer beträgt, findet ein bestimmter Algorithmus immer eine Reiseroute, deren Länge nicht mehr als $n/2$ Kilometer von der optimalen Route abweicht.“

Theoretische Aussagen sind eine wichtige Grundlage, auf der Algorithmen bewertet werden. Bestimmte theoretische Aussagen sind für jeden neuen Algorithmus von Interesse und werden standardmäßig hergeleitet. Ein Beispiel ist die Anzahl der Rechenschritte, die ein Algorithmus braucht, um bei einer bestimmten Eingabe seine Ausgabe zu berechnen.

„Der erste Algorithmus braucht nie mehr als n^2 Rechenschritte, um für eine Eingabe von n Städten eine Reiseroute zu berechnen."

Theoretische Aussagen über Algorithmen können unterschiedlicher Natur sein. Es gibt theoretische Aussagen, die keiner weiteren experimentellen Überprüfung bedürfen und komplett für sich allein stehen:

„Für alle möglichen Listen von Städten berechnet der zweite Algorithmus immer die kürzeste Reiseroute."

Wenn diese theoretische Aussage korrekt bewiesen ist, bedarf es keiner weiteren Evidenz, um ihre Richtigkeit zu etablieren. Insbesondere gewinnt man keinen Mehrwert an Erkenntnis, wenn man diese Aussage nun mittels Simulationen in der Praxis verifiziert. Oft gelangt man durch theoretische Überlegungen jedoch zu Aussagen, die man nicht eins zu eins in die Praxis übertragen kann. Das heißt nicht, dass die theoretischen Ergebnisse falsch sind (das sind sie nicht, sie wurden ja formal bewiesen). Aber da theoretische Aussagen manchmal sehr schwer zu beweisen sind, werden für die Theorie vereinfachende Annahmen gemacht, die in der Praxis nicht unbedingt gelten; oder man beweist eine Aussage, die nicht hundertprozentig das trifft, worum es eigentlich geht. Ein Beispiel hierfür sind Worst-Case-Laufzeiten. Hier wird analysiert, wie viele Rechenschritte ein Algorithmus höchstens braucht. Eine Aussage zu Worst-Case-Laufzeiten haben wir schon oben gesehen: „Der erste Algorithmus braucht nie mehr als n^2 Rechenschritte, um für eine Eingabe von n Städten eine Reiseroute zu berechnen." Selbst wenn diese Aussage korrekt bewiesen wurde, sagt sie nichts darüber aus, wie sich der Algorithmus nun in der Praxis verhält. Braucht er tatsächlich meistens n^2 Schritte oder braucht er im Durchschnitt deutlich weniger Schritte?

Solch eine Frage wird zunächst mithilfe von *Simulationen* analysiert. Simulationen sind Experimente, mit denen man das Verhalten eines Algorithmus unter kontrollierten Bedingungen austestet. Als Erstes werden künstliche Eingabedaten generiert, für die die gewünschte Ausgabe des Algorithmus bekannt ist. Beim Handlungsreisenden-Problem stellen wir uns beispielsweise n Städte vor, die regelmäßig auf einem Kreis angeordnet sind. Für diese Eingabe ist die optimale Reiseroute bekannt: Wir müssen die Städte einfach entlang des Kreises besuchen. Nun können wir ausprobieren, ob unser Algorithmus für diese Eingabe die optimale Lösung findet oder wie weit die Ausgabe unseres Algorithmus von der optimalen Lösung abweicht. In Simulationen werden dann bestimmte Parameter der Eingabedaten kontrolliert verändert. Anschließend beobachtet man, wie der Algorithmus darauf reagiert. Wir können etwa die Städte des Kreises in verschiedenen Reihenfolgen eingeben. Oder wir variieren den Abstand zwischen zweien dieser Städte ein bisschen und probieren aus, wie sich der Algorithmus dann verhält. Oder wir wenden den Algorithmus für eine verschiedene Anzahl von Städten an.

Idealerweise helfen solche ersten Simulationen, das Verhalten des Algorithmus zu verstehen. Der nächste Schritt in Simulationen besteht darin, den Algorithmus auf künstliche Daten anzuwenden, die in gewissem Sinne Prototypen für realistische Anwendungen sind. Wir könnten uns etwa vorstellen, zufällig *n* Städte auf einer Landkarte zu wählen und den Algorithmus für diese Liste laufen zu lassen. Beim Handlungsreisenden-Problems könnten wir dann vielleicht beobachten, dass viele der Lösungen des ersten Algorithmus eine besonders lange Rückreise von der letzten in die erste Stadt aufweisen. Solche Simulationen haben den Vorteil, dass sie einerseits realistisch in dem Sinne sind, dass sie auf „naturnahen" Daten basieren. Andererseits hat man aber beliebig viele Datensätze zur Verfügung und kann die Datensätze per Hand manipulieren, wenn man ungewöhnliches Verhalten beobachtet.

Zeigt ein Algorithmus auch in diesen Simulationen das erwünschte Verhalten, geht man zum Härtetest über: Man evaluiert den Algorithmus auf der Grundlage „echter Anwendungsbeispiele". Dieser Schritt wird auf Denglisch *real world experiments* genannt. Oft ergeben sich in diesen Praxistests allerhand Überraschungen. Eingabedaten aus Anwendungsbeispielen sind oft nicht so „regelmäßig" wie künstlich erzeugte Simulationsdaten. Im Fall des Handlungsreisenden könnte es zum Beispiel sein, dass ein Geschäftsreisender mehrere Städte in Süddeutschland und mehrere Hauptstädte anderer europäischer Länder besuchen muss. Die „Charakteristik" dieser Liste von Städten ist nun eine andere als die der simulierten Städtelisten, in denen alle Städte recht gleichmäßig verteilt waren. Es kann sein, dass ein Algorithmus bei den simulierten Daten hervorragend abschneidet, aber bei „echten" Daten eher schlechte Ergebnisse liefert.

Sowohl Simulationen als auch Praxistests werden oft als Experimente bezeichnet. Ein wichtiger Knackpunkt in Experimenten ist die Auswahl der Datensätze, auf deren Basis verschiedene Algorithmen verglichen werden. Oft funktionieren Algorithmen für manche Datensätzen sehr gut, für andere dagegen nur mittelmäßig. Für einige Probleme kann man sogar theoretisch beweisen, dass es keinen Algorithmus geben kann, der im Hinblick auf alle möglichen Eingabedaten „besser" ist als jeder andere Algorithmus („no free lunch theorem"). Für die Evaluation von Algorithmen stellt das natürlich ein Problem dar. Die Versuchung ist groß, in einem Artikel nur

Ergebnisse für solche Datensätze zu präsentieren, bei denen der eigene Algorithmus gut abschneidet. Um diesem Vorwurf zu begegnen, kann man verschiedene Schritte unternehmen. Es macht Sinn, möglichst viele verschiedene Datensätze zu nutzen und die Auswahl der Datensätze auch zu begründen. Für manche Probleme hat sich auch eine Art „Standard" herausgebildet, für welche Datensätze ein Algorithmus immer getestet werden sollte. Wenn ein Algorithmus in bestimmten Beispielen nicht gut funktioniert, muss das nicht notwendigerweise schlecht sein. Ein wichtiger Teil der Analyse eines Algorithmus ist es, herauszufinden, für welche Datensätze ein Algorithmus gut funktioniert und für welche nicht. Idealerweise sollte man daraus eine Empfehlung ableiten können: „Mein Algorithmus funktioniert besonders gut, wenn alle Städte ungefähr den gleichen Abstand voneinander haben. Wenn das nicht der Fall ist, sollte man lieber den anderen Algorithmus verwenden."

Wie werden nun die Ergebnisse von Simulationen und Praxistests evaluiert und kommuniziert? Hier unterscheiden sich verschiedene Publikationen deutlich voneinander und hier trennt sich auch oft die Spreu vom Weizen. In guten Artikeln wird folgendermaßen vorgegangen: Zunächst wird eine Frage (oder ein Fragenkatalog) formuliert, die mithilfe der Simulationen und Praxistests geklärt werden soll. Zum Beispiel, ob der neue Algorithmus schneller ist als der alte und ob er tendenziell kürzere Reiserouten berechnet. Dann wird der Aufbau der Experimente beschrieben. Insbesondere sollte hierbei erklärt werden, warum die Simulationen geeignet sind, Antworten auf die gestellte Frage zu geben. Danach werden die Ergebnisse der Experimente ausgewertet, und zwar in Form von aussagekräftigen Tabellen und Grafiken. So sieht die gute Praxis aus. Leider ist es aber nicht unüblich, dass Fragen unpräzise formuliert werden, eine große Anzahl von Experimenten durchgeführt wird und eine noch größere Anzahl an Grafiken und Tabellen präsentiert wird. Dann wird es dem Leser überlassen, sich durch die Daten zu wühlen und sich eine Meinung zu bilden (die meist negativ, da genervt, ausfällt). Fast alle Informatiker sind sich einig, dass die letztere Vorgehensweise wenig zielführend ist. Dennoch wird sie immer wieder angetroffen.

Bisher haben wir gesehen, dass viele Ergebnisse in der praktischen Informatik durch drei Arten der Evidenz etabliert werden: (a) theoretische Aussagen und deren Beweise, (b) künstliche Simulationen und (c) Praxistests. Es gibt jedoch noch einige weitere Kriterien, die die Aussagen eines Artikels stärken können. Beim ersten Kriterium geht es um die Nachprüfbarkeit der Ergebnisse. Ziel von Wissenschaft ist es, Aussagen zu treffen, deren Wahrheitsgehalt geprüft oder getestet werden kann. Im speziellen

Falle der Informatik heißt das oft, dass Algorithmen von anderen Leuten benutzt werden können, die das gleiche Problem lösen wollen. Um Algorithmen zu benutzen, muss man sie allerdings in eine Programmiersprache implementieren. Dieser Schritt ist normalerweise nicht der eigentliche Gegenstand der Forschung, kann aber extrem zeitaufwendig und nervenaufreibend sein. Insbesondere müssen bei einer Implementierung viele kleine Details bedacht werden, die in wissenschaftlichen Artikeln eigentlich nie beschrieben werden. Es wird implizit vorausgesetzt, dass der Leser in der Lage ist, diese fehlenden Details selbst auszuarbeiten. Häufig unterscheiden sich die Ergebnisse verschiedener Implementierungen des gleichen Algorithmus voneinander. Dann ist es natürlich schwierig, einen in einem Artikel vorgeschlagenen Algorithmus zu evaluieren. Man scheut den Aufwand, tage- oder wochenlang ein Verfahren zu implementieren, von dessen Nutzen man noch nicht überzeugt ist. Ein großer Pluspunkt ist es deshalb, wenn Wissenschaftler den Quellcode ihrer Implementierung öffentlich zugänglich machen. Dann können andere Forscher den gleichen Code benutzen, um die Ergebnisse des Artikels nachzuprüfen und ihre eigenen Experimente damit durchzuführen. Das stärkt die Glaubwürdigkeit eines Artikels enorm. Und sie steigt weiter, wenn die Implementierung auch noch besonders sauber und nachvollziehbar vorgenommen wurde.

Das letzte Kriterium, das zur Bewertung von Forschungsergebnissen benutzt wird, ist ein sehr subjektives Kriterium. Auch in der Informatik gibt es eine Vorliebe für besonders „elegante" und „einfache" Lösungen. Es ist nicht leicht, für Außenstehende zu beschreiben, wann ein Algorithmus elegant ist. Oft enthalten elegante Algorithmen ein gewisses Überraschungsmoment. Anstatt auf eine offensichtliche, aber umständliche Lösung zurückzugreifen, wird ein gänzlich neuer Ansatz präsentiert. Dieser Ansatz ist im Nachhinein leicht nachzuvollziehen; er stellt aber eine neue und ungewöhnliche Lösung dar, auf die man nicht einfach so kommt. Es steckt also ein Geistesblitz dahinter.

Es gibt viele Forschungsarbeiten, von deren Korrektheit oder Nützlichkeit man sich als Informatiker gern dadurch überzeugen lässt, dass die oben beschriebene Evidenzkette aufgebaut wird. Ein befriedigendes Heureka-Erlebnis stellt sich aber meistens dann ein, wenn die vorgeschlagene Lösung besonders „elegant" ist. Selbst eine elegante Lösung für ein Problem zu finden, ist sicher die schönste Form eines Heureka-Erlebnisses!

Wie unterscheiden sich Kommunikations- und Erzeugungsprozess?

Bisher habe ich beschrieben, welche Evidenzen man braucht, um neue Forschungsergebnisse in der Informatik zu etablieren. Im Forschungsalltag werden neue Ergebnisse allerdings oft nicht auf so systematischem Wege erreicht. Natürlich kommt es manchmal vor, dass eine Forschungsarbeit aussieht wie oben beschrieben: Es gibt eine offene Frage, man hat eine Vermutung, wie eine Lösung aussehen könnte, und man verifiziert diese mithilfe von Simulationen, Praxistests und theoretischen Ergebnissen. Aber die Regel ist das nicht.

Einer der wichtigsten und kreativsten Schritte in der Forschung ist der Weg bis zur Formulierung einer These.

Forschungsfragen sind oft sehr viel diffuser und unkonkreter als eine These. Sie starten zum Beispiel mit einer Idee, wie man einen Algorithmus verbessern oder einen neuen entwerfen könnte. Diese Idee kann auf sehr unterschiedliche Weisen entstehen. Manche Probleme trägt man eine ganze Weile im Kopf herum, bis man auf einmal recht unvermittelt über einen möglichen Lösungsansatz stolpert, oft in ganz anderem Kontext. Oder man ist unzufrieden mit den existierenden Lösungen und versucht durch „Herumspielen" zu verstehen, warum sie nicht funktionieren. Manchmal gelangt man dabei zu neuen Einsichten, die in einer Verbesserungsidee münden. Sobald man eine Verbesserungsidee hat, probiert man sie anhand von kleinen simulierten Beispielen aus. Dabei stellt sich oft heraus, dass die Idee so einfach nicht funktioniert. In einem iterativen Prozess verbessert man dann nach und nach den neuen Ansatz und analysiert seine theoretischen Eigenschaften. Nach vielem Hin und Her hat man vielleicht einen neuen Algorithmus gefunden. In Fachartikeln, in denen man den neuen Ansatz dann veröffentlicht, wird dieser iterative Prozess nicht weiter beschrieben. Man geht nur auf die Evidenz ein, wie wir es oben schon dargelegt haben.

Es ist gar nicht so einfach, gute Forschungsfragen zu stellen. Um eine gute Frage zu stellen, muss man die Literatur kennen und verstanden haben, warum bestehende Ansätze nicht optimal sind, welche Art von Problem damit vielleicht nicht gelöst werden kann oder wie sie grundsätzlich verbessert werden können. Außerdem ist eine gute Forschungsfrage dadurch charakterisiert, dass sie „schwierig, aber nicht zu schwierig" ist. Mit der Lösung einer einfachen Frage kann man niemanden beeindrucken. Andererseits macht es wenig Sinn, Fragen zu bearbeiten, die nahezu unlösbar sind. Der erste Schritt auf dem Weg zum selbstständigen Wissenschaftler ist es mithin, zu lernen, gute Fragen zu stellen. Je besser und interessanter die Frage, desto vielversprechender die zu erwartende Antwort.

Gänzlich neue Forschungsgebiete in der Informatik ergeben sich oft aus dem Bezug zu Anwendungen. Salopp gesagt: Wenn man eine gute Idee für eine neue Anwendung von Computern hat, eröffnen sich Forschungsfragen und manchmal ganze Forschungsfelder. Am Anfang sind die Probleme meist nicht klar umrissen, man versucht naive Lösungsmethoden und stellt fest, dass sie nicht funktionieren. Dann macht man sich daran, systematisch die Literatur nach Lösungsmöglichkeiten zu durchforsten und Kollegen um Rat zu fragen. Wenn man Glück hat, kristallisiert sich im Laufe der Zeit eine etwas konkretere Forschungsfrage heraus, die man mit wissenschaftlichen Methoden angehen kann.

Wissenschaftliche Thesen, wie wir sie am Anfang diskutiert haben, stehen paradoxerweise fast ganz am Ende der Forschungskette. Erst wenn man sehr genau weiß, was man will, und eine konkrete Vermutung hat, wie man es erreichen könnte, arbeiten Informatiker mit so etwas wie Thesen. Wie in anderen Forschungsdisziplinen auch ist der spannendste und überraschendste Teil der Forschung jedoch der Prozess, mit dem man zu einer solchen These gelangt.

Automatische Inferenz

Zum Schluss soll noch ein Teilgebiet der Informatik vorgestellt werden, das versucht, den Prozess der Bildung von Hypothesen zu formalisieren und mithilfe von Computern zu automatisieren. Dieses Teilgebiet heißt „maschinelles Lernen". Sein Ziel ist es, Algorithmen zu entwickeln, mit deren Hilfe ein Computer selbstständig *lernen* kann, bestimmte Aufgaben zu erledigen. Ein Lernalgorithmus bekommt sogenannte Trainingsbeispiele als Eingabe. Das sind Beispiele von Ein-und-Ausgabe-Paaren, für die sowohl Aufgabenstellung als auch gewünschtes Ergebnis bekannt sind. Ausgehend von diesen Beispielen soll der Computer nun Regeln ableiten, mit denen er ähnliche Aufgaben in Zukunft selbstständig lösen kann.

Ein populäres Beispiel ist die Konstruktion von Filtern, die unerwünschte Werbe-Mails, sogenannte Spam-Mails, ausfiltern. Aufgrund der Flut von Werbe-Mails ist es nahezu unmöglich, dass Menschen eigenhändig Regeln aufstellen, nach denen Spam-Mails aussortiert werden können. Stattdessen verwendet man einen Lernalgorithmus. Als Trainingsbeispiele erhält der Algorithmus einerseits Werbe-Mails und andererseits „normale" E-Mails.

Der Algorithmus soll nun selbstständig Regeln finden, mit denen er zukünftige E-Mails als „Spam" oder „Nicht Spam" klassifizieren kann. Dabei soll er natürlich so wenig Fehler wie möglich machen. Es gibt viele Regeln, mit denen man diese *schon bekannten* E-Mails gut klassifizieren kann. Die einfachste Regel ist „auswendig lernen": Man klassifiziert genau diejenigen E-Mails als Spam, die mit einer schon bekannten Spam-Mail übereinstimmen. Diese Regel wird aber leider für *zukünftige* E-Mails nicht besonders erfolgreich sein. Sobald eine neue Spam-Mail auftaucht, die wir bisher noch nicht kannten, wird sie nicht mehr als Spam erkannt. Die Regeln müssen also etwas abstrakter sein, sie müssen generalisieren können.

Aufgabe eines Lernalgorithmus ist es, auf der Basis von vorliegenden Daten möglichst gute Hypothesen aufzustellen. Man spricht deshalb auch von automatischer Inferenz (oder von empirischer Inferenz, wenn man betonen will, dass diese Inferenz auf empirisch erhobenen Daten beruht). Jeder Regelsatz, den der Algorithmus von Trainingsbeispielen ableiten könnte, stellt eine mögliche Hypothese dar. Der Forschungsgegenstand des maschinellen Lernens ist nun die Frage, wie man aus einem großen Topf möglicher Hypothesen diejenige auswählen kann, die einerseits die bestehenden Daten gut erklärt (die die bisherigen E-Mails korrekt klassifizieren kann) und die andererseits das größte Potenzial hat, zukünftige E-Mails korrekt zu klassifizieren. Das maschinelle Lernen hat hierzu komplexe mathematische Theorien entwickelt, durch die verschiedene Hypothesen bewertet werden können. Man kann zum Beispiel beweisen, dass einfache Hypothesen mit hoher Wahrscheinlichkeit besser geeignet sind, zukünftige Daten zu erklären, als besonders komplexe Hypothesen. Was „einfach" und „komplex" heißt, wird in der Theorie des maschinellen Lernens genau definiert. Weiterhin wird im maschinellen Lernen untersucht, welche Annahmen man machen muss, damit Lernen überhaupt möglich ist. Man kann beweisen, dass es unmöglich ist, ohne Annahmen zu Hypothesen zu gelangen, die zukünftige Daten gut beschreiben können.

Das maschinelle Lernen ist in vielen Anwendungen (wie eben bei der Konstruktion von Spamfiltern) nicht mehr wegzudenken. Wissenschaftstheoretisch besonders interessant sind jedoch die Fälle, wo andere wissenschaftliche Disziplinen sich des maschinellen Lernens bedienen, um eigene Hypothesen aufzustellen und dann zu testen. Zum Beispiel benutzt man maschinelle Lernverfahren in der Bioinformatik, um Regionen der DNA zu identifizieren, in denen mit hoher Wahrscheinlichkeit Gene kodiert sind. Oder in der Pharmakologie, wo man aus einer großen Anzahl chemischer Komponenten diejenigen heraussucht, die ein besonderes Potenzial haben, als Wirkstoff für ein bestimmtes Medikament zu dienen. Die Ergebnisse des maschinellen Lernens dienen dann als Ausgangspunkte (Hypothesen) für aufwendige Laborexperimente. In diesen Experimenten wird mit klassischen Verfahren untersucht, ob die Region der DNA wirklich ein Gen enthält beziehungsweise ob die chemische Komponente tatsächlich die erwünschte pharmazeutische Wirkung entfaltet. Das maschinelle Lernen leistet also eine Art Vorarbeit: Da unmöglich für alle Teile der DNA im Labor verifiziert werden kann, ob es sich um Gene handelt oder nicht, versucht man, die vielversprechendsten Kandidaten per Computer zu ermitteln. Nur diese Kandidaten werden dann der Laboranalyse unterzogen.

Gibt es denn nun im Bereich des maschinellen Lernens auch Heureka-Erlebnisse? Das kommt darauf an. Die Hypothesen, die das maschinelle Lernen generiert, sorgen normalerweise nicht für ein Heureka-Erlebnis, ganz im Gegenteil. Die Gründe, warum der Computer eine bestimmte Region der DNA für ein Gen hält, sind meist nur schwer nachzuvollziehen. Ein solcher Black-Box-Mechanismus zur Generierung von Hypothesen liefert dem Menschen zunächst keine Einsicht und ist deshalb denkbar ungeeignet für ein Heureka-Erlebnis. Ein solches stellt sich beim Anwender aber dann ein, wenn die Ergebnisse des Lernalgorithmus erfolgreich weiterverwendet werden können. Zum Beispiel, wenn der Spamfilter gut funktioniert. Oder wenn Laborexperimente bestätigt haben, dass die vorgeschlagene Region der DNA tatsächlich ein Gen enthält. Falls ein Lernalgorithmus besonders erfolgreich darin ist, gute Hypothesen für Anwendungen vorzuschlagen, sorgt das wiederum für ein Heureka beim Entwickler des Lernalgorithmus. Ein doppeltes Heureka, sozusagen!

Anmerkungen

1 Für die besonders interessierten Leser: Wir starten in der ersten Stadt. Nun müssen wir berechnen, welche der n-1 verbliebenen Städte der ersten Stadt am nächsten ist. Dazu müssen wir die n-1 Entfernungen betrachten und das Minimum bestimmen. Das verlangt n-1 Rechenschritte. Nun gehen wir in die nächste Stadt und müssen die Entfernungen zu den noch verbliebenen n-2 Städten betrachten, was n-2 Rechenschritte bedeutet. Und so weiter. Wenn wir fertig sind, haben wir also $(n - 1) + (n - 2) + (n - 3) + ... = (n - 1)n/2 \approx n^2$ Rechenschritte benötigt.

2 Der intuitive Grund dafür: Es gibt circa $n!$ verschiedene Reiserouten (wir starten in einer von n möglichen Städten, danach besuchen wir eine der n-1 verbliebenen Städte, usw). Da wir für alle diese Routen die Länge berechnen müssen, kommen wir also mindestens auf $n!$ Rechenschritte.

3 Das Problem des ersten Algorithmus liegt darin, dass er die Länge der Strecke von der letzten Stadt zurück zum Ausgangspunkt nicht berücksichtigt. Es kann also passieren, dass man sich immer weiter vom Ausgangspunkt entfernt, sodass man am Schluss die weiteste aller möglichen Entfernungen zurücklegen muss, um zum Ausgangspunkt zurückzukehren.

Matthias Klatt
Fakultät für Rechtswissenschaft
Universität Hamburg

Jura

Jura

von Matthias Klatt

Das Fach Rechtswissenschaften ist eine merkwürdige Disziplin: Sein wissenschaftstheoretischer Status ist schillernd. Ist es eine Natur- oder eine Geisteswissenschaft? Folgt es eher den klaren, logisch-analytischen Gesetzen mathematischen beziehungsweise naturwissenschaftlichen Denkens oder eher den exegetisch-hermeneutischen Einsichten der Textwissenschaften? Und wie sieht es mit sozialwissenschaftlichen Anteilen aus: Welche Rolle spielen empirisch gestützte Einsichten und Erklärungen gesellschaftlicher Zusammenhänge, in denen dem Gegenstand dieser Wissenschaft, dem Recht, doch offenbar eine wichtige Funktion zukommt?

Die Antwort lautet: Die Rechtswissenschaften enthalten Elemente aus allen genannten Bereichen, von jedem ein bisschen, je nach Situation und Erkenntnisinteresse. Auch deswegen ist es passend, dass „Jura" (lat. die Rechte) im Plural steht. Die Basis der Rechtswissenschaften ist dabei immer gleich: Es geht um die Untersuchung von Texten, sei es in Form von Normen, die der Gesetzgeber autoritativ vorgibt, sei es in Form von Urteilen, die ein Gericht erlassen hat. Wenn die tatsächlichen Folgen dieser Texte für die Gesellschaft, für die Parteien eines Rechtsstreits oder für die von einem Gesetz Betroffenen untersucht werden, dann geht es um empirische Wissenschaft. Das ist die Domäne der Rechtssoziologie. Sie untersucht auch, aufgrund welcher ideologischen und sonstigen Vorprägungen bestimmte Richter zu bestimmten Urteilen kommen.

Solchen empirisch-erklärenden Anteilen steht der normative Teil der Rechtswissenschaft gegenüber. Er fragt nicht danach, was der Fall ist, sondern was gesollt ist. Das ist die Perspektive der Richter. Ihnen geht es um die Frage, was nach dem Gesetz in einem konkreten Fall normativ geboten, verboten oder erlaubt ist. Insofern ist die Rechtswissenschaft eine praktische Wissenschaft. Nach der sogenannten Sonderfallthese ist juristische Argumentation ein Sonderfall allgemein-praktischer Argumentation, wie sie in der praktischen Philosophie behandelt wird. Sie ist ein Fall allgemein-praktischer Argumentation, weil es um praktische Fragen geht: Was soll oder darf getan werden? Was muss oder soll unterlassen werden? Außerdem werden diese Fragen in der Rechtswissenschaft wie in der Philosophie mit einem Anspruch auf Richtigkeit behandelt. Und sie ist ein *Sonder*fall, weil das praktische Argumentieren unter einschränkenden Bedingungen stattfindet: innerhalb einer konkreten Rechtsordnung, die einen bestimmten Rahmen zieht und dadurch manche Erwägungen und Argumente, die grundsätzlich möglich wären, ausschließen kann. In einer juristischen Erörterung steht nicht richtiges Handeln schlechthin zur Diskussion; juristische Argumentation ist immer an das geltende Recht gebunden. Dementsprechend ist auch der Anspruch auf Richtigkeit in der rechtswissenschaftlichen Argumentation eingeschränkt: Es wird nicht behauptet, dass eine wissenschaftlich vorgebrachte oder als Urteil verkündete normative Aussage schlechthin richtig ist, sondern nur, dass sie im Rahmen der geltenden Rechtsordnung vernünftig begründet werden kann.

Der in der Sonderfallthese ausgedrückte enge Zusammenhang zwischen allgemein praktischer und rechtswissenschaftlicher Argumentation kommt auch in dem lateinischen Ausdruck „Jurisprudenz" zum Ausdruck: Es handelt sich um eine *prudentia*, um eine praktische Wissenschaft. Auch für die Juristen stellt sich daher das Problem der rationalen Begründung von Werturteilen.

Einer *scientia* nähern sich die Rechtswissenschaften demgegenüber an, wenn logische Strukturen der rechtlichen Argumentation untersucht werden oder wenn dogmatische Gebäude, das heißt Strukturen, Begriffe und Rechtsfiguren eines bestimmten Rechtsgebietes, dargelegt werden. Die Rechtswissenschaft arbeitet dann analytisch, sie zielt mithin darauf, das geltende Recht begrifflich-systematisch zu durchdringen. Hierzu zählen zum Beispiel eine Analyse der Grundbegriffe und die juristische Konstruktion ihrer Zusammenhänge.

Es gibt also drei Arten, wie man Rechtswissenschaften betreiben kann: empirisch, normativ und analytisch. Um das genaue Verhältnis dieser drei Arten besteht seit jeher ein heftiger Streit. Tatsächlich gehört alles zusammen; und wie die Anteile genau verteilt sind, kann letztlich dahinstehen. Es ist immer auch eine Frage dessen, welche Methode dem jeweiligen Erkenntnisinteresse angemessen ist. Und natürlich spielt auch die Vorprägung der Wissenschaftler durch eine bestimmte Denkschule eine Rolle.

Jedenfalls sind die drei Arten, Rechtswissenschaft zu betreiben, bei den folgenden Antworten immer mit zu bedenken.

Werden in der Disziplin Thesen oder Behauptungen aufgestellt?

Jede juristische Forschungsarbeit und jedes gerichtliche Urteil enthält Behauptungen. Die Jurisprudenz ist sprachlich verfasst. Sprache aber kann mit Robert Brandom als ein „Spiel des Gebens und Nehmens von Gründen" verstanden werden. Propositionale Praxis macht den Kern von Sprache aus, beschreibt das Wesen des Denkens. Es geht dabei um das Aufstellen einer Behauptung, für die stützende Gründe als Argumente angegeben werden, sowie um das sich daran anschließende Erörtern von Gegengründen, die Gegenbehauptungen stützen. Damit ist der Kern juristischer Argumentation auch schon beschrieben.

„Der Ausdruck X in der Norm N ist als Z zu verstehen" oder „Der Kläger hat ein Recht auf den Gegenstand A" oder „Der Angeklagte hat sich eines Verbrechens schuldig gemacht" oder „Das Baurecht ist in der Weise zu interpretieren, dass …" – Sätze dieser Art stehen im Mittelpunkt des juristischen Denkens. Immer sind es Behauptungen. Auch werden juristische Forschungsarbeiten im Wesentlichen anhand der in ihnen aufgestellten Behauptungen beurteilt. Will man eine rechtswissenschaftliche Monografie oder einen Aufsatz verstehen, so bildet die Frage, was denn die These oder die Behauptung des Autors sei, den wesentlichen Zugangspunkt für die Leser. Im wissenschaftlichen Fachgespräch, beispielsweise auf Kongressen, setzt sich dies fort. Sätze wie „Ich kann Ihrer These zwar zustimmen, aber …" oder „Die Gründe, die Sie für Ihre These anführen, …" oder auch die larmoyant-ungeduldige Frage: „Was ist denn eigentlich Ihre These?" gehören zu den Basisstrukturen rechtswissenschaftlicher Diskussionen. Gute Dissertationen und Habilitationsschriften unterscheiden sich von weniger guten auch dadurch, dass überhaupt klare Positionen aufgestellt werden, die als wesentliche Behauptungen der Arbeit identifiziert und damit handhabbar gemacht werden.

Im juristischen Urteil erreicht die Behauptungspraxis rechtswissenschaftlichen Denkens in gewisser Weise einen Höhepunkt. Urteile stellen nämlich sogenannte apodiktische Behauptungen auf. Sie entscheiden einen Rechtsstreit auf der Basis einer Kette von Behauptungen mit einer Art absolutem Geltungs- und Richtigkeitsanspruch. Die Urteilsformel, die das wesentliche Ergebnis des Rechtsstreits am Anfang des Urteils zusammenfasst, stellt in gewisser Weise die Urform juristischer Behauptungen dar.

Die zentrale Bedeutung von Behauptungen für das rechtswissenschaftliche Denken zeigt sich natürlich auch in der rechtswissenschaftlichen

Ausbildung. Wenn Studierende in den ersten Semestern das juristische Argumentieren erlernen, steht der Umgang mit Behauptungen und ihren Gründen im Mittelpunkt. Die juristische Arbeitsweise besteht darin, Behauptungen über den Inhalt und die Bedeutung von vorgegebenen Normen aufzustellen. Aus diesen werden dann wiederum im Zusammenspiel mit anderen Behauptungen Rückschlüsse auf die juristische Beurteilung eines bestimmten Sachverhalts gezogen. Normen und ihre Bedeutungen stellen demnach die zentralen Gegenstände juristischen Denkens dar. Die Studierenden lernen vor allem, Normen zu interpretieren, um deren Bedeutung für den von ihnen zu beurteilenden Fall herauszufinden. Die Interpretation von Normen arbeitet mit Behauptungen und hat eine Behauptung über den Inhalt der Norm zum Ziel.

Betrachten wir zum Beispiel eine Interpretation des § 211 Abs. 2 StGB, nach dem ein Mörder ist, wer heimtückisch einen Menschen tötet. Ein Gericht kann diese Norm nur dann anwenden, wenn es sie interpretiert. Dazu gehört es, die genauere Bedeutung des Ausdrucks „heimtückisch" festzustellen. Dabei wird das Gericht unter anderem die Behauptung verwenden: „Der Ausdruck ‚heimtückisch' meint die bewusste Ausnutzung der Arg- und Wehrlosigkeit des Opfers." Neben der Interpretation gibt es ein zweites methodisches Instrument, das bereits in den ersten Studiensemester als Rüstzeug vermittelt wird. Dies ist die Darstellung von Meinungsstreiten. Hierbei wird ein bestimmtes Rechtsproblem zunächst aufgeworfen. Sodann wird eine erste Position zu diesem Problem mit den entsprechenden Argumenten beschrieben, im Anschluss daran eine zweite und möglicherweise auch eine dritte Position mit ihren jeweiligen Argumenten. Danach treten die Studierenden in einen Austausch der verschiedenen Argumente der Positionen ein, um durch Abwägung des Für und Wider eine eigene Stellungnahme zu dem Rechtsproblem zu erarbeiten und auf diese Weise in dem durch die verschiedenen Positionen abgesteckten Lösungsfeld Position zu beziehen. Sowohl die verschiedenen in einem juristischen Meinungsstreit vertretenen Positionen als auch die für und wider sie geltend gemachten Argumente stellen Behauptungen dar.

Ich bin davon überzeugt, dass die inferenzielle Praxis des Aufstellens von Behauptungen und Gegenbehauptungen, die Ableitung von Behauptungen aus anderen Behauptungen und das Angeben von Gründen und Gegengründen, die die jeweiligen Behauptungen stützen oder widerlegen, den Kern juristischen Denkens ausmachen. Die Frage, ob Thesen oder Behauptungen aufgestellt werden, kann ich daher positiv beantworten: In den Rechtswissenschaften ist propositionale Praxis das Kerngeschäft. Die Jurisprudenz besteht im Aufstellen von Behauptungen. Eine rechtswissenschaftliche Arbeit, die keine These oder Argumente enthält, ist das Papier nicht wert, auf dem sie steht.

Wie wird in der Disziplin eine Behauptung gestützt?

Die Theorie der juristischen Argumentation unterscheidet zwischen der internen und der externen Rechtfertigung einer Behauptung. Die interne Rechtfertigung betrifft die Frage, ob die Behauptung aus den dafür angegebenen oder anzugebenden Prämissen logisch folgt. Die interne Struktur rechtswissenschaftlicher Argumentation ist eine deduktive. Das Ergebnis der rechtlichen Beurteilung eines bestimmten Sachverhalts wird aus bestimmten Prämissen abgeleitet. Die erste Prämisse ist dabei immer eine Norm, zum Beispiel der Satz des § 13 Abs. 1 Soldatengesetz: „Der Soldat muss in dienstlichen Angelegenheiten die Wahrheit sagen." Eine zweite Prämisse bezieht den konkreten Lebenssachverhalt ein, der rechtlich zu beurteilen ist: Alfred Müller ist ein Soldat. Aus beiden Prämissen folgt logisch: Alfred Müller muss in dienstlichen Angelegenheiten die Wahrheit sagen. Die Sache wird komplexer, wenn eine zweite Norm hinzugenommen wird, die für den Fall eines Verstoßes gegen § 13 Abs. 1 Soldatengesetz bestimmte Sanktionen, etwa ein Bußgeld, anordnet. Diese Norm kann dann mit der oben getroffenen Konklusion „Alfred Müller muss in dienstlichen Angelegenheiten die Wahrheit sagen" und mit der weiteren empirischen Prämisse „Alfred Müller hat in einer dienstlichen Angelegenheit gelogen" so verbunden werden, dass sich als Rechtsfolge für Alfred Müller die Pflicht einer Bußgeldzahlung ergibt. Diese logischen Strukturen sind im sogenannten Justizsyllogismus zusammengefasst. Er liegt dem gesamten juristischen Denken zugrunde.

Eine erste Stützung einer juristischen Behauptung besteht also darin, das logische Ableitungsverhältnis zwischen den für diese Behauptung gemachten Prämissen darzulegen. Gelingt der Nachweis, dass die Prämissen vollständig angegeben wurden und dass der Schluss logisch richtig ist, ist eine wesentliche Voraussetzung für die Stützung der Behauptung erfüllt.

Der große Vorteil dieses Blicks auf die interne, logische Struktur der Rechtfertigung eines juristischen Sollenssatzes liegt darin, dass klar wird, welche Prämissen in der Argumentation eine Rolle spielen und daher extern gerechtfertigt werden müssen. Dass eine Behauptung intern, das heißt, der logischen Struktur ihrer Begründung nach, gerechtfertigt ist, ist zwar eine notwendige, keineswegs aber eine hinreichende Bedingung für die Richtigkeit der Behauptung. Hinzukommen muss vielmehr die externe Rechtfertigung. Sie betrifft die Rechtfertigung der in die logische Deduktion eingestellten Prämissen. Im oben genannten Beispiel wären also gegebenenfalls Gründe dafür anzugeben, dass die als Prämisse verwendete Norm des § 13 Abs. 1 Soldatengesetz überhaupt gilt und nicht etwa inzwischen vom Gesetzgeber aufgehoben wurde oder wegen Verletzung höherrangigen Verfassungsrechts nichtig ist. Denkbar wäre ja zum Beispiel, dass die Wahrheitspflicht in bestimmten Bereichen, die sehr stark das persönliche Gewissen betreffen, zum Schutz des Soldaten zumindest einzuschränken sein könnte.

Hier ist dann das oben beschriebene Spiel des Gebens und Nehmens von Gründen eröffnet. Der juristischen Argumentation steht ein ganzes Arsenal an juristischen Argumentformen zur Verfügung, um die Richtigkeit der verwendeten Prämissen einsichtig zu machen. Hier spielen so unterschiedliche Dinge wie der Wortlaut der Norm, ihre systematische Stellung im Gesetz, historische Hintergründe und teleologische, das heißt, nach dem Zweck der Norm fragende Erwägungen eine Rolle. Wieso hat der Gesetzgeber die Wahrheitspflicht für Soldaten überhaupt angeordnet? Was bezweckt er damit? Wie stark wiegt dieser Zweck in Relation zu Gründen, die gegen eine unbedingte Wahrheitspflicht sprechen? Soweit es sich bei den Prämissen nicht um normative Erwägungen, sondern um Behauptungen über Tatsachen handelt, werden diese Tatsachen durch empirische Belege gestützt. Aufgabe der Gerichte ist es dann, erst einmal den Sachverhalt zu rekonstruieren. Ist Alfred Müller überhaupt ein Soldat? War er zum Zeitpunkt der fraglichen Äußerung vielleicht schon entlassen? Oder: Hat er überhaupt die Unwahrheit gesagt? Hierzu werden Zeugen befragt, Sachverständige gehört und eventuell Gutachten angefordert. All dies dient dem Ziel, herauszufinden, was tatsächlich passiert ist. Erst der so rekonstruierte Sachverhalt kann dann rechtlich beurteilt werden. In der juristischen Argumentation spielen solche empirischen Behauptungen natürlich auch eine große Rolle. Dabei bestehen enge Wechselwirkungen zwischen normativen und empirischen Prämissen. Bereitet zum Beispiel der Gesetzgeber eine neue Regelung eines bestimmten Sachgebiets vor, so hört er in umfangreichen Anhörungen Sachverständige zu den tatsächlichen Verhältnissen in diesem Sachbereich an. Hierbei spielen dann insbesondere auch Einschätzungen über die tatsächlichen Folgen verschiedener ins Auge gefasster Regelungsmodelle eine Rolle. Ebenso wird ein Anwalt, der sich im Auftrag seines Mandanten gegen eine Klage zur Wehr setzt, normative und empirische Behauptungen aufstellen. Er wird zum Beispiel als normativ-interpretatorische Behauptung vorbringen, dass der Ausdruck „dienstliche Angelegenheit" in § 13 Abs. 1 Soldatengesetz aufgrund bestimmter begrifflicher Merkmale so zu verstehen sei, dass die Äußerung des Alfred Müller gar nicht darunterfällt. Oder er wird als empirische Behauptung darlegen, dass Alfred Müller sich allenfalls eine Ungenauigkeit, keinesfalls aber eine Unwahrheit zuschulden hat kommen lassen. Üblich ist es, jeweils bereits den Beweis anzugeben, der zugunsten des Mandanten in einem Prozess notfalls herangezogen werden kann. Dies können so unterschiedliche Dinge wie Schriftstücke, Zeugenaussagen oder Gutachten von Sachverständigen sein. In größeren Prozessen werden von den Parteien des Gerichtsstreits auch umfangreiche Rechtsgutachten eingeholt, um die jeweiligen Behauptungen zu stützen. Diese Gutachten beziehen sich dann zum Großteil wieder auf normative Behauptungen über den Inhalt und die Bedeutung der gesetzlichen Vorgaben.

Der Kommunikationsprozess von Thesen

Der Kommunikationsprozess von Thesen kann ganz unterschiedlich verlaufen, je nachdem in welchem Zusammenhang die juristische Behauptung geäußert wird. Im gerichtlichen Prozess werden die für den zu entscheidenden Fall relevanten juristischen Behauptungen zwischen den am Prozess beteiligten Parteien im Verlauf der gerichtlichen Verhandlung nach allen Seiten hin erörtert. Der Sache nach ist dies eine institutionalisierte Diskussion von Behauptungen. Es ist das Ziel beider Parteien (zum Beispiel Kläger und Beklagter), das Gericht von der Richtigkeit der eigenen Behauptungen zu überzeugen. Hier findet ein wechselseitiger Austausch von Behauptungen und den dafür oder dagegen geltend gemachten Gründen statt. Die im Urteil aufgestellten Behauptungen, die den Rechtsstreit dann beenden, haben demgegenüber eine einseitige Kommunikationsstruktur. Hier stellt das Gericht apodiktisch seine Überzeugung davon, wie der Rechtsstreit richtig zu entscheiden ist, in Behauptungsform einseitig dar. Sofern die Rechtsordnung dies vorsieht, bleibt der unterlegenen Partei nur die Möglichkeit, Rechtsmittel gegen das Urteil einzulegen und auf diese Weise in eine neue Runde der Kommunikation über Behauptungen, diesmal mit dem zuständigen Rechtsmittelgericht, einzutreten.

In der Wissenschaft hingegen sieht ein typischer Verlauf der Kommunikation über Behauptungen ungefähr so aus: In einem Fachaufsatz wird eine bestimmte Behauptung zu einem Rechtsproblem präsentiert. Dieser Aufsatz ruft, je nach Aktualität des Problems und provokativem Potenzial der Position der Autoren, Gegenbehauptungen in neuen Aufsätzen hervor. Mit der Zeit kristallisieren sich auf diese Weise unterschiedliche Lager heraus, das heißt, eine gemeinsame Position verschiedener Autoren im Unterschied und in Abgrenzung zu einer anderen Position anderer Autoren. Ein juristischer Meinungsstreit ist entstanden, der dann wieder von neuen Autoren vermittelnd aufgegriffen werden kann. Im Fachgespräch auf einem Kongress stellen die Redner Thesen auf, die in der anschließenden Diskussion von anderen Kongressteilnehmern bestätigt oder widerlegt werden. Dem ähnelt in der rechtswissenschaftlichen Ausbildung die Lehrform des Seminars, in dem die Studierenden angeleitet werden, zu verschiedenen Rechtsproblemen eigene Positionen zu entwickeln und vorhandene Positionen kritisch zu hinterfragen. Typischerweise besteht eine Seminararbeit ebenso wie der darauf gestützte mündliche Seminarvortrag darin, zu einem bestimmten Rechtsproblem zuerst den Forschungsstand aufzubereiten, indem die verschiedenen Positionen dargelegt werden. Zweitens ist dann aber eine kritische Auseinandersetzung mit diesen Positionen gefragt, die idealerweise in das Formulieren eines begründeten eigenen Standpunkts der Studierenden mündet.

Wie unterscheiden sich Kommunikations- und Erzeugungsprozess?

In der Theorie der juristischen Argumentation wird klar zwischen der Entstehung und der Begründung von Behauptungen unterschieden. Es ist eine oft geäußerte Kritik, dass die beispielsweise für die Behauptungen eines gerichtlichen Urteils maßgeblichen Gründe im Urteil selbst gar nicht auftauchen. Das heißt, die Richter fällen ihre Entscheidung auf der Basis ganz anderer Gründe als im schriftlichen Urteil angegeben. Die Richtersoziologie beschäftigt sich ausführlich mit der Frage, warum Richter zu bestimmten Behauptungen gelangen. Hier werden Zusammenhänge zur sozialen Herkunft und zu ideologischen Vorprägungen der Richter hergestellt. All dies betrifft den Erzeugungs- oder Entdeckungsprozess. Die Überlegungen laufen insoweit darauf hinaus, empirisch zu erklären, warum bestimmte Richter zu bestimmten Behauptungen in ihren Urteilen gelangen. Die entsprechende Situation in der Forschung wäre beispielsweise, nachzuweisen, dass ein bestimmter Forscher aufgrund seiner Herkunft oder auch aufgrund der Zugehörigkeit zu einer bestimmten Denkschule gar nicht zu anderen Ergebnissen kommen konnte.

Solche empirisch-soziologischen Erklärungen haben natürlich keinerlei Aussagewert für die Frage, ob die Behauptungen in einem normativen Sinne richtig sind. Der sogenannte Begründungszusammenhang bezieht sich demgegenüber genau auf diese Frage der Richtigkeit der Behauptungen. Für die Theorie der juristischen Argumentation ist dies die eigentlich virulente Frage. Ganz egal, aufgrund welcher intuitiven Einschätzungen oder ideologischen Vorprägungen ein Richter ein Urteil gefunden haben mag – entscheidend ist hinterher allein, dass das Urteil und die in ihm enthaltenen Behauptungen gemäß den Regeln der juristischen Kunst als richtig begründet werden können. Die Darstellung dieser Begründung macht dann den Kommunikationsprozess aus. Hier geht es darum, dass der Richter den Parteien eines Rechtsstreits die für seine Behauptungen maßgeblichen Gründe darlegt. Je nach Ehrlichkeit und Ausprägung der Fähigkeit zur methodischen Selbstreflexion können hierbei zwischen dem Erzeugungs- und dem Kommunikationsprozess erhebliche Abweichungen bestehen.

Für die normative Richtigkeit einer juristischen Behauptung ist dann aber lediglich der Begründungszusammenhang entscheidend. Dies ist auch daran erkennbar, dass die höheren Gerichte, die ein Urteil eines anderen Gerichtes im Instanzenzug nachprüfen, dies lediglich anhand der schriftlich niedergelegten Gründe tun. Will eine Partei gegen ein Urteil erfolgreich Rechtsmittel einlegen, muss sie darlegen, dass diese Gründe unzutreffend sind. In der Rechtsmittelschrift Ausführungen zum Entdeckungszusammenhang zu machen, wäre überhaupt nicht erfolgversprechend.

In der rechtswissenschaftlichen Kritik eines Urteils dagegen ist es durchaus möglich, Kritik nicht nur an den veröffentlichten Urteilsgründen zu üben, sondern sich auch auf den Entdeckungszusammenhang zu beziehen. Das geschieht vor allem im amerikanischen Rechtssystem häufig, in dem die Richtersoziologie eine größere Rolle spielt als bei uns. Aber auch in Europa kann dies eine Rolle spielen, wenn zum Beispiel auf die politische Bedeutung (und gegebenenfalls Verstrickung) von Urteilen etwa des Bundesverfassungsgerichts oder des Europäischen Gerichtshofs hingewiesen wird.

Heureka und Jura

Wann, wie oft und in welcher Situation ein Jurist „Heureka" rufen darf, ist umstritten. Nach einer prominenten Ansicht gibt es für jedes juristische Problem genau eine richtige Lösung. Diese Auffassung engt den Bereich gerechtfertigter Heureka-Erlebnisse stark ein. Überwiegend wird jedoch davon ausgegangen, dass juristische Probleme in der Regel mehrere richtige Lösungen haben können. Danach gibt es in einem Rechtsstreit oder zu einer Forschungsfrage mehrere mögliche Positionen, die – eventuell mit Abstufungen – gleichermaßen vertretbar, juristisch begründbar und in diesem Sinne richtig sind. Diese Auffassung beschert der Jurisprudenz eine größere Anzahl von Heureka-Erlebnissen. Hier ist es möglich, dass jeder Forscher, der von einem juristischen Fachkongress nach Hause fährt, ein eigenes Heureka-Erlebnis mitnimmt. Die Erkenntnis, dass andere Juristen zu abweichenden, aber möglicherweise ebenso vertretbaren Ergebnissen gelangt sind, führt in der Regel allerdings nicht dazu, die eigene Position abzuschwächen oder zu desavouieren. Vielmehr wird traditionell am Anspruch auf Richtigkeit der vorgebrachten Behauptungen – sei es vor Gericht, sei es auf dem Kongress, sei es im Seminar – festgehalten.

Unabhängig von diesen Erwägungen zur Zahl juristischer Heureka-Erlebnisse gilt aber: Juristen rufen „Heureka" bei richtigen juristischen Behauptungen. Dabei spielt es keine Rolle, ob die Behauptung einen konkreten Rechtsstreit gerichtlich entscheidet oder ein abstraktes Rechtsproblem betrifft. Beide Arten von Behauptungen sind für Juristen richtig, wenn sie richtig begründet sind. Juristen interessieren sich mehr für Begründungen als für Ergebnisse. Ein Anlass zum Heureka-Ruf besteht für Juristen, wenn ihnen eine Begründung einleuchtet, weil sie nach den Regeln der juristischen Argumentationskunst überzeugt. State of the Art ist insoweit die auf Jürgen Habermas und Robert Alexy zurückgehende Diskurstheorie des Rechts, nach der eine Behauptung in einem normativen Sinne richtig ist, wenn sie das Ergebnis einer bestimmten, von näher beschriebenen Argumentationsregeln und -prinzipien geprägten Prozedur sein kann. Ergebnisse, das heißt der eigentliche Gegenstand oder das Ziel der Begründung, sind demgegenüber weit weniger wichtig. Studierende merken dies oft am Beginn ihres Studiums, wenn sie die ersten Klausuren korrigiert zurückbekommen. Ob sie in ihrer Bearbeitung zu dem in der Lösungsskizze enthaltenen Ergebnis gelangt sind, hat oft auf die Bewertung kaum Auswirkungen. Viel entscheidender ist die Qualität der Argumentation, mit der sie ihr Ergebnis stützen.

Tanja Klemm
Internationales Kolleg Morphomata
Universität zu Köln

Kunstgeschichte

von Tanja Klemm

I would actually go so far to say that the key quality criterium in the humanities is not to be right or wrong – because in the humanities except for very few questions there is never final evidence.

Hans Ulrich Gumbrecht[1]

Folgende Anekdote erzählt man sich in Stuttgart, so der Kunsthistoriker Beat Wyss: „Ein altes Mütterchen sei eines Tags in der Staatsgalerie aufgetaucht, um nach einem Altar zu fragen, der sich in der Sammlung befinden soll. Dem Kustos, der ihr den Weg wies, wo das Retabel aufgestellt war, fiel auf, dass es die Frau beim Besuch dieses einzigen Saales beließ, ohne etwa auch nach den Skulpturen von Dannecker zu fragen, die doch beim hiesigen Publikum immer beliebt waren. Die Woche drauf kam sie wieder. Jetzt kannte sie den Weg schon und begab sich stracks in den Saal der altdeutschen Meister, von denen hier, in der Residenzstadt, im Lauf der Jahrzehnte etliche Stücke aus der Provinz zusammengekommen waren. Als sie nach einer Woche schon wieder kam, wollte der Kustos jetzt doch genauer wissen, was die beharrliche Besucherin da trieb, denn als Kennerin von oberschwäbischer Schnitzkunst kam sie ihm, ehrlich gesagt, nicht vor. Und tatsächlich: Da kniete die Frau, auf den Fliesen des Museums, vor dem Altar der Gottesmutter, den Rosenkranz zwischen den Fingern und dem *Glorreichen* auf flink bewegten Lippen.“[2]

In der darauffolgenden Woche sei die Frau angesprochen worden, nachdem der Kustos den Museumsdirektor informiert hatte. Zum Hauptaltar ihres Heimatortes habe die Muttergottes gehört, ihre Großmutter ebenso wie viele andere im Ort hätten bereits Gnade von ihr erfahren, bevor sie der Pfarrer verkauft habe, so die gläubige Katholikin. Verboten wurde ihr der Besuch des Gnadenbildes nicht – nur knien sollte sie nicht mehr, sondern sich auf eine der Bänke oder bereitgestellten Klappstühle für ältere Besucher setzen.[3]

Egal ob es sich hier um die Erzählung einer wahren oder fiktiven Begebenheit handelt, verdichtet diese Anekdote in jedem Fall einige Punkte, die mit der Frage nach impliziten Vorannahmen ebenso verknüpft sind wie mit Evidenzkriterien von Kunsthistorikern, und sie macht vor allem eine zentrale Grundbedingung kunsthistorischer Arbeit transparent: All das, was

Kunsthistoriker tun – kulturelle Artefakte erhalten, ihnen den Status von Kunst zuschreiben, sie beschreiben und datieren, ihre vielfältigen formalen, stilistischen oder materiellen Erscheinungsformen untersuchen, sie unter religiösen, politischen, ästhetischen oder abbildenden Gesichtspunkten betrachten, sie interpretieren, nach ihrer Wirkungsästhetik befragen oder Werkfolgen eines Künstlers erstellen –, hat zur Grundbedingung, dass diese Artefakte losgelöst vom sinnlichen Körper- und Handlungswissen wahrgenommen werden, von einem Wissen, das sie allererst zu einem grundlegenden Bestandteil einer Kultur macht. Die Einnahme einer kritischen Distanz dem Untersuchungsgegenstand gegenüber ist für Kunsthistoriker also Teil ihrer wissenschaftlichen Arbeit.

Kunsthistorische Evidenzen: Vielfältige Beobachtungsperspektiven

Die Entstehung kunstgeschichtlicher Methoden verortet sich in einer Epistemologie, die die Wissenschaften seit dem frühen 19. Jahrhundert charakterisiert. Es entwickelte sich die Habitualisierung einer Beobachtung zweiter Ordnung, das heißt einer Ordnung, die einem Beobachter gleichzeitig den eigenen Beobachtungsakt bewusst werden lässt, so Hans Ulrich Gumbrecht. Mit diesem epistemologischen Wandel waren zwei zentrale Innovationen verbunden: Auf der einen Seite sei mit der Beobachtung zweiter Ordnung die Erkenntnis einhergegangen, dass es eine potenzielle Perspektivenvielfalt gebe; auf der anderen habe erst eine Beobachtung zweiter Ordnung dazu geführt, dass sich die Zugänge von Geistes- und Naturwissenschaftlern systematisch voneinander schieden. Während Erstere sich die Welt von nun an durch Interpretation aneigneten, näherten sich Letztere derselben durch die Sinne. An der Vermittlung dieser beiden Zugänge arbeiten die Wissenschaften bis zum heutigen Tag.[4]

Für die Kunstgeschichte, die sich in der zweiten Hälfte des 19. Jahrhunderts als universitäres Fach etablierte, bedeutete dies Folgendes: Erst die kritische Reflexion der eigenen Beobachtung macht wahrgenommene Artefakte zu einem Gegenstand der wissenschaftlichen Untersuchung; erst die angenommene Existenz multipler Perspektiven ermöglicht die Entwicklung verschiedener Methoden, mit deren Hilfe man sich diesem Gegenstand nähert; und erst die Unterscheidung von sinnlicher Wahrnehmung und Interpretation ermöglicht eine Trennung von phänomenologischen und deutenden Zugängen. Diese Trennung zieht sich tendenziell bis heute durch das Fach.

Vergleichbar den Literaturwissenschaften lassen sich also auch in der kunsthistorischen Arbeit Betrachter und Untersuchungsgegenstand nie vollständig voneinander trennen, auch wenn es Kunsthistoriker im Gegensatz zu Textwissenschaftlern zumeist mit physisch präsenten Artefakten zu tun haben, die besondere technische, materielle und formale Eigenschaften besitzen. Was die Kunstgeschichte jedoch von anderen geisteswissenschaftlichen Disziplinen unterscheidet, ist, dass sie sich zu keiner Zeit ausschließlich interpretierend ihren Gegenständen genähert hat, um diese kulturell zu verorten. Vielmehr hat sie immer auch ihre Phänomenologie befragt – Kunsthistoriker wollen nicht nur wissen, welche Bedeutungen Bilder vermitteln, sondern auch, wie ikonische Formen wahrgenommen werden und wie sie vice versa Wahrnehmung organisieren. Kunsthistoriker interessieren sich traditionell also auch für naturwissenschaftliche Fragen, beispielsweise für die Sinnesphysiologie, die Wahrnehmungspsychologie oder (neuerdings) für die Hirnforschung, um die Produktion und Rezeption von Bildern zu verstehen[5] – sei es aus systematischer oder aus historischer Perspektive.

Dies verwundert nicht, denn die Gegenstände kunsthistorischer Arbeit sind sinnlich wahrnehmbare Artefakte. Ihr Verhältnis zu den Betrachtern ist damit auch ein anderes als eine Text-Leser-Relation: Gestaltete Artefakte sind wie auch Körper physisch anwesend, sie verfügen über räumliche Dimensionen sowie formale Eigenheiten, und sie sind oftmals an spezifische Orte gebunden – kurz, sie sind aisthetische Objekte, sie haben sinnliche Präsenz.

Die visuelle Wahrnehmung nimmt dabei in der Kunstgeschichte von Beginn an eine herausragende Stellung ein. Als wirkmächtigste kunsthistorische Methode sei in diesem Zusammenhang bereits die Form- und Stilanalyse genannt. Kunstgeschichte wird hier als eine „Geschichte des Sehens" unter der Annahme geschrieben, dass die unterschiedlichen Ausformungen bildlicher Artefakte auf kulturhistorisch verschiedene Sehauffassungen oder optische Schemata schließen lassen.[6] Der formalanalytischen Reinform dieses Zugangs stehen all diejenigen Ansätze gegenüber, die stärker an der Sinndeutung von Bild- und Kunstwerken interessiert sind, sich also in einer geistes- und ideengeschichtlichen respektive kulturgeschichtlichen Kunstgeschichte situieren. Ikonografie und Ikonologie, die wie die Stilanalyse seit dem späten 19. Jahrhundert Grundlagenmethoden des Faches bilden und die bis heute kritischen Revisionen unterzogen und weiterentwickelt werden[7], zählen ebenso dazu wie die kunsthistorische Hermeneutik, ein sozialgeschichtlicher Ansatz oder die Gender Studies.

Bilderfragen

So vielzählig die Methoden sind, die die Kunstgeschichte seit dem 19. Jahrhundert entwickelt hat, so unterschiedlich sind die Fragen, die sie an Bilder stellt. Und diese Vielfalt, das heißt das Fehlen einer umfassenden Mastermethode, ist alles andere als ein Defizit des Faches. Im Gegenteil zeichnet sich kunsthistorische Arbeit dadurch aus, den höchst unterschiedlichen bildlichen Phänomenen, mit denen sie jeweils konfrontiert ist, durch methodische Flexibilität gerecht zu werden. Um es plastisch zu formulieren: Ein monumentales Werbeplakat im städtischen Raum erfordert eine andere Form der Betrachtung als ein Hirnscan, ein Gemälde Raffaels oder eine mittelalterliche Monstranz.

Auch reflektieren Kunsthistoriker seit den späten Neunzigerjahren verstärkt die Tatsache, dass ein künstlerisches *Werk* andere methodische Zugänge fordert und Fragen aufwirft als das *Bild* – dies schon aufgrund der einfachen Tatsache, dass sich Bilder „weder allein an der Wand [...] noch allein im Kopf"[8] verorten lassen.

Dementsprechend haben einige Wissenschaftler in den vergangenen Jahren gefordert, eine von der Kunstgeschichte unabhängige Disziplin der Bildwissenschaft zu gründen, die sich exklusiv mit Fragen wie „Was ist ein Bild?", „Worin besteht die Macht von Bildern?" oder „Welche spezifischen Epistemologien entwerfen Bilder?" beschäftigt.[9] Aus vielerlei Gründen folge ich nicht einer solchen Trennung, sondern verstehe Kunstgeschichte als ein Fach, das bildwissenschaftliche und bildhistorische Zugänge einschließt, ja einschließen muss, um beispielsweise das jeweilige Verhältnis von künstlerischen und nichtkünstlerischen Bildern einer Kultur auszuloten. Dies umso mehr, als sich die Kunstgeschichte ohnehin nie ausschließlich auf die Hochkunst konzentriert hat und in diesem Sinn also schon immer auch eine historisch orientierte Bildwissenschaft war.[10]

Das heißt allerdings nicht, dass interdisziplinäre Diskussionen über das Bild sinnlos wären – im Gegenteil: Kunsthistorisches Wissen, das sich von historischen Bild- und Wahrnehmungsformen über die emotionale Wirkmacht von Bildern bis zu ihrer semantischen Vieldeutigkeit und ihrem Vermögen zur Wissensstiftung erstreckt, liefert einen fundamentalen Beitrag innerhalb aktueller Bilderfragen, wie sie sich die Philosophie, die Wissenschaftsgeschichte oder die bildgebenden Naturwissenschaften in jüngster Zeit vermehrt stellen.[11] Und der letzte, vielleicht wichtigste Grund wurde bereits benannt. Eine umfassende, einheitliche Methode würde der Vielfalt an Bildern, die wir kennen, und an Wahrnehmungsformen, mit denen wir ihnen begegnen, nicht gerecht werden.

Die Kunstgeschichte produziert also weder einheitliche Thesen noch haben es Kunsthistoriker jeweils mit denselben bildlichen Phänomenen zu tun. Es geht mir entsprechend im Folgenden weniger um die Frage, was *die* Kunstgeschichte tut und welche Evidenz sie im Allgemeinen produziert, als vielmehr darum, zu entfalten, welche unterschiedlichen Fragen Kunsthistoriker stellen, welche Betrachtungsformen sie entwickeln und zu welchen Evidenzen sie dieselben führen. Während die eine kunsthistorische Community auf eine innovative Entschlüsselung des Sinns eines *Kunstwerks* zielt, fragt die andere danach, auf welche Weise naturwissenschaftliche *Bildgebungsverfahren* Wissen produzieren oder in welchem Verhältnis gedankliche *Metaphern* zu philosophischen Begriffen stehen. Für die einen mag es interessant sein, stilistische Eigenarten von Druckgrafiken der Renaissance in ihrem Verhältnis zu den technischen Voraussetzungen des Mediums zu untersuchen, die anderen widmen sich der Frage, welche neuen Wahrnehmungsformen gedruckte Andachtsbilder einforderten.

Zwar hat die Kunstgeschichte einen Kanon an Betrachtungsparametern und Evidenzkriterien entwickelt, die innerhalb der Scientific Community Verbindlichkeit haben. Welcher dieser Ansätze sich ein Kunsthistoriker jedoch bedient, hängt von seiner Betrachtungsform ab oder präziser: Betrachtungsform, methodischer Zugang und Fragestellung bilden eine Einheit. Evidenz ist in diesem Sinne also ganz wörtlich zu verstehen: „Evidentia" setzt sich in der Verbform aus „ex" und „videre" zusammen, der Begriff verdichtet also auch einen Vorgang, nämlich den eines „Heraussehens". Erst dieses Heraussehen, in dem sich Betrachtungsform, Zugang und Fragestellung verknüpfen, macht ein gestaltetes Artefakt unter einem spezifischen Aspekt anschaulich, erst dieser Vorgang konturiert den jeweiligen Untersuchungsgegenstand, der auf diese Weise zu einem kunsthistorischen Phänomen wird. Evidenz wird hier also als relativer Begriff verstanden.

Methodische Flexibilität ist jedoch nicht gleichbedeutend mit Beliebigkeit. In einem ganz groben heuristischen Zugriff lassen sich in der heutigen Kunstgeschichte folgende Betrachtungsformen von Bildern unterscheiden: Da sind erstens solche, die den Fokus auf deren physische Eigenschaften legen – die sie als *materielle Phänomene* behandeln, und zweitens solche, die vornehmlich an einer inhaltlichen Deutung von Bildwerken interessiert sind – die Bildwerke als *bedeutsame Phänomene* verstehen. An diese Betrachtungsform schließen drittens, mit einer Perspektivverschiebung, jene Zugänge an, die Bild- und Kunstwerke als *kulturelle Phänomene* untersuchen. Viertens gibt es den Fokus auf epistemologische Fragen, hier geht es dann um Bilder als *theoretische und konstruktive Phänomene*; und fünftens sei die phänomenologisch orientierte Betrachtungsform genannt, die gestaltete Artefakte in ihrer Relation zur menschlichen Wahrnehmung als *geformte Phänomene* versteht.

Selten werden diese Betrachtungsformen in Reinform praktiziert, vielmehr erfahren sie jeweils unterschiedliche Akzentuierungen. Auch unterscheiden sich die Ausrichtungen und Schwerpunkte im britischen Raum von denen einer angloamerikanischen oder europäischen Kunstgeschichte.[12] Ich konzentriere mich hier vor allem auf die deutschsprachige Kunstgeschichte.

Bevor ich auf diese Betrachtungsformen zurückkomme, seien zunächst drei zentrale Forschungsfelder kunsthistorischer Arbeit vorgestellt. Gegenüber anderen Fragehorizonten der Kunstgeschichte zeichnen sie sich dadurch aus, dass sie gleichzeitig Grundbedingungen des Faches sind und als solche miteinander verknüpft sind. Auf ihrer Basis bilden Kunsthistoriker ihre unterschiedlichen Betrachtungsformen aus, sei es implizit oder explizit.

Verortungen

Die Ortsgebundenheit von Bildern systematisch ernst zu nehmen, das heißt Kunst- und Bildwerke in ihrem jeweiligen Produktions- und Rezeptionskontext zu betrachten, ist eine der Voraussetzungen kunsthistorischer Arbeit – und dies in mehrfacher Hinsicht.

Zunächst sensibilisiert die Verortung von Bildern für die einfachen, aber zentralen kunsthistorischen Erkenntnisse, dass eine Vielzahl von Bild- und Kunstwerken für konkrete Orte konzipiert wurden, dass sie im Verein mit diesen ihren Sinn entfalten und dass es die *eine* Betrachtungsform, den *einen* Umgang mit gestalteten Artefakten nicht gibt. Dies legte bereits die Anekdote aus der Stuttgarter Staatsgalerie nahe: Ein Bild der Muttergottes wird an seinem ursprünglichen Bestimmungsort, dem Kirchenaltar, grundlegend anders betrachtet und erlebt als in einem Museum. Und zudem verdeutlicht sie, dass Orte spezifische Betrachtungsformen vorgeben, die wiederum andere ausschließen können, denn ansonsten empfände der Kustos das Verhalten der gläubigen Dame nicht als befremdlich.

Eine solche Verortung von Bildern und Betrachtungsformen steht zu den Gründungsmethoden der Kunstgeschichte in einem paradoxen Verhältnis, denn die Etablierung des Faches als universitäre Disziplin mit eigenen Methoden ist gerade mit einer Bewegung der Entkontextualisierung von Bild- und Kunstwerken verbunden. Erst die Entfernung von Bild- und Kunstwerken aus Kirchen oder Privatsammlungen und ihr Transfer in staatliche Museen, die seit dem späten 18. Jahrhundert entstanden, ermöglichten die direkte Gegenüberstellung von Bild- und Kunstwerken. Und diese Gegenüberstellung förderte die Ausbildung einer nach wie vor zentralen kunsthistorischen Kompetenz: das vergleichende Sehen, Beschreiben und Deuten. Interessant ist, dass es sich auch als gängige kunsthistorische Präsentationspraxis bei Vorträgen – in Form der Doppelprojektion – durchgesetzt hat.[14]

Bildpraktiken in ihrer Ortsgebundenheit zu untersuchen, kann für einen Kunsthistoriker also auch grundlegende methodische Konsequenzen haben, insofern er einer distanzierten Beobachtungspraxis eben nicht vollständig folgt. Ist er beispielsweise daran interessiert, auf welche Weise Hirnbilder neurowissenschaftliches Wissen produzieren und vermitteln, reicht es nicht aus, ausschließlich das Resultat, die bunte Visualisierung eines menschlichen Gehirns zu betrachten und sie im Vergleich mit anderen Hirnbildern zu deuten, vielmehr muss er ebenso am Ort der Bildproduktion selbst, im Labor, die sukzessive Herstellung eines solchen Bildes begleiten und an dem Prozess der Erkenntnis, der damit einhergeht, partizipieren. Das heißt auch, den kritischen Blick am Ort der Produktion gegen einen involvierten einzutauschen, der danach freilich erneut zu reflektieren ist.

Vergleichbares gilt für Studien, die sich mit religiösen Bildpraktiken beschäftigen, wenn es beispielsweise darum geht, zu verstehen, wie ein Altarbild in einem Kirchenraum von Gläubigen erlebt wird. In diesem Zusammenhang ist ein Satz Hegels interessant, dessen *Vorlesungen über die Ästhetik* maßgeblich dazu beigetragen haben, dass sich die Kunstgeschichte als eine historisch beschreibende Disziplin etablierte[15]: „Mögen wir die griechischen Götterbilder noch so vortrefflich finden und Gottvater, Christus, Maria noch so würdig und vollendet dargestellt sehen: es hilft nichts, unser Knie beugen wir doch nicht mehr.“[16] Wir beugen es nicht mehr, so ließe sich ergänzen, weil wir die Bilder in säkularisierten Räumen wahrnehmen, an Orten, die nicht involvierte Anbetung, sondern distanzierte Beobachtung fordern. Selbst der Besuch von Bildwerken in situ – eine Praxis, die für die kunsthistorische Arbeit unentbehrlich ist – vermittelt uns noch kein Wissen von den geteilten Ritualen und Körperpraktiken, die sich in diesen Räumen mit Bildern vollzogen und nach wie vor vollziehen. In der

Tat sollte es also gerade einem Kunsthistoriker, der an diesen Bildpraktiken interessiert ist, möglich sein, von Zeit zu Zeit sein Knie zu beugen.

Und selbst wenn er dies nicht tut, vermittelt die Verortung von Bildern dem Kunsthistoriker eine differenzierte Kenntnis von Bildpraktiken und Betrachtungsformen, die in einem Museum anderen Maßgaben folgen als in einem naturwissenschaftlichen Labor, einer Kirche, einer Psychiatrie, einer freien Kunsthalle oder einer Privatwohnung.

Gruppierungen

Dies leitet über zu einer zweiten einfachen, aber zentralen Grundvoraussetzung kunsthistorischer Arbeit. Ein gestaltetes Artefakt allein, ein einzelnes Kunstwerk, ein isoliertes Bild – sei es ein materielles oder ein vorgestelltes – generiert noch keinerlei kunsthistorische Evidenz. Und noch grundlegender: Ein kunsthistorischer Gegenstandsbereich reliefiert sich erst unter der Bedingung, dass Kunsthistoriker Gemeinsamkeiten und Unterschiede zwischen gestalteten Artefakten herausarbeiten.

Kunsthistorische Evidenz im Sinne eines „Heraussehens" beruht also auf Vergleichen und Differenzierungen und diese führen zu Gruppenbildungen. Erst die Zuordnung eines gestalteten Artefakts zu einem Ensemble macht dieses zum Gegenstand einer kunsthistorischen Argumentation, die an der religiösen Imagination einer Zeit interessiert sein mag, an ästhetischen oder stilistischen Fragen oder an der Deutung eines Einzelwerks.

Der kunsthistorische Gegenstandsbereich war entsprechend von Beginn an flexibel und verhandelbar und er ist dies nach wie vor.[17] Die Entscheidung darüber, welchem Ensemble ein Kunsthistoriker ein gestaltetes Artefakt zuordnet, ist damit selbst bereits eine Form der Evidenzproduktion. Und diese muss nicht unbedingt textlich vermittelt werden. Dies wird am besten in den Abbildungsteilen kunsthistorischer Monografien oder Zeitschriften[18] greifbar, aber auch in der Inszenierung von Artefakten in Museen, vor allem in Wechselausstellungen, die oftmals nicht chronologisch organisiert sind.

Aber nicht alle Bildergruppierungen der Kunstgeschichte sind sichtbar. Kunsthistoriker bauen im Lauf der Zeit ein Bildgedächtnis auf, das je unterschiedlichen Kriterien folgt. Sie setzen jede ikonische Form und jede Bildbetrachtung in je unterschiedliche Relation zu diesem Gedächtnis. Umso wichtiger ist es, zu präzisieren, von welchen Bildern jeweils die Rede ist – sei es in einem Vortrag, sei es in einer fachwissenschaftlichen Publikation. Denn die Assoziationen, die sich mit dem Oberbegriff „Bild" verknüpfen, sind sehr verschieden. Sie können von Tafelgemälden oder Fotografien bis hin zu TV-Übertragungen oder Vorstellungsbildern reichen.[19]

Kunst

„Kunst" – so die dritte Grundvoraussetzung – ist ein abstrakter Begriff. Es sind Kunsthistoriker, Künstler, Kunstkritiker, Journalisten, aber auch Sammler, die einzeln, als Gruppe oder in einem institutionellen Rahmen (Museum, Kunstmarkt, Kunstpreise etc.) bestimmten Artefakten das Prädikat „Kunst" zuschreiben, ihnen damit einen Sonderstatus einräumen und sie zu einem exklusiven Gegenstand der Kunstgeschichte machen.[20]

„Kunst" ist damit auch ein variabler Begriff, denn die Auswahl- und Prüfungsprozesse, die zu einem kunsthistorischen Gegenstandskanon führen, basieren nicht zu jeder Zeit und in jedem Kulturraum auf denselben Normen und Kriterien. Auch diese Variabilität untersuchen zahlreiche kunstwissenschaftliche Arbeiten. In ihnen spielen Künstleranekdoten, Bild- und Kunsttheorien, die Kunstliteratur, die Kunstkritik, aber auch Ausstellungspraktiken eine zentrale Rolle, um die ästhetischen Kategorien einer Zeit zu individuieren. Das heißt, an ihnen kann der Kunsthistoriker evident machen, welche institutionellen Prozesse und welche gestalterischen sowie inhaltlichen Eigenschaften eines Artefakts dazu geführt haben, *dass* und *wie* dieses von einer historischen Gruppe als Kunstwerk wahrgenommen wurde. Daneben spielen gerade in Epochen wie dem Mittelalter, wo schriftliche Informationen über den Künstler fehlen und das Tafelgemälde als mobiler Bildträger noch nicht existierte, Parameter wie die Signatur oder der soziale Status berühmter Meister, beispielsweise an den Fürstenhöfen Europas, eine zentrale Rolle.[21]

Neben diesen externen Kriterien ist in vielen deutschsprachigen kunsthistorischen Studien der letzten Jahre Selbstreferenzialität ein Indikator für Kunst, das heißt die *bildimmanente* Reflexion künstlerischer Werke über ihre eigene Gemachtheit und ihren illusorischen Charakter. Zumeist wird dieses Verständnis einer selbstreferenziellen Komplexität von Kunst mit der Renaissance angesetzt und vorwiegend an Gemälden festgemacht.[22]

Einer der Initiatoren dieser Historisierung des Kunstbildes ist Hans Belting mit seiner international bekannten Studie *Bild und Kult*.[23] Vor allem jüngere Untersuchungen, die sich mit dem Phänomen sogenannter „wundertätiger Bilder" in der Frühen Neuzeit beschäftigen, zeigen allerdings, dass das gerade die italienische Renaissance gleichzeitig eine Periode war, in der zahlreiche Lokalkulte um wunderwirksame Heiligenbilder gegründet wurden.[24]

Schon diese wenigen Beispiele verdeutlichen, dass das Verhältnis von Kunst und Bild ein dynamisches ist, und das nicht nur, weil es zu unterschiedlichen Zeiten je anders konzipiert wurde, sondern auch, weil es ebenso von dem jeweiligen Kunstbegriff eines Kunsthistorikers abhängt wie von dem Material, das er auswählt, wie er es deutet, welche Bilder und Texte er berücksichtigt, um seine Fragen zuzuspitzen und seine Thesen aufzustellen.

Betrachtungsformen

Das Verhältnis von Orten und Bildern, die Gruppierung von Bildern, das Kunstverständnis einer Zeit (oder auch die Entwicklung universal gültiger Kriterien für Kunst), all das kann bereits eigene kunstgeschichtliche Interessensfelder bilden. Kontur gewinnen sie allerdings erst durch die spezifischen Betrachtungsformen, mit denen Kunsthistoriker gestalteten Artefakten begegnen.

Einige dieser Betrachtungsformen, die Vorannahmen, die sie implizieren, und die Evidenzen, die sie produzieren, sollen im Folgenden vorgestellt werden, ohne allerdings auf Vollständigkeit zu zielen, denn dafür sind die kunsthistorischen Fragehorizonte zu vielfältig und der zur Verfügung gestellte Raum zu knapp. Mein Anliegen ist es vielmehr, einen Eindruck von der komplexen Vielfalt an Zugängen zu Bildern vermitteln. Dabei spreche ich bewusst von Betrachtungsformen und nicht von Methoden, und zwar aus folgenden einfachen Gründen: Eine bestimmte Methode anzuwenden, also einen vorgezeichneten Weg sukzessive abzugehen, heißt auch, andere Methoden auszuschließen und womöglich Anspruch auf Vollständigkeit oder gar Wahrheit zu erheben. Unterschiedliche Betrachtungsformen hingegen ergänzen sich, lassen sich kombinieren und je nach Untersuchungsgegenstand flexibel ausrichten. Manche Ansätze schließen sich allerdings gegenseitig aus, da ihnen je unterschiedliche Bildverständnisse zugrunde liegen. So ist beispielsweise ein streng systematischer Bildbegriff mit einem historischen nicht vermittelbar. Ähnlich verhält es sich mit einem semiotischen Verständnis, das sich Bildern ausschließlich mit sprachlich orientierten Zeichentheorien nähert und das infolgedessen nicht kompatibel ist mit Ansätzen, die etwa die sinnliche Präsenz von bildlichen Artefakten untersuchen, ihre emotionalen Wirkungen zu greifen versuchen oder ihren

Sinn aus dem Verbund von körperlichen Handlungen und ikonischen Formen entwickeln.

Die phänomenologische Konnotation des Begriffs „Betrachtungs-" beziehungsweise „Wahrnehmungsform" entspricht zudem stärker der kunsthistorischen Praxis als der Begriff „Methode". Kunsthistoriker artikulieren in gemeinsamen Gesprächen vor Bildern ihre jeweiligen Wahrnehmungsformen, tarieren sie aus und entwickeln so im Laufe der Zeit ein Wissen von ihrer Unterschiedlichkeit. In diesem Sinne ließen sich die einzelnen Communitys des Faches auch als Sehgemeinschaften im Sinne des Wissenschaftstheoretikers Ludwik Fleck bezeichnen.

Als erste Betrachtungsform sei diejenige genannt, die sich dem Bild als *materiellem Phänomen* nähert. Sie nimmt in der Kunstgeschichte eine der philologischen Arbeit in den Literaturwissenschaften vergleichbare Stellung ein, denn es handelt sich dabei um eine Form der Grundlagenforschung des Faches, die die materiellen und technischen Eigenschaften kultureller Artefakte beschreibt und katalogisiert. Im Fachjargon wird diese Tätigkeit auch Gegenstandssicherung genannt, denn sie macht allererst die Untersuchungsgegenstände der Kunstgeschichte zugänglich. Das heißt, hier steht die Aufnahme des *physischen* Befunds von Bildwerken, Skulpturen oder architektonischen Ensembles, aber auch von videokünstlerischen Arbeiten im Vordergrund.

Der größte Teil der Arbeit von Kunsthistorikern im Museum, in der Denkmalpflege oder in einem Auktionshaus besteht aus solchen materiellen Bestandsaufnahmen. In Museumskatalogen, Denkmal- oder Stiftungsinventaren listen sie die jeweiligen Maße, Werkstoffe und Techniken, den Erhaltungsstand ebenso wie die Herkunft eines Artefakts auf. Kunstgeschichte versteht sich in diesem Fall auch als empirische Kulturwissenschaft, die Verfahren und Wissen aus den Naturwissenschaften (etwa Röntgen-, UV- oder Infrarotaufnahmen) übernimmt, um beispielsweise ein Barockgemälde exakt in seinen materiellen und technischen Eigenschaften zu bestimmen. Diese Arbeit leisten Experten von Museen oder Auktionshäusern auch für Privatpersonen, die sie aufsuchen können, um zum Beispiel ihre Erbstücke einschätzen zu lassen.

Und auch die Betrachtungsformen, die Kunsthistoriker an Universitäten und Forschungsinstituten entwickeln, basieren auf diesem materiellen und technischen Wissen, das ihnen die Gegenstandssicherung zugänglich macht. Den größeren Raum nimmt hier die Interpretation von Bildern ein, es geht also um ein Verständnis von Bildern als *bedeutsame Phänomene*. Ganz allgemein lässt sich sagen, dass jeder Kunsthistoriker immer auch daran interessiert ist, zu verstehen, welchen Inhalt ein einzelnes Gemälde, ein Zeitschriftencover, eine Installation oder eine Zeichnung im Werk eines Künstlers vermittelt, beziehungsweise danach zu fragen, warum und auf welche Weise sich gerade künstlerische Arbeiten seit der Moderne einer inhaltlichen Deutung verschließen.

Mit der Benennung des Inhalts eines bildlichen Motivs, beispielsweise mit der ikonografischen Identifikation der nackten Frau auf einer früh-neuzeitlichen Druckgrafik als Venus, ist allerdings noch nicht viel gesagt. So würde ein klassischer Ikonologe, der die Schriften von Erwin Panofsky (1892–1968) studiert hat, in einem nächsten Schritt nach der Herkunft dieses Motivs fragen, nach seiner Bedeutung, Verbreitung und Ausformung in der Renaissance selbst sowie in vorgängigen Jahrhunderten. Er würde einen Vergleich mit anderen Bildwerken vornehmen und so charakteristi-sche, vielleicht abweichende Attribute ermitteln. Und er würde in zeitge-nössischen literarischen Texten nach konkreten Indizien suchen, die ihn zur Sinnentschlüsselung dieser einen Druckgrafik führen könnten. Er wür-de also sein Material hauptsächlich nach motivischen Kriterien gruppieren. Evidenz bestünde für ihn darin, die Inhalte dieser Motive als kulturelle Symptome ihrer Zeit fassbar zu machen und ihnen eine spezifische Geis-teshaltung zuzuordnen.

Ein sozialhistorisch orientierter Kunsthistoriker hingegen nähme den Stich in seinem Verhältnis zur Gesellschaft der Renaissance wahr, und er würde möglicherweise seine didaktische Funktion und seine Bedeutung vor dem Hintergrund eines frühkapitalistischen Bürgertums suchen. Ein an Gender-Theorien interessierter Kunsthistoriker hingegen wäre stärker an der spezifischen Inszenierung von Weiblichkeit in der Frauenfigur in-teressiert.

Nach der spezifischen Ästhetik (im Sinne von *aisthesis*) einzelner Bild-werke wiederum fragt eine hermeneutisch orientierte Kunstgeschichte. Im Gegensatz zu einer Ikonologie im panofskyschen Sinne, die Bildformen in der Tendenz wie Texte liest, und auch im Gegensatz zu den letztgenann-ten Ansätzen, die Bildwerke und -motive vornehmlich als Ausdruck gesell-schaftlicher Konstellationen betrachten und damit weniger die darstellende als vielmehr die dargestellte Ebene fokussieren, zielen Hermeneutiker auf einen *genuinen* Bildsinn, der sich ausschließlich ikonisch vermitteln kann. Entsprechend spielt hier die Beschreibung der Art und Weise, wie sich Sinnbildung qua spezifischer bildnerischer Mittel ereignet, wie sich bei-spielsweise der Übergang von bedeutungslosen geritzten grafischen Lini-en zu einem bedeutungsvollen Bildzusammenhang vollzieht, eine zentrale Rolle. Die kunsthistorische Hermeneutik reflektiert dabei immer auch den eigenen Vorgang des Wahrnehmens und Verstehens mit. Darum gilt auch die kunsthistorische Rezeptionsästhetik als eine ihrer Spielarten. Bedeutung erschließt sich dieser Betrachtungsform gemäß erst dann, wenn auch die implizite Betrachterfunktion, die in jedem Bildwerk auf je unterschiedliche Weise angelegt sei, rekonstruiert wurde.

Bilder als *kulturelle Phänomene* zu untersuchen, heißt wiederum, sich auf ein Verständnis von Ikonologie im Sinne Aby Warburgs (1866–1929) zu berufen. Kulturspezifische Bildpraktiken, die Entstehung, die Umprägungen, Wandlungen oder Wanderungen ikonischer Formen und Motive spiegeln hier nicht soziale, politische oder geschlechterspezifische Konstellationen wider. Im Gegenteil verstehen kulturhistorisch orientierte Kunsthistoriker Bilder selbst als Bestandteile – oder in den Worten Warburgs: als „Ausgleichsprodukte" – kultureller Dynamiken, Spannungen und Brüche. Diese Perspektivverschiebung erweitert den kunsthistorischen Fragehorizont um mentalitätsgeschichtliche, ethnologische, religionswissenschaftliche, psychologische, wissenschaftshistorische, aber auch anthropologische Interessen. Und sie treibt damit eine Erweiterung des klassischen kunsthistorischen Gegenstandsbereichs ebenso voran – indem sie Kunst- und Bildwerke beispielsweise in einem globalen Rahmen untersucht –, wie sie die fachliche Präferenz für einen ästhetischen und rationalen Umgang mit Bildern um die Untersuchung von Bildpraktiken erweitert, die auf affektiver und körperlicher Partizipation beruhen. In diesem Sinne schließt sie auch die grundlegende Frage ein, was ein Bild sei, und nähert sich derselben beispielsweise aus einer historisch-anthropologischen Perspektive.

Eine weitere hier zu nennende Betrachtungsform ließe sich ebenso unter diesem kulturhistorischen Ansatz wie unter einer hermeneutischen Kunstgeschichte subsumieren. Mittlerweile jedoch nimmt sie einen so breiten Forschungszweig innerhalb des Fachbereichs ein, dass sie gesondert erwähnt werden soll. Bilder als *theoretische und konstruktive Phänomene* zu verstehen, heißt, sich ausschließlich auf eine Epistemologie des Bildlichen zu konzentrieren, zu untersuchen, auf welche Weisen Bilder, sei es während ihrer Produktion, sei es als fertige Resultate, aktiv an der Herausbildung von neuem Wissen beteiligt sind. Evidenz heißt hier also auch, die Differenz zwischen ikonischer und textlicher Wissensproduktion und -vermittlung zu beleuchten.

Als letzte Betrachtungsform sei die Form- und Stilanalyse genannt, die sich den spezifischen Ausformungen von gestalteten Artefakten, das heißt dem Bild als *geformtem Phänomen* widmet. Als genuin fachliche Betrachtungsform ist sie vor allem mit den Namen Alois Riegl (1858–1905) und Heinrich Wölfflin (1864–˜1945) verbunden. Als solche gilt ihr Interesse vornehmlich den überindividuellen Zügen von Formgebungen, die einer

Kultur gemein sind. Vor allem für phänomenologisch orientierte Bilderfragen ist sie nach wie vor von großem Interesse, da sie ikonische Formen und Sehformen aufeinander bezieht und damit auch den Akt der Wahrnehmung selbst in Relation zu gestalteten Artefakten stellt. Evidenz entsteht hier aus der Beschreibung genau dieser Relation. In diesem Sinne ist diese Betrachtungsform, wenn sie von einem rein visuellen Wahrnehmungsverständnis abgeht, gerade für Zugänge grundlegend, die am körperlichen Erleben von Bildern interessiert sind.

Um sich dem zu nähern, was die gläubige Museumsbesucherin vor der Marienstatue in der Stuttgarter Staatsgalerie erlebt haben mag, bedürfte es also einer Kombination aus einer solchen phänomenologisch orientierten, einer kulturhistorischen und einer bildanthropologischen Betrachtungsform. Denn all diese Ansätze betonen, dass Bilder nicht nur Auslegungssache sind, sondern erst in Relation zu wahrnehmenden Körpern ihre größte Wirkmacht entfalten.

Kunsthistorische Evidenzen: Ausblick

Zwei institutionelle Besonderheiten des Faches blieben bisher unerwähnt: Das Studium der Kunstgeschichte erfolgt immer gemeinsam mit anderen Fächern, das heißt im Austausch mit diesen entwickeln Kunsthistoriker ihre unterschiedlichen Betrachtungsformen. Und auch Forschungsschwerpunkte bilden sich auf diese Weise bereits während des Studiums aus. So mag beispielsweise ein literaturwissenschaftlich orientierter Kunsthistoriker Text-Bild-Verhältnisse in mittelalterlichen Handschriften untersuchen, die Archäologie mag sein Interesse für die Transformation mythologischer Figuren über die Epochen hinweg sensibilisieren, und von der Philosophie profitieren systematische Untersuchungen unterschiedlicher Bildbegriffe. Ist er an der Erkenntnisproduktion von Bildern interessiert, holt er aus der Wissenschaftsgeschichte wichtige Impulse, und ethnologische Methoden können hilfreich sein, um die Bildpraktiken einer Kultur zu verstehen.

Und wie bereits gesehen, sind Kunsthistoriker zweitens nicht nur an Universitäten, sondern auch an Kunstakademien, an in- und ausländischen Forschungsinstituten, in Museen, Galerien, Denkmalämtern oder in Auktionshäusern tätig. Diesen Tätigkeiten gemäß bilden sie ihre je unterschiedlichen Betrachtungsformen aus, und das heißt auch, dass das Fach keine einheitlichen Heureka-Momente kennt. Ein solches Erlebnis kann sich während einer feingliedrigen Beschreibung eines Gemäldes einstellen, die zu einem zuvor nicht wahrgenommenen, aber signifikanten Detail hinführt. Hingegen mag ein solcher Moment für einen Bauforscher, der ähnlich wie ein Kriminalist Indizien zusammenträgt, um einen sachgemäßen restauratorischen Eingriff an einem Gebäude zu ermöglichen (beispielsweise die Wiederherstellung einer Fassadenmalerei), dann eintreten, wenn er ein stimmiges Ensemble aus technischen und materiellen Informationen zusammengetragen hat.

Vor diesem Hintergrund wird auch klar, dass Bilder weder Evidenz aus sich selbst heraus produzieren noch auf je *eine* richtige Weise interpretierbar sind. Was sie als ikonische Phänomene sichtbar machen, steht in Relation zu den Betrachtungsformen, mit denen man an sie herantritt. Als „Symbol für", „verweisendes Zeichen auf", „Abbild" oder „Ausdruck von" kann ein Bild entsprechend nur von jemandem angesehen werden, der es als Re-Präsentation eines vorgängigen Inhalts versteht. Eine der Grundkompetenzen von Kunsthistorikern, nämlich sehen zu lernen, heißt deshalb vor allem, bildendes Sehen zu lernen, das heißt, eine Sensibilität dafür zu entwickeln, dass ikonische Formen selbst Konzepte verkörpern.

In der Frage, wie dieses verkörperte, geformte Wissen zu vermitteln sei, besteht eine der basalen Herausforderungen des Faches, denn in textlichen Beschreibungen geht es nicht vollständig auf. Kunsthistoriker kennen entsprechend eine Vielzahl an Präsentationsformen und pflegen bisweilen einen kreativen Umgang mit denselben. Sie organisieren Ausstellungen, entwickeln neue Begriffe für die ikonischen Phänomene, die sie interessieren, sie verwenden Metaphern, experimentieren mit innovativen Bild-Text-Verhältnissen, kommentieren Bilder durch Bilder, und manchmal bestücken sie ihre Publikationen und Vorträge auch mit eigenen Zeichnungen.

Wohl jeder Kunsthistoriker besitzt zudem ein privates Bildarchiv zu Hause – sei es in digitaler oder analoger Form –, das er neben Materialrecherchen in Bibliotheken und Museen zu Beginn jeder neuen Recherche konsultiert und der Fragestellung entsprechend gruppiert. Kunsthistorische Evidenz produziert und vermittelt sich also immer auch bildhaft. Bilder sind daher auch keine Belege von Betrachtungsformen, sondern Bestandteile derselben.

Anmerkungen

Für hilfreiche Anregungen und Hinweise danke ich sehr herzlich Anja Johannson, Karin Leonhard und Jan Soeffner.

1 Gumbrecht 2007, S. 21.

2 Wyss 2006, S. 260.

3 Ebd., S. 260 f.

4 Vgl. Gumbrecht 2007, S. 16.

5 Vgl. Clausberg 2008, S. 337.

6 Vgl. Wimböck 2009; Bredekamp u.a. 2008, v.a. S. 36–47; Wölfflin 1915.

7 Zur Geschichte dieser Begriffe vgl. Schmidt 1993, S. 18–20. Zu aktuellen Auseinandersetzungen vgl. v.a. Wolf 2004, S. 305–320; Mitchell 1986. Zur Anwendung ikonologischer Analysen auf technische Bilder vgl. Bredekamp u.a. 2008 – vor allem den Beitrag von Matthias Bruhn.

8 Belting 2007, S. 15.

9 Der aktivste Verfechter einer umfassenden, semiotisch ausgerichteten Bildwissenschaft ist der Philosoph Klaus Sachs-Hombach (vgl. v.a. ders. 2004).

10 Vgl. Bredekamp 2003.

11 Vgl. v.a. Belting 2007.

12 Vgl. beispielsweise die Unterschiede folgender beider Einführungen in die kunsthistorischen Methoden: Belting u.a. 2008 und Hatt u. Klonk 2006.

13 Vgl. Weissert 2003, S. 239.

14 Vgl. Wimböck 2009 und v.a. die Forschungsarbeiten von Lena Bader (jüngst 2009.

15 Vgl. Hatt u. Klonk 2006, S. 21–39.

16 Hegel 1955, S. 139 f.

17 In einem sehr engen, traditionellen Sinn umfasst er die Gattungen Malerei (einschließlich Grafik), Skulptur, Architektur und Kunsthandwerk, er reicht zeitlich von der Spätantike bis zur Gegenwart und ist räumlich auf Europa beziehungsweise das Heilige Römische Reich beschränkt (vgl. Warnke 2008; Wyss 2003).

18 Vgl. vor allem die Bildtafeln zu Beginn und Ende des kunsthistorischen Jahrbuchs für Bildkritik Bildwelten des Wissens.

19 Vgl. die höchst differenzierte Studie Das Bild von Matthias Bruhn (2009), hier S. 13.

20 Vgl. Warnke 2008, S. 23 f.

21 Vgl. Wyss 2003, S. 196.

22 Vgl. exemplarisch Krüger 2001; Stoichita 1998.

23 Vgl. Belting 1990.

24 Vgl. Cole u. Zorach 2009; Wolf 2004.

Literatur

L. Bader, „‚die Form fängt an zu spielen…'. Kleines (wildes) Gedankenexperiment zum vergleichenden Sehen", in: Bildwelten des Wissens. Kunsthistorisches Jahrbuch für Bildkritik 7,1 (2009), S. 35 – 44.

H. Belting, „Die Herausforderung der Bilder. Ein Plädoyer und eine Einführung", in: Bilderfragen. Die Bildwissenschaften im Aufbruch, hg. v. dems., München 2007, S. 11 – 23.

Ders., Bild und Kult. Eine Geschichte des Bildes vor dem Zeitalter der Kunst, München 1990.

Ders. u.a. (Hg.), Kunstgeschichte. Eine Einführung, 7. Aufl., Berlin 2008.

H. Bredekamp, „Bildwissenschaft", in: Metzler Lexikon Kunstwissenschaft. Ideen, Methoden, Begriffe, hg. v. U. Pfisterer, Stuttgart u. Weimar 2003, S. 56 – 58.

H. Bredekamp, B. Schneider u. V. Dünkel (Hg.), Das Technische Bild. Kompendium zu einer Stilgeschichte wissenschaftlicher Bilder, Berlin 2008.

M. Bruhn, Das Bild. Theorie – Geschichte – Praxis, Berlin 2009.

K. Clausberg, „Neuronale Bildwissenschaften", in: Kunstgeschichte. Eine Einführung, hg. v. H. Belting u. a., 7. Aufl., Berlin 2008, S. 337 – 363.

M. W. Cole u. R. Zorach (Hg.), The Idol in the Age of Art. Objects, Devotions and the Early Modern World, Surrey u. Burlington 2009.

H. U. Gumbrecht, „A Future University without Humanities?", CLA 10 (2007), S. 4 – 42.

M. Hatt u. Ch. Klonk, Art History. A critical introduction to its methods, Manchester u. New York 2006.

G. W. F. Hegel, Ästhetik. Mit einem einführenden Essay von Georg Lukács, Berlin 1955.

K. Krüger, Das Bild als Schleier des Unsichtbaren. Ästhetische Illusion in der Kunst der frühen Neuzeit in Italien, München 2001.

W. J. T. Mitchell, Iconology: Image, Text, Ideology, Chicago 1986.

K. Sachs-Hombach, Wege zur Bildwissenschaft. Interviews, Köln 2004.

P. Schmidt, A. Warburg und die Ikonologie. Mit einem Anhang von Dieter Wuttke, 2. Aufl., Wiesbaden 1993.

V. I. Stoichita, Das selbstbewußte Bild. Vom Ursprung der Metamalerei, München 1998.

M. Warnke, „Gegenstandsbereiche der Kunstgeschichte", in: Kunstgeschichte. Eine Einführung, hg. v. H. Belting u.a., 7. Aufl., Berlin 2008, S. 23 – 48.

C. Weissert, „Museum", in: Metzler Lexikon Kunstwissenschaft. Ideen, Methoden, Begriffe, hg. v. U. Pfisterer, Stuttgart u. Weimar 2003, S. 237 – 240.

G. Wimböck, „Im Bilde. Heinrich Wölfflin (1864 – 1945)", in: Ideengeschichte der Bildwissenschaft. Siebzehn Porträts, hg. v. J. Probst u. J. P. Klenner, Frankfurt/M. 2009, S. 97 – 116.

G. Wolf, „Le immagini nel Quattrocento tra miracolo e magia. Per una ‚iconologia' rifondata", in: The Miraculous Image in the Late Middle Ages and Renaissance, hg. v. E. Thuno u. G. Wolf, Rom 2004, S. 305 – 320.

H. Wölfflin, Kunstgeschichtliche Grundbegriffe. Das Problem einer Stilentwicklung in der neueren Kunst, München 1915.

B. Wyss, Vom Bild zum Kunstsystem, Bd. 1: Text, Köln 2006.

Ders., „Kunstgeschichte", in: Metzlers Lexikon Kunstwissenschaft. Ideen, Methoden, Begriffe, hg. v. U. Pfisterer, Stuttgart u. Weimar 2003, S. 195 – 199.

Jan Georg Soeffner
Zentrum für Literatur- und
Kulturforschung, Berlin

Literaturwissenschaft

von Jan Georg Soeffner

Der Heureka-Mythos ist eine Herausforderung für die Methoden der Wissenschaftlichkeit. Archimedes' Ausruf „εὕρηκα!" („Ich habe gefunden!") trennt (intuitive) Methode, These und Evidenz nicht voneinander – noch trennt er Wissenden, Wissenserleben und Gewusstes. Das archimedische Prinzip ist eine Idee aus der Badewanne: Archimedes hat entdeckt, dass die Auftriebskraft des schwimmenden Körpers genau so groß ist wie die Gewichtskraft des verdrängten Wassers. Der Wissenschaftler ist selbst ein Körper im Wasser. Evidenz und These fallen ebenso zusammen wie Archimedes' Erkennen und seine Begeisterung: Der gerade noch Wasser verdrängende Körper rennt als Verkörperung des Wissenden *und* des Gewussten nackt durch Syrakus.

In den heutigen Wissenschaften ist der Erkenntnisgewinn problematisch geworden. Die Trennung von Methode, These, Beobachter und Gegenstand ist zwar weder ganz durchzuhalten noch kritiklos zu akzeptieren. Aber andererseits lassen sich wissenschaftliche Praktiken kaum ohne sie denken. Schon der Medienwechsel in der Wissenskommunikation vom durch die Stadt rennenden Körper zur wissenschaftlichen Fachzeitschrift mit ihren Kontrollgremien und methodischen Standards ist hier sprechend.

Dennoch ist das Heureka-Erlebnis als ein undifferenziertes Antreffen oder Finden von Evidenz damit nicht aus der Welt. Das betrifft in einem besonderen Maße die Literaturwissenschaft, die größere Probleme hat, Methode, These, Beobachter und Gegenstand voneinander zu unterscheiden, als dies für andere Wissenschaften gelten mag. Ich beginne daher mit den Schwierigkeiten wissenschaftlicher Evidenzerstellung, die dieses Fach vorfindet und gestaltet.

Theoretische Probleme literaturwissenschaftlicher Evidenzerstellung

Ein erstes Problem literaturwissenschaftlicher Thesenbildung lässt sich anhand eines Bonmots von Karl Kraus skizzieren: „Je näher man ein Wort anschaut, desto ferner schaut es zurück." Dieses Problem lässt sich als eines der *Bestimmung des Gegenstandes* der Untersuchung fassen. Zunächst scheint das nichts Besonderes zu sein. Der Gegenstand der Literaturwissenschaften ist immer etwas Vermitteltes, denn als Gegenstand gibt es ihn nur im Rahmen einer Beobachtung, die ihn als solchen bestimmt. Das gilt auch im Alltäglichen (und gerade das Alltägliche ist für die Literatur selbst ja oft bedeutsamer als wissenschaftlichere Formen des Epistemischen): Als distinkter Gegenstand erscheint der Spaghetto erst, wenn man testet, ob er gar ist – und dieser Test ist eine Form der Evidenzerstellung, mit der man (induktiv) ablesen kann, ob die Spaghetti *al dente* sind. Ohne diesen Versuchsaufbau würde der Spaghetto als solcher aber gar nicht erst zur bewussten Erscheinung kommen – und es gäbe stattdessen Nudeln. Doch gerade hier liegt der Unterschied. Je näher man sich den Spaghetto anschaut, desto näher schaut er zurück.

Mit den Wörtern ist es anders. Und das liegt an einem ganz einfachen Umstand. Will man ein Wort aus der Nähe betrachten, ergibt es keinen Sinn mehr. Sinn gewinnt es nur in der Verbindung mit anderen Wörtern und mit dem Kontext, in dem sie stehen. Und damit käme die Betrachtung eines einzelnen Wortes dem Versuch gleich, den einen Spaghetto als *Nudeln* zu betrachten. Präpariert man das Wort experimentell heraus, dann stellt sich dieser Aufbau *gegen* die Evidenz. Dieses Problem löst sich nicht, wenn man statt des Wortes den *Text* als den Gegenstand der Beobachtung etablieren möchte. Denn zu einem Text fügen sich die Wörter ja ebenfalls nicht von allein zusammen, sondern erst in dem Prozess der Lektüre und der Verwiesenheit auf ihren Kontext.

Das Objekt literaturwissenschaftlicher Beobachtung festzulegen, ist also eine sehr vertrackte Aufgabe. Und dieses Problem verschärft sich noch dadurch, dass das wohl wichtigste Mittel der Literaturwissenschaft selbst das Erstellen von Texten ist: dass man also Texte mit Texten bearbeitet. Den Text als Gegenstand herauszupräparieren, gelingt entsprechend meist vermittels Verfahren, die teilweise rhetorisch genannt werden können und also selbst in den Gegenstandsbereich des Faches fallen. Vor allem *Metaphern* der Beobachtung oder der Beziehung zu einem Text als einem Anderen (und also nicht als Teil symbiotischer Verstrickung) spielen hier eine Rolle. In der Literaturwissenschaft gebräuchlich ist eine Metaphorik, die dem Text eine eigene Handlungsmacht zuschreibt, der man sich als Leser gegenübergestellt sieht: Man sagt, der Text „inszeniere" etwas, „stelle" etwas „dar", „evoziere" etwas, „bringe" etwas „hervor", „erzeuge" etwas, habe eine „Intention" oder eine „Strategie", „referiere auf" etwas, „thematisiere" oder „verhandle" es (und vieles mehr). Viele dieser Metaphern anthropomorphisieren den Text. Und selbst diejenigen Metaphern, deren Anthropomorphismus nicht so offenkundig ist, sind nicht zwingender, als andere es wären – zum Beispiel solche, die keine Objektivierung und kein Verhältnis von einem beobachtenden Selbst und einem ihm gegenüberstehenden Text implizierten: Man könnte ja auch fragen, was ein Text „denkt" (wie Alain Badiou es getan hat), was er fühlt, wie er gestimmt ist und so weiter. Solche Metaphern sind in der Literaturwissenschaft jedoch eher selten. Selbst der alltagssprachlich bekannte „traurige Text" wird in der Wissenschaft meist in eine Logik überführt, in der seine Trauer diejenige des Lesers ist. Dass er traurig ist, erscheint entweder (ohne Evidenz) auf ihn *projiziert* oder (mit Evidenz) von ihm *evoziert* – oder es ist die Traurigkeit des Autors, die durch ihn *kommuniziert* wird (was allerdings ein weniger erfolgreicher Ansatz ist). Noch schlechter ist es um Metaphern bestellt, die eine Teilnahmerelation implizieren würden: etwa was man *mit* einem Text erlebe, fühle oder verstehe. Sie gelten als subjektivistisch und damit als unwissenschaftlich. Entsprechend lässt sich an der Rhetorik der Literaturwissenschaften ersehen, wie sehr diese Disziplinen daran arbeiten, ihren Gegenstand als Objekt eines Beobachters zu bestimmen – doch auch wie schwierig das ist.

Ein weiteres Problem der Evidenzerstellung ist eng mit dem ersten verbunden. Es besteht in der *Suche nach Empirie*. Text*immanente* Lektüren haben keine Empirie außer dem Text selbst und sie stehen damit umso mehr vor dem bereits bezeichneten Problem. Offenere Methoden greifen leichter auf andere Formen des Empirischen zurück, stehen aber vor dem Problem, zu rechtfertigen, warum gerade ihr jeweiliger Ansatz der *literaturwissenschaftlichen* Evidenzerstellung dienlich sein soll. Die soziologisch beschreibbare Konstellation, die Epistemologie der Epoche, aus der der Text stammt, die mediale und technische Materialität des Textes, der semiotische Kontext oder Intertext gleichen einerseits aus, was dem Text fehlt, um ein wissenschaftlicher Gegenstand zu sein. Sie ersetzen die symbiotische Relation von Wissenschaftler und Text durch die Relation des Textes zu seinem Kontext und machen diese zum Gegenstand der Untersuchung. Gleichwohl fällt die Gegenstandsbildung auch hier schwer: Potenziell steht schließlich jeder Text schon insofern im Austausch mit jedem älteren Text, als die Sprache, die wir sprechen, die Sprache unserer Eltern und deren Eltern und so weiter ist und jedes Wort, das wir äußern, nur dadurch Sinn ergibt, dass es in diesem sprachhistorischen Kontext seine Bedeutung gewonnen hat. Diesen zu erforschen, erfordert meist den Rückgriff auf andere Texte, für die sich je dasselbe Problem stellt oder stellen kann. Der Intertext lässt sich also kaum begrenzen, ohne auf Konzeptionen der Intentionalität oder der Funktionalität zurückzugreifen. Vermehrt sind die Literaturwissenschaften (zumindest in ihrer Theoriebildung) den letzteren Weg gegangen; denn eine Intention zu ergründen (zumal diejenige eines Autors), ist nicht nur problematisch, sondern auch kaum praktikabel. Das wäre etwa so, als wollte man den Klang einer Stimme rekonstruieren: Zwar weiß man über Goethes hessischen Akzent Bescheid; doch weiß man deshalb schon, mit welcher Melodie und in welchem Tonfall er den *Faust* diktiert hat? Wir haben von Goethe Briefe und andere Quellen vorliegen; doch wissen wir deshalb schon, was genau er mit welchem Vers „wollte" oder wenigstens in welcher Stimmung er ihn verfasst hat? Besser als die Intention lässt sich also der soziologische oder historische Kontext ergründen und damit die Funktion eines Textes in einem größeren Gefüge. Doch auch hier erfordern die Quellen meist eine umsichtige Analyse, die ihrerseits auf literaturwissenschaftliche Methoden zurückgreifen muss. Und auch für den medialen Kontext besteht dieselbe Schwierigkeit, denn der Umgang mit einem ehemals neuen Medium war meist ein ganz anderer, als er es heute ist.

Ein drittes Problem ist bereits angeklungen. Es besteht in der Supplementarität literaturwissenschaftlicher Evidenzerstellung: Bücher über Bücher zu schreiben bedeutet, eine Form der Evidenzerstellung zu nutzen, die immer gewisse Überschneidungen zu einer Evidenzerstellung aufweisen kann, die *dem Gegenstand selbst* schon eignet. Die Distanznahme vom Text ist damit gleichzeitig erforderlich und prekär. Die empirische Erstellung von Evidenz sieht sich oft dem Vorwurf ausgesetzt, „am Text" oder genauer: an dessen eigener Form der Evidenz „vorbeizugehen". Je schärfer die Methode, desto höher ist das Risiko, dass das, was über den Text gesagt wird, eher dazu dient, die Methode zu bestätigen, als der Evidenz des Textes selbst zu dienen. Literaturwissenschaftliche Evidenzerstellung kann damit kaum umhin, eine Gratwanderung zwischen einem Auf-die-Sprünge-Helfen der literarischen Evidenz und methodologisch abgesicherter Hervorbringung von wissenschaftlicher Evidenz zu sein.

Thesen lassen sich trotz dieser Probleme aufstellen, überprüfen, erhärten und auch falsifizieren. Sie beziehen sich je nach Ansatz und Gegenstand etwa darauf, wie die Poetik (die Art der Gemachtheit) beschaffen ist, welche Ästhetik in einem Text zum Tragen kommt, welche kulturellen, medialen, epistemologischen Konstellationen sich an ihm ablesen lassen und vieles mehr. Die Kontrolle aufgestellter Thesen durch die literaturwissenschaftliche Scientific Community ist besonders wichtig, denn jeder Literaturwissenschaftler weiß, wie leicht es ist, einen Text so darzustellen, dass er sagt, was man selbst sagen will. Vor allem aufgrund der Pluralität der Methoden und auch angesichts der Materialfülle, die von den Literaturwissenschaften bearbeitet wird, ist aber nicht immer sicherzustellen, dass eine entsprechende Diskussion überhaupt in geeigneter Form stattfinden kann (und das gilt besonders, wenn es um Texte geht, die jenseits vom „Kanon" liegen).

Darüber hinaus ist ein Bereich legitimer Thesenbildung von einem illegitimen nicht klar abzugrenzen. So würde zum Beispiel die Behauptung einleuchten, dass man einen fiktionalen Text nicht als Quelle für faktische Wahrheit benutzen kann. Stattdessen könnte man ihn als Modellierung von Möglichkeiten, als ein ästhetisches Spiel oder als Hervorbringung seiner eigenen Welt ansehen. Für Historiker ist es aber etwa durchaus legitim, den Beginn von Platons *Phaidon* als Quelle für die Vorhandenheit einer bestimmten Schiffart im Dienste einer Schau des Heiligtums von Delos im Jahr 399 v. Chr. zu lesen: Denn im Text verzögert sich die Hinrichtung des Sokrates aufgrund dieses Rituals. Die aufgestellte These beträfe also eine Referenz auf ein historisches Faktum. Als Literaturwissenschaftler hätte man zwar eine andere Fragestellung und damit auch eine andere These im Sinn (etwa wie sich dieses Schauritual – gr. *theoria* – zu derjenigen geistigen und philosophischen *theoria* verhält, die von Platon entwickelt wurde). Aber die referenzielle Aussage über die Wirklichkeit scheint doch zu plausibel und „evident", als dass sie grundsätzlich infrage gestellt werden kann. Dennoch kann eine solche Form der Thesenbildung auch nicht grundsätzlich akzeptiert werden: Wenn Sokrates' Erscheinungsbild etwa im *Symposion* als silenengleich beschrieben wird, verbirgt sich aus literaturwissenschaftlicher Sicht dahinter vor allem eine mythische Referenz, die über sein tatsächliches Aussehen kaum etwas aussagt. Man kann sich sogar fragen, ob die Porträtbüsten ihre Silenenhaftigkeit nicht eher dieser Textstelle verdanken als einer „realistischen" Abbildung. Und damit hätte man in diesem Fall ein plausibles Argument gegen die Möglichkeit einer Referenz auf die zeitgenössische faktische Welt.

Philosophen lesen Platon hingegen mit Blick auf diejenigen Gedanken und Gehalte, die für das aktuelle Denken noch eine Rolle spielen – mit anderen Worten sind es der gegenwärtige Wissensstand und die gegenwärtige Theoriebildung, die den Rahmen für eine Untersuchung seiner Schriften abgeben. Auch dies ist natürlich legitim und angemessen, und es wäre vermutlich auch grundsätzlich im Sinne Platons selbst (soweit man etwas über seine Intentionen vermuten kann). Dennoch fällt Literaturwissenschaftlern auch leicht die literarische und latent dramatische Form der Dialoge auf. Obwohl die Dialoge sicherlich nicht für eine Bühne geschrieben sind, haben Theater und Theorie denselben Wortstamm und referieren in Platons Zeit noch auf einen Zusammenhang einer rituell eingebundenen Form des Sehens. Platon setzt zudem den rituellen und sinnlich verkörperten Schauumzug nach Delos (griechisch: *theoria*) im *Phaidon* vermittels einer literarischen Strategie mit der geistigen Schau (ebenfalls: *theoria*) in Beziehung, die den vom Leib befreiten Seelen und den Philosophen zuteil wird. Dass hier eine spezifische Konstellation des hellenischen Kults von derjenigen *theoria* überboten werden soll, aus der sich der heutige Theoriebegriff herleitet, führt Literaturwissenschaftler daher zu der Frage, wie sehr historische und kultische Dimensionen auch in Platons Denken eine Rolle spielen, als dies in einer philosophischen Platonlektüre üblich wäre.

Das heißt: Literaturwissenschaftliche Gründlichkeit kann ihren Thesen durchaus große Evidenz verleihen – so große immerhin, dass die Evidenzen anderer Disziplinen sich daran brechen können. Doch liegt die literaturwissenschaftliche Evidenz immer auch in einem Zusammentragen von Informationen und ihrer Zusammenschau mit einer Textlektüre, in der sich Methode, Gegenstand und Beobachtung teilweise genauso wenig trennen lassen wie Archimedes' Badewanne von den Gesetzen der Auftriebskraft. Das Falsifizierungspotenzial, das den Literaturwissenschaften ihre Wissenschaftlichkeit verleiht, verdankt sich in viel größerem Maß solchen Heureka-Erlebnissen, in denen Methode, Gegenstand, Hypothese und Überprüfung sich kaum scharf voneinander abgrenzen lassen. Besonders offenkundig wird diese Eigenart bei der Antragstellung für wissenschaftliche Projekte, die aufgrund generalisierter Verfahrensweisen inzwischen oft in einer Form gehalten sein müssen, die den empirischen Wissenschaften besser entspricht: Vor allem die Vorgabe, eine klar umrissene Fragestellung als Ausgangspunkt für die kommende Forschungsarbeit zu entwickeln, ist häufig ein Problem. Ist in der Literaturwissenschaft eine Frage klar umrissen und eine Hypothese aufgestellt, dann ist die Arbeit eigentlich zu großen Teilen bereits getan und es kann von einem „Projekt" längst nicht mehr die Rede sein. Und auch die Methode ist der Evidenz nicht zwingend vorgängig, sie kann Teil literaturwissenschaftlicher Evidenz sein.

Eine analoge Besonderheit betrifft die Frage nach der Unterscheidung von Forschungsprozess und Kommunikationsprozess. Ganz offenkundig ist das Schreiben und also die schriftliche Modellierung von Gedanken selbst ein wesentlicher Teil der Forschung – und so lässt sich auch kaum behaupten, dass literaturwissenschaftliche Aufsätze eine Art Berichte über ihnen *vorangegangene* Forschungen seien. Zudem sind diese Gedankengänge nicht selten auch eine Art Mitgehen mit den Texten selbst; und das bringt eine weitere Besonderheit für den Kommunikationsprozess mit sich: Je komplexer (und das heißt zumeist: je ergiebiger) ein Text ist, desto weniger wird es prinzipiell möglich, die Forschungsergebnisse allgemein verständlich zu präsentieren. Ockhams Rasiermesser kann den Bärten der Philologen selten etwas anhaben, denn wo es um kulturelle Formationen geht, ist oft gerade der kompliziertere Weg der einzig gangbare. Die Tatsache, dass sich viele literaturwissenschaftliche Werke nicht zur Popularisierung eignen, ist häufig (wenn auch leider nicht immer) darin begründet, dass der Gegenstand der Forschung im Rahmen der Vereinfachung nicht vermittelt, sondern schlicht preisgegeben würde.

Sieben wichtige Formen, mit diesen Problemen umzugehen

Diesen Herausforderungen stellt sich die Literaturwissenschaft auf mannigfaltige Weisen, von denen hier nur sieben exemplarisch vorgestellt werden können. Von „Formen" – nicht also von Methoden – möchte ich insofern sprechen, als ein kurzer Aufsatz nicht geeignet ist, eine „Methodendiskussion" zu leisten.

Als erste und vielleicht wichtigste Form sei der *philologische* Ansatz genannt, den Text selbst zur Evidenz zu führen oder als Gegenstand der Evidenzerstellung zu begreifen. Die Philologie widmet sich dem Text (oder dem „Wort" – dem Logos) in Praktiken des Edierens, des Sichtbarmachens von Textproduktion (etwa in historisch-kritischen Ausgaben) und historischen Textpraktiken (zum Beispiel dadurch, dass die Textgestalt und das Text-Bild-Verhältnis älterer Zeiten neu zugänglich gemacht werden), der Kommentierung, Datierung, Zuschreibung sowie der Klassifizierung. Die Thesen dieses Ansatzes richten sich auf das historische Material und lassen sich bisweilen nicht von dessen sorgfältiger Aufarbeitung unterscheiden. Der Evidenz des Textes gegenüber nimmt die Philologie eine eher dienende Funktion ein.

Von der Philologie zu unterscheiden ist die *Hermeneutik*, die am Text weniger das „Wort" selbst als den Kommunikationsakt in den Blick nimmt. Ihre Evidenz gilt dem Akt des Verstehens. Auch das ästhetische Texterleben spielt hier eine entscheidende Rolle und wird zum Gegenstand der Untersuchung. Vor allem impliziert die Hermeneutik eine Art Beobachtung zweiter Ordnung: Im Verstehen des anderen hat sich das verstehende Subjekt selbst zu verstehen. Einem einfachen Fremdverstehen als Selbstverstehen steht dabei entgegen, dass es sich selbst voraussetzt. Um den Text als verstehbar wahrzunehmen, muss ein Vorverständnis schon gegeben sein (für Hans-Georg Gadamer ist dies ein vorurteilendes Verstehen). Dieses Verstehen wird im hermeneutischen Prozess untersucht und erweitert –

doch ist das Ergebnis dieser Arbeit nicht etwas kategorisch anderes als das, was an ihrem Beginn stand. Die hermeneutische Arbeit verläuft also zirkulär (in einem „hermeneutischen Zirkel").

Die Verwiesenheit auf das Subjekt ist einer der Punkte, die beim hermeneutischen Ansatz am meisten kritisiert worden sind. Zwei Richtungen der Literaturwissenschaft, die *Semiotik* (wie sie etwa Umberto Eco vertritt) und die *Dekonstruktion* (in der Nachfolge von Jacques Derrida und Paul de Man), kehren das hermeneutische Textverhältnis um und untersuchen ihrerseits die Subjektivität als Zeicheneffekt (statt zeichenhaftes Bedeuten als subjektives Phänomen). Es würde aber zumindest der Logik der Dekonstruktion widersprechen, wenn ein solches Sinnereignis zur Evidenz finden könnte. Vielmehr ist es ihr Ziel, solche Konstruktionen eben zu de-konstruieren. In der Tat sind semiotische Konstellationen mindestens ebenso abgründig wie hermeneutische Zirkel: Die Intertextualität (also das Phänomen, dass ein Text seine Bedeutung nur in Relation zu anderen Texten gewinnt und gewinnen kann) führt, wie erläutert, zu einem Regressus ad infinitum, sofern nicht doch wieder eine Intentionalität als Grenze akzeptiert wird, die aber aus dem Text selbst nicht abschließend erschlossen werden kann sondern vielmehr eine Setzung ist. Der Effekt einer fixen Bedeutung und damit die Evidenz selbst liegt als Feststellen einer per se unabschließbaren Bedeutungsbewegung, nicht aber als faktische Gegebenheit vor. Solche Setzungen legt die Dekonstruktion frei. Sie arbeitet dabei *mit* den Texten, anstatt Thesen über sie zu erstellen. Die Dekonstruktion ereignet sich damit zumindest in ihrer radikalen Spielart als Aufschub, nicht als Erstellung von Evidenz.

Einen anderen Umgang mit diesem Problem findet die (sich weitgehend auf Michel Foucault berufende) *Diskursanalyse*, welche die Figurationen der Setzungen als Diskursgesetze auf seine immanent darin ausgeübte Macht hin untersucht. In diesem Ansatz ist das Diskursereignis der Gegenstand literaturwissenschaftlicher Evidenzerstellung. Es wird historisch oder genauer: archäologisch untersucht, womit vornehmlich strukturelle Parallelerscheinungen in den Blick genommen werden. Der Metaphysik einer subjektivistischen Hermeneutik stellt die Diskursanalyse damit eine Untersuchung der Oberfläche (nicht der hermeneutischen Tiefe) entgegen: Sie untersucht die „bloß" konventionellen Ordnungen, nicht das sich ausdrückende tiefe Subjekt. Damit wird auch das als innerlich und somit tief „entlarvte" Erleben aus der Untersuchung ausgeklammert. Stattdessen rückt der Körper als Einschreibungsfläche der Diskurse in den Vordergrund. Die Beobachtung gilt dem Diskurs, also den Formen und Gesetzen der Rede; und die Beziehung zwischen dem untersuchten Diskurs und dem Diskurs der Untersuchung ist damit weniger thematisch als in der Dekonstruktion. Aufgabe ist es, die implizierten Gesetze sprachlicher Wissensproduktion voneinander abzugrenzen und ihre Machtstrukturen aufzudecken. Evidenz ist aus dieser Perspektive eine Frage der Macht – und das betrifft nicht nur die Evidenz der untersuchten Texte, sondern auch die Thesen der Untersuchung selbst.

Literaturwissenschaftliche Evidenz kann auch im Verhältnis von Text und außersprachlichem Kontext gesucht werden. In entsprechenden Ansätzen gerät der Text meist als Phänomen sozialer *Systeme* in den Blick des Interesses. Es geht bei diesem Ansatz also weniger um Fragen der Setzung als um solche prozessualer Operativität. Besonders interessant ist hier die Evidenzerstellung des literarischen Systems selbst. Schließlich führt es in seinen Darstellungen durchaus zu Konstruktionen der Wirklichkeit, die allerdings meist (nicht immer) ihren fiktionalen Charakter und ihre kontingente Gemachtheit ausstellen und insofern die Gemachtheit anderer Wirklichkeitskonstruktionen (und Evidenzerstellungen) zum Thema machen können.

Sowohl systemtheoretische als auch diskursarchäologische Aspekte vereinen sich in Ansätzen, die das Medienereignis als Evidenz verhandeln. Die wissenschaftliche Gegenstandsbildung gelingt hier insofern leichter, als meist ein Medienwechsel den Diskurswechsel flankiert: Der im Internet publizierte wissenschaftliche Aufsatz steht in großer medialer Distanz zu einem Wiegendruck und kann diesen damit leichter zum Gegenstand machen. Tatsächlich steht zudem jedes literarische Medienereignis auch immer im Zusammenhang anderer Medien (der mittelalterliche Kodex etwa ist ohne einen Gelehrtenaustausch und somit ohne deren mnemonische Techniken und auch Transportmedien nicht zu verstehen) – und entsprechend ist auch eine Institutionsgeschichte meist entscheidend (in diesem Fall etwa die klösterlichen Schreibstuben). Der Text kann damit als Teil eines medialen Zusammenhangs analysiert werden, während zugleich untersucht werden kann, wie er auf die jeweilige mediale Konstellation Bezug nimmt. Die technikgeschichtliche Präzision erlaubt zudem ein größeres Maß an Objektivierung; der Fokus auf die mediale Materialität ermöglicht es, die „metaphysischen" Fragen nach dem Verstehen auszublenden oder im Rahmen medialer Konstellationen neu zu fassen.

Eine Ausnahme im Rahmen literaturwissenschaftlicher Methoden bildet die *Reader-Response-Theorie*, die eine psychologische empirische Basis hat: Sie fokussiert das Leseverhalten, nicht den Text als solchen. Unter dem Namen der Rezeptionsästhetik kamen im deutschen Sprachraum vor allem soziologische Perspektiven zum Tragen. Der etwa gleichzeitig entstandene Ansatz von Stanley Fish richtete sich vornehmlich auf die spezifischen Kompetenzen der Leser und ihre Subjektivität. Obwohl beide Formen der Evidenzerstellung etwas in die Jahre gekommen sind, erleben einzelne Aspekte derzeit unter vollständig veränderten Voraussetzungen neue Konjunktur: Vor allem beginnen die Neurowissenschaften in der Frage nach dem Verhältnis von Leser und Text eine Rolle zu spielen. Obwohl die Erstellung von Evidenz damit vor demselben Problem steht wie die neurowissenschaftlich flankierte Phänomenologie, könnte sich hier bald ein neues Feld der Forschung erschlossen haben: Auch in der Phänomenologie konnten plausible Ansätze gefunden werden, sodass eine Art Rückbesinnung auf entsprechende Untersuchungsfelder denkbar werden könnte. Dass es so weit kommt und eine experimentelle Neuropsychologie des Lesens nennenswerte Erfolge haben kann, ist aber fraglich.

Verfahren – Verbote – Besonderheiten

Geht man von der alltäglichen Praxis der Literaturwissenschaft aus, ist das vielleicht wichtigste Evidenzkriterium die einfache Frage: „Wo steht das im Text?" Sie impliziert, dass nichts einfach „in den Text hineininterpretiert" und dass kein Zitat aus dem Zusammenhang gerissen werden darf. Damit ist allerdings noch nicht viel gesagt. Weil alles, was im Text steht, allein in einem linguistischen, intertextuellen, sozialen, intermedialen Kontext Sinn ergibt, ist dieses Gebot per se ein Grenzgang. Da die Voraussetzungen zudem von Kontingenz nicht gänzlich befreit werden können, konkurriert der Begriff einer Analyse von Texten auch mit demjenigen der Lektüre – die als in sich stimmige Lesart des Textes keinerlei Anspruch erhebt, auch die einzige stimmige Lesart zu sein. Ein Vorzug von Analyse und Lektüre gegenüber dem hermeneutischen Begriff der Interpretation ist, dass eine eindeutig dingfest zu machende Kohärenz des Textes nicht vorausgesetzt wird: Brüche und Unstimmigkeiten der Konstruktion werden nicht vor dem Hintergrund einer „eigentlichen" subjektiven Stimmigkeit (der Autorintention oder des Lesererlebens) verhandelt, sondern treten zutage. Doch birgt auch der Verzicht auf eine zu wohlfeile Kohärenz ein großes Risiko, da Kohärenzbildungen notwendig sind, um zu begründen, warum, was im Text steht, dort auch etwas ganz Spezifisches zu bedeuten hat. Wenn das subjektive Leseempfinden oder die Rekonstruktion einer subjektiven Autorintention *nicht* die Maßgabe literaturwissenschaftlicher Evidenzerstellung sein soll, müssen andere Formen der Kohärenzbildung stärker gemacht werden (und die oben umrissenen Ansätze leisten dies auf je verschiedene Weise).

An diesen Ansätzen wird aber auch ersichtlich, warum die Fokussierung auf die Subjektivität des Autors in die Krise geraten ist. Sie zeigen, dass die leider immer noch sprichwörtliche Frage „Was will der Dichter uns sagen?" mit guten Gründen eben gerade *keine* literaturwissenschaftliche Frage ist. Jedes einzelne Wort dieser Frage ist im Rahmen literaturwissenschaftlicher Evidenzerstellung verfehlt. Das „Was" würde voraussetzen, dass es einen vorgängigen Sinn gäbe, der als Inhalt oder Gehalt des Textes vorausgesetzt und unter Absehen von der Textgestalt erschlossen werden könnte: Ein solcher Gegenstand würde vom Text bloß ausgedrückt, nicht modelliert, geformt, gebildet – oder wäre von ihm vielleicht gar nicht erst zu unterscheiden. Damit blieben die Fragen aller sieben vorgestellten Formen der Evidenzerstellung geradezu ausgeklammert.

Das „will" würde implizieren, dass alles Entscheidende intentional wäre. Platon „wollte" „uns" mit ziemlicher Sicherheit nicht mitteilen, dass es zu seiner Zeit eine rituelle Schau auf Delos gab – doch wird *dadurch* die Frage irrelevant, ob es eine solche gab? Wenn es sie gab, dann könnte das Wissen über ihre Gestalt helfen zu ergründen, was das Wort *theoria* in einem athenisch-philosophischen Kontext zu bedeuten hat und ob das rituelle oder partizipatorische Moment dieser Schau in der philosophischen *theoria* Platons noch eingeschrieben ist – ob willentlich oder nicht. Fragte man nur, was Platon sagen *wollte*, dann lässt sich dies nicht verstehen. Ein *Werther* ist undenkbar ohne die vorgängige Existenz von Romanen als Gattung, ohne eine Philosophie der Empfindsamkeit als Bezugspunkt, ohne die medialen und sozialen Voraussetzungen von Druck und Vertrieb etc. Die Kenntnis dieser willensunabhängigen Bedingungen ist meist Voraussetzung dafür, mit einem Text überhaupt etwas anfangen zu können (und wie viele Schüler haben ohne dieses Wissen auf der Suche nach Goethes Willen und nichts als diesem Willen bloß ihre eigene Langeweile angetroffen?). Ferner würde die technische Seite des Schreibens unterschätzt – durch bloßes „Wollen" wird nichts zu einem guten Text, wie die meisten Hobbydichter irgendwann schmerzlich erfahren. Selbst aus hermeneutischer Sicht kann der Sinn eines Textes unbewusst sein; alle anderen Ansätze fokussieren mit guten Gründen gerade das, was von einer dichterischen Subjektivität unabhängig ist (etwa Medialität, Habitualität, soziale Funktion, diskursive Macht).

Das „sagen" in der Frage „Was will der Dichter uns sagen?" unterschätzt die mediale Dimension der Textualität und überträgt die Frage nach einem

Schriftstück in die Logik eines „eigentlich" Mündlichen, das es zu ergründen gelte – doch warum? Bleibt zuletzt noch das „uns" und damit die Frage, wer der Adressat eines Textes ist. Sie lässt sich nicht durch den Verweis auf ein allgemeines „wir" beantworten, vielmehr spielen hier historische, kulturelle und soziale Konstellationen eine Rolle, die zumindest bedacht werden müssen.

An dieser Ablehnung eines Modells, das den Text als verschlüsselte Botschaft des Wollens eines Autors begreift, zeigt sich, inwiefern der Autor in der gegenwärtigen Literaturwissenschaft verzichtbar geworden ist. Der Ansatz Michel Foucaults, nach der Autor*funktion* statt nach dem Urheber des Textes zu fragen, hat sich weitgehend durchgesetzt. Tatsächlich ist das Argument sehr überzeugend, dass etwa ein *literarischer* Autor im Mittelalter anonym sein und seinen Text getrost seinen Lesern überlassen konnte, während er in der Moderne zu einer den literarischen Gehalt dieses Textes ausmachenden Gestalt avancierte. Umgekehrt kann ein *wissenschaftlicher* Autor heutzutage hinter der Aussagekraft seiner Argumente und seiner Experimente zurücktreten, während die Autor-Autorität eines Kirchenvaters im Mittelalter selbst als Garant der Wahrheit galt und also Teil der Evidenzerstellung eines Textes war.[1]

Im Vergleich etwa mit der Kunstgeschichte tritt mit der Akzeptanz des „Todes" des Autors allerdings auch eine Eigenart der Literatur und ihrer Wissenschaften zutage, die teilweise mit ihrer spezifischen, vergleichsweise entkörperlichten Medialität zu erklären ist – und teilweise vielleicht auch aus dem Faktum, dass die Kommentarpraxis der Bibel und autoritativer theologischer Texte eine Art Vorläuferin der Literaturwissenschaften war. Leichter als bei anderen kulturellen Artefakten lässt sich der Urheber eines Textes als ein „Geist" bestimmen: Insofern jeder niedergeschriebene Text sich schon immer abschreiben, seit der Renaissance sogar drucken und inzwischen auf verschiedene Weisen digitalisieren lässt, ist er weitgehend unabhängig vom verkörperten handwerklichen Geschick, und er trägt weniger Spuren eines Körpers in sich. Gewiss hat sich dieser Unterschied zu den bildenden Künsten seit der Fotografie und mehr noch seit der Digitalisierbarkeit von Bildern nivelliert. Doch zeugt der Begriff des Künstlers oder Artisten (etymologisch also eines Handwerkers) einerseits und des Autors (also eines autoritativen Geistes) andererseits noch von einer unterschiedlichen Tradition. Beschäftigt sich die Kunstgeschichte etwa mit dem Pinselstrich, der Farbmischung, dem Umgang mit den Farbschichten auf der Leinwand, der charakteristischen Modellierung von Details, dann zählt hier durchaus auch das *körperliche* Können. Entsprechend dürfte es schwerfallen, Michelangelo *allein* zur semiotischen *Funktion* der *Pietà di Ronda-*

nini zu erklären: Die Skulptur ist auch ein Index seines Körpers und nicht allein seines Geistes. Einem Autor indes wird eher ein geistiges Können unterstellt, und so erklärt sich, dass es in der Literaturwissenschaft leichter und anerkannter ist, Goethe als Autorfunktion des *Werther* und Platon als Autorfunktion des *Phaidon* zu untersuchen. Dennoch zeigt gerade die Frage nach der Evidenz, dass der „Tod des Autors" sich schwerer gestaltet als angenommen. Wie oben gesehen, neigt die metaphorische Sprache der Literaturwissenschaft dazu, Texte zu anthropomorphisieren: sie inszenieren, darstellen, Strategien verfolgen zu lassen. Der Geist des Autors ist aus den Literaturwissenschaften also noch nicht verschwunden: Er bespukt ihre Evidenzerstellung – und so ist auch schon (eher aus Verlegenheit als aus besserer und neuerer Einsicht) seine Wiederauferstehung gefeiert worden. Angesichts der in den Kognitionswissenschaften immer gewichtiger werdenden Frage nach der Verkörperung wird dieser Geist vermutlich ein Irrlicht bleiben, solange man ihm nicht einen Körper rückerstattet. Trotz eines „body turn" und eines „performative turn" ist dies bislang nur rudimentär geschehen.

Anmerkungen

1   Ironischerweise ist gerade Foucault selbst im wissenschaftlichen Diskurs zu einer Autorität geworden, mit der bisweilen verfahren wird wie mit einer mittelalterlichen Autorität.

Literatur

A. Badiou, Que pense le poème?, in: L'art est-il une connaissance?, Paris 1993, S. 214–224.

R. Barthes, La mort de l'Auteur, in: Le bruissement de la langue, Paris 1984, S. 61–67.

P. de Man, Allegories of Reading. Figural Language in Rousseau, Nietzsche, Rilke, and Proust, Yale 1982.

U. Eco, Sei passeggiate nei boschi narrativi, Mailand 1994.

L. Fleck, Entstehung und Entwicklung einer wissenschaftlichen Tatsache. Einführung in die Lehre vom Denkstil und Denkkollektiv, Frankfurt/M. 1994.

M. Foucault, Qu'est-ce qu'un auteur?, in: Bulletin de la Société française de Philosophie, LXIV, 1969, S. 75–104.

Ders., L'Archéologie du savoir, Paris 1969.

H.-G. Gadamer, Wahrheit und Methode, Tübingen 1960.

H. U. Gumbrecht, The Powers of Philology: Dynamics of Textual Scholarship Champaign (IL) 2003.

F. Kittler, Grammophon – Film – Typewriter, Berlin 1986.

Christian Fleischhack
Institut für Mathematik
Universität Paderborn

Mathematik

Mathematik

von Christian Fleischhack

Zusammenfassung

Mathematik ist eine Glaubensfrage.

Einleitung

> *Gott existiert,*
> *weil die Mathematik konsistent ist.*
> *Und der Teufel existiert,*
> *weil wir es nicht beweisen können.*
>
> André Weil (1906–1998)

Thesen in der Mathematik sind Aussagen, die wahr sind. Die Entscheidung, ob eine Aussage wahr oder falsch ist, wird mithilfe von Beweisen getroffen. Das heißt, wahre Aussagen werden schrittweise aus bereits als wahr bewiesenen Aussagen oder als wahr angenommenen Axiomen abgeleitet. Falsche Aussagen sind Aussagen, deren Negation wahr ist. Hypothesen sind Aussagen, deren Wahrheitsgehalt noch nicht bekannt ist, wenngleich erwartet wird, dass sie wahr sind; sie sind oft besonders wichtig für die Entwicklung der Mathematik.

Allerdings gibt es prinzipielle Grenzen der Beweisbarkeit von Aussagen ebenso wie für die Entscheidbarkeit ihres Wahrheitsgehalts, ja gar die Definierbarkeit des Wahrheitsbegriffs selbst. Im Alltag fast aller mathematischen Bereiche spielen diese – trotz ihrer fundamentalen Bedeutung für die Mathematik – eine untergeordnete Rolle, sodass erst zum Schluss kurz auf sie eingegangen wird.

Werden in der Disziplin Thesen oder Behauptungen aufgestellt? Werden Thesen immer aufgestellt?

Thesen sind der Kern der Mathematik – Thesen werden praktisch immer aufgestellt. Es mag ganz wenige Ausnahmen geben, in denen beispielsweise ein Algorithmus angegeben wird. Dennoch wird auch in solchen Abhandlungen eine Information darüber erwartet, dass und wie dieser ein gewisses Problem löst oder welche Eigenschaften seine Ergebnisse in Abhängigkeit von den anfänglichen Annahmen haben (was wiederum jeweils als These formuliert werden könnte). Auch bei Übersichtsartikeln und selbst bei vielen populärwissenschaftlichen Darstellungen werden Thesen formuliert.

Dennoch wird in der Mathematik selten der Begriff der These selbst verwendet. Unter einer **These** ist in der Mathematik eine (syntaktische) Aussage zu verstehen, die (in der Semantik) interpretiert, also zum Beispiel in der Aussagenlogik mit einem sogenannten Wahrheitswert (im Falle der These mit dem Wert „wahr") verbunden wird. Eine Aussage wird oft in Form einer Implikation („Unter der Annahme, dass ... gilt, gilt ...") geschrieben. Formal ist eine **Aussage** eine gemäß der mathematischen Syntax „korrekt gebildete" Zeichenkette. Beispielsweise ist

Ist p eine ungerade natürliche Zahl, so ist p eine Primzahl.

eine korrekt gebildete Aussage. Dennoch ist sie falsch – das heißt, ihre Negation ist wahr –, wie man mithilfe eines **Beweises** feststellt.

Eine These gilt jeweils in einem gewissen Axiomensystem, welches jedoch in den allermeisten Fällen nicht weiter spezifiziert ist, sondern als allgemein bekannt sowie wahr vorausgesetzt wird. In der Tat besteht weitgehende Einigkeit über das derzeitig verwendete Axiomensystem.[1] Allerdings ist die Wahl dieser **Axiome** das Ergebnis eines jahrhundertelangen Erkenntnisprozesses. Es hat sich einfach als sinnvoll und zweckmäßig erwiesen, die Mathematik nicht mehr auf Euklids Parallelenaxiom zu gründen, sondern beispielsweise auf die Axiome der Aussagenlogik. Es kann jedoch nicht vorausgesetzt werden, dass die heute verwendeten Axiome auch in aller Zukunft der jeweils zeitgenössischen Mathematik zugrundeliegen werden.

Stellt sich aber einmal heraus, dass eine früher (bei gleichen Axiomen) aufgestellte These doch nicht korrekt ist, zum Beispiel weil ein Gegenbeispiel gefunden wurde, so liegt dies nicht daran, dass es einen Paradigmenwechsel in der Mathematik gegeben hat, sondern einfach daran, dass der Autor sich geirrt und einen Fehler in der ursprünglichen Beweisführung gemacht hatte. Es gilt deshalb bekanntermaßen: Mathematik wird nicht alt, sondern klassisch. Insbesondere werden mathematische Aussagen also nicht falsch, wenn neue, andere Thesen aufgestellt werden. Sind sie heute falsch, so waren sie es schon früher; sind sie heute richtig, so waren sie es schon damals.

Thesen und Beweise bilden in der mathematischen Praxis jedoch fast nie Anfang und Ende. Für die Mathematik und ihre Entwicklung häufig wichtiger sind die verschlungenen Pfade, die zu ihnen führen und von ihnen ausgehen.

Wegweiser und Keimzelle sind zuallererst **Definitionen**. In diesen Abgrenzungen verbergen sich immer wieder die tiefsten Erkenntnisse. Definitionen sind die Begriffe, auf deren Grundlage sich Thesen überhaupt erst sinnvoll formulieren lassen. Sie haben in zweifacher Hinsicht Bedeutung: Zunächst können mit ihrer Hilfe die für ein Problem relevanten Eigenschaften herausgearbeitet werden. Mehr aber noch erlauben sie es – zum Beispiel durch Verallgemeinerungen –, das Problem auf eine andere Ebene zu heben und so sein inneres Wesen zu verstehen. Von dieser höheren Warte aus erscheint plötzlich alles viel klarer und übersichtlicher. Die Geschichte der Mathematik ist voll von Beispielen[2], in denen die notwendigen Argumentationen, ja selbst Rechnungen bereits bekannt waren, doch sich erst später offenbarte, wie der „richtige Rahmen" aussieht: Die Theorie kulminierte, als sich der zentrale Begriff herauskristallisierte.

Weitere wichtige Richtungsanzeiger sind **Hypothesen**, also Aussagen, deren Wahrheitsgehalt noch nicht bekannt ist (oder lange Zeit nicht bekannt war). Berühmte Beispiele sind der Große Satz von Fermat oder die Riemannsche Vermutung. Aus ihnen entwickelten sich ganze neue Teilgebiete der Mathematik – sei es auf der Suche nach der Lösung des Problems, sei es durch Ableiten von Resultaten unter der Voraussetzung, dass die jeweilige Hypothese zutrifft. Gerade Letzteres birgt freilich die Gefahr, dass im Falle einer falschen Hypothese der Wahrheitswert aller nicht ohne diese Hypothese abgeleiteten Aussagen unbekannt bleibt (wenngleich es weiterhin möglich ist, dass sie wahr sind).

Schließlich gibt es sehr **vage** formulierte **Ideen**, die erst noch zu Aussagen (also zum Beispiel Hypothesen) führen sollen, zugleich aber Entwicklungsrichtungen aufzeigen.[3] Einige Mathematiker haben sogar die Einführung einer „Theoretischen Mathematik" gefordert, in der wild drauflosspekuliert werden soll. So könne ein Vorrat an Hypothesen für die „strenge" Mathematik geliefert werden, die diese doch beweisen möge. Solange Spekulation und Beweis sauber getrennt werden, ist dagegen nichts einzuwenden. Anderenfalls bestünde jedoch die Gefahr, dass sich das Gebäude „Mathematik" einer seiner unglaublichen Stärken beraubte: der Verlässlichkeit seiner Architektur. (Vgl. Hilgert 1995)

Wie wird in der Disziplin eine These oder Behauptung gestützt?

Thesen werden durch Beweise gestützt.

Soweit die Theorie. Praktisch wird eine These vor allem im mathematischen Diskurs gestützt.

Wie verläuft der Kommunikationsprozess?

Im Wesentlichen gibt es drei Arten des Kommunikationsprozesses:

Buch, Artikel	schriftlich
Vortrag	mündlich und schriftlich
Gespräch, Diskussion, Kaffeepause	mündlich; vereinzelt schriftlich (Servietten …)

Während die Relevanz für die externe, abstrakte bzw. unpersönliche Bewertung der wissenschaftlichen Leistung von oben nach unten abnimmt, so nimmt sie in Bezug auf die personengebundene Bewertung sowie auf das eigene Verständnis von oben nach unten zu; insbesondere das direkte Gespräch ist wichtig. Zugleich werden in Gesprächen die Ideen, die hinter den Thesen stehen bzw. zu ihnen führen und führten, stärker in den Vordergrund gerückt.

Buch, Artikel

Diese Form gilt als reine Form der Mathematik. Dennoch ist auch hier nahezu nie eine vollständige Ableitung aller Aussagen aus Axiomen oder anderen wahren Aussagen zu finden. Im Allgemeinen erfolgt hier eine Vermittlung, die konsensual als hinreichend für die Belegung von Aussagen angesehen wird. Dies führt meist dazu, dass nicht alle Grundannahmen genannt, nicht das gesamte verwendete Allgemeinwissen angegeben und nicht alle Beweisschritte geführt werden. Diese werden als implizit bekannt bzw. als im Zweifel vom Leser selbst findbar vorausgesetzt. Würde man alle „kleinen" Schritte aufschreiben und begründen, würde der Text unlesbar, vor allem viel zu lang werden. Stattdessen wird stillschweigend auf Intuition und Erfahrung, Vorwissen und Übung des Lesers zurückgegriffen. Dies führt häufig dazu, dass für einen auf einem anderen Gebiet spezialisierten Mathematiker solche Artikel komplett unverständlich sind – für Nichtmathematiker ohnehin. Es fehlen einfach Sprache, Begriffe, Schlussweisen. So hängt es nicht zuletzt vom Leser selbst ab, inwieweit er die Thesen als belegt betrachtet. Autoren müssen sich dessen bewusst sein und dafür Sorge tragen, dass die von ihnen ausgewählte grobe Argumentationsfolge für den von ihnen vorgesehenen Adressatenkreis verständlich und nachvollziehbar ist.

Allgemein werden an den Stil der Bücher und Artikel jedoch kaum explizite Forderungen gestellt. Meist sind dies lediglich Vorgaben des Verlages zu Seiten- oder Wörterzahlen (Letzteres vor allem bei *abstracts*) oder Angaben zum mathematischen Teilgebiet, dem der Text entstammen solle. Ansonsten wird stillschweigend angenommen, dass der Text den üblichen mathematischen Gepflogenheiten entspricht. Diese erfordern zwar prinzipiell eine lückenlose Beweisführung, verzichten zugleich aber pragmatisch darauf; anderenfalls dürften per se nichtssagende Argumente à la „Durch direktes Nachprüfen erhält man ..." nicht akzeptiert werden.[4]

Zu prüfen, ob die dargelegten Begründungen als stichhaltig angesehen werden können (und ob der Text zum Niveau der Zeitschrift passt), ist die zentrale Aufgabe der *referees* im Begutachtungsprozess, den alle Bücher und Artikel üblicherweise durchlaufen. Ein oder mehrere zugleich möglichst fachkundige wie vom Autor unabhängige Mathematiker sind bisweilen mehr als ein Jahr damit beschäftigt, eine einzige Veröffentlichung zu prüfen. Dazu kann auch gehören, diejenigen Aussagen selbst zu beweisen (man sollte vielleicht besser sagen, mit seinem eigenen mathematischen Weltbild in Einklang zu bringen), die der Autor als „offensichtlich" zutreffend beschrieben hat.

Vortrag
Ziel eines Vortrags sollte es sein, den Zuhörern in möglichst kurzer Zeit die wesentlichen Thesen und Beweisideen zu vermitteln. Der Beweisidee kommt dabei eine enorme Wichtigkeit zu – noch mehr als bei Büchern und Artikeln. Erfahrungsgemäß glauben Mathematiker eine Aussage (das heißt deren Wahrheit) viel leichter – sie sehen sie also als im Sinne eines *working knowledge* belegt an –, wenn sie die entsprechende Beweisidee ver-

standen haben: Wo wird diese Idee ebenfalls verwendet? Habe ich sie schon einmal gesehen? Wird mir eine vereinfachte Situation vorgeführt, in der mir die Schlussweise bekannt und klar ist und in der ich erkenne, dass ich nur einen Teil der dortigen Annahmen tatsächlich zur Ableitung benötige? Entscheidend beim Vortrag sind die didaktischen Fähigkeiten des Autors, sich auf den Erfahrungsschatz des Publikums optimal einzustellen. Findet er beispielsweise das typische, also einfachste nichttriviale Beispiel?

Jeder Mathematiker dürfte im Laufe seiner mathematischen Arbeit ein mehr oder weniger gut ausgeprägtes Gespür dafür entwickelt haben, wann eine Begründung ihm als Beleg ausreicht. Beruhigend wirkt dabei wahrscheinlich auch die Sicherheit, prinzipiell die Sache hieb- und stichfest nachprüfen zu können, wenn er sich nur die Mühe machte. Insofern ist also die Ausprägung eines Gespürs als pragmatische Arbeitserleichterung zu verstehen, die zugleich jedoch den eigenen Erkenntnisgewinn erst in großem Umfang möglich macht. Dennoch hört man oft: „Das muss ich mir noch mal genau angucken." oder „In welchem Artikel kann ich das nachlesen?"; gemeint ist hiermit: „Wo kann ich die ‚genaue', für meinen Hintergrund hinreichend ausführliche Beweisführung finden?"

Gespräch, Diskussion, Kaffeepause

Für Diskussionen gelten ähnliche Prinzipien wie für Vorträge, allerdings haben Diskussionen den Vorteil, dass hier viel gezielter rückgefragt werden kann. Der Fragende weiß zumeist selbst am besten, an welcher Stelle des präsentierten Beweises ihm das implizite Wissen fehlt. Und so fällt bei keiner anderen Kommunikationsform das Wort „Glaube" häufiger; sei es in der Form „Das glaube ich nicht." oder aber als „Das glaube ich; das musst du nicht beweisen. Mach einfach weiter!"

Durch welche Daten und Belege werden Thesen gestützt?

Als Beleg für die Wahrheit der in der These formulierten Aussage werden Beweise verwendet.[5] Am Beginn steht – im Prinzip – die Wahl eines Axiomensystems, vulgo einer gewissen Menge von Aussagen, die als wahr angenommen werden. Hierbei ist es nicht notwendig, dass diese Axiome irgendeinen Bezug zur „Realität" haben. Des Weiteren gibt es Ableitungsregeln; also Regeln, um aus Thesen andere Thesen zu bilden. Gelten die Ausgangsthesen, so auch die gefolgerte These. Erhält man nun die gesuchte These mittels einer sukzessiven Ableitung aus bereits bewiesenen Thesen oder direkt aus den Axiomen, so ist sie wahr, mithin belegt.

Ein Spezialfall sind computergenerierte Beweise. Es gibt Thesen, die auf eine endliche, wenngleich sehr große Menge von Aussagen zurückführbar sind. Das heißt, dass die These gilt, sobald jede dieser Aussagen wahr ist. Aufgrund der schieren Zahl dieser Aussagen ist es Menschen nicht möglich, den Beweis zu führen, auch wenn jede der einzelnen Aussagen „prinzipiell" (also durch den Menschen) beweisbar ist. Hier wird dann versucht, diese Fälle mithilfe von Computerrechnungen zu überprüfen. Dazu muss man beweisen, dass der diesen Rechnungen zugrundeliegende Algorithmus als Ergebnis zwangsläufig genau den Wahrheitswert der jeweiligen Aussage liefert. Auf diese Art wurde beispielsweise das Vier-Farben-Problem bewiesen. Es gibt Mathematiker, die derartige Beweise nicht akzeptieren.

Daten gibt es in der Mathematik (bislang) kaum. Insbesondere in der angewandten Mathematik werden allerdings zunehmend Computer eingesetzt, deren Ergebnisse (d. h. Daten) für die Begründung von Thesen herangezogen werden, ohne dass es sich um computergestützte Beweise im obigen Sinne handelt. Eher haben diese den Charakter einer Reihe von Beispielen. Die Bewertung dieser derart „begründeten" Thesen ist jedoch zweifelhaft; im strengen Sinne handelt es sich nicht um mathematische Beweise, sodass die Thesen als mathematisch nicht bewiesen gelten müssen. Dies steht dabei nicht im Widerspruch zu der Tatsache, dass solcherlei Ergebnisse in anderen Wissenschaften, wie zum Beispiel der computergestützten theoretischen Physik, als Belege zulässig sind.

Welche Beziehung muss zwischen Daten und Belegen bestehen? Woher weißt Du, dass die Daten und Belege ausreichend sind?

Belege[6], also die Ableitungen in Form von Beweisen, sind ausreichend, falls sie die These auf andere Aussagen zurückführen, von denen wir wissen, dass sie wahr sind.[7]

Um es noch einmal zu betonen: Hierfür ist es unabdingbar, dass die verwendeten anderen Aussagen auch tatsächlich wahr sind. Veröffentlichte und als wahr behauptete Ergebnisse müssen also belegt sein, da ein falscher Stein im Extremfall das mathematische Haus – zumindest in den darüberliegenden Etagen – zu einer Ruine werden ließe. Vertrauen ist in der Mathematik essentiell.

Zugleich sollte man sich immer wieder vor Augen halten, dass diese stets so hoch gehaltene „Reinheit" der Mathematik im täglichen Arbeiten stark in den Hintergrund gedrängt ist. Selbst in Artikeln wird nur in absoluten Ausnahmefällen wirklich eine lückenlose Ableitung, also ein lückenloser Beweis und damit ein tatsächlicher Nachweis präsentiert, obwohl dies mathematisch eigentlich zwingend erforderlich ist. Dies führt dazu, dass man sich meist der Intuition bzw. Erfahrung mit „ähnlich gelagerten Fällen" bedient, um für sich selbst zu entscheiden, ob man die These für belegt hält oder nicht. Eine Argumentationskette wird letztlich als vollständig, das heißt pragmatisch als Beweis angesehen, wenn sie „einen Leser mit hinreichenden Kenntnissen in die Lage [versetzt], interne Modelle zu entwickeln, aus denen er einen Beweis des angegebenen Sachverhalts produzieren kann, wenn er willens ist, sich ein bißchen zu plagen." (Hilgert 1995) Unter Spezialisten besteht oft eine verblüffende Einigkeit darüber, ob eine Argumentation vollständig ist (vgl. Hilgert 1995), wobei dem Verfasser dieser Zeilen nicht klar ist, inwieweit diese kohärenten Entscheidungen aufgrund kohärenter interner Modelle entstehen.

Was jedoch bedeutet es für eine Disziplin, wenn man zwar theoretisch Wahrheit nachprüfen kann, dies aber praktisch unmöglich ist? Wahrheitsfindung wird zu einem „diskursiven Überzeugungsprozess" (Randow 2008). Und damit spielen außermathematische, soziale Einflüsse eine wichtige Rolle. Nicht nur, wie bereits erwähnt, bei der Beurteilung der Wichtigkeit, sondern auch bei der Einschätzung der Richtigkeit von Aussagen, Beweisen, Ideen sind somit Ansehen der Wertenden und der Bewerteten von großer Bedeutung. Erst auf längere Sicht kann davon ausgegangen werden, dass sich die Wahrheit schon herauskristallisieren wird. (Vgl. Randow 2008)

Abschließend sei bemerkt, dass es in der Regel nicht möglich ist, eine Aussage selbst als für den Beleg einer anderen These notwendig zu charakterisieren.[8] Zur „Wahrheitsfindung" können sämtliche Argumente herangezogen werden, die letztlich zu einer logisch lückenlosen Ableitung der These aus einem Axiomensystem führen. Damit ist prinzipiell kein einziges Argument der Mathematik ausgeschlossen; man setze es zum Beispiel in eine Tautologie ein und füge diese über eine UND-Verknüpfung in den Beweis ein. Es wird allgemein als eine Frage der „Schönheit" angesehen, *wie* ein Beweis aufgebaut ist. Eine implizite Relevanzbeziehung ergibt sich lediglich pragmatisch, indem „erfahrungsgemäß" differentialgeometrische Aussagen häufiger zum Beweis anderer differentialgeometrischer Aussagen herangezogen werden als beispielsweise stochastische. Allerdings ist „Schönheit" oft gerade dann gegeben, wenn gebietsfremde Ideen beim Beweis eine Rolle spielen.

Wie unterscheiden sich Kommunikations- und Erzeugungsprozess?

Thesen	• zu belegen erfordert Deduktion.
	• zu gewinnen erfordert meist Induktion.
	• zu kommunizieren erfordert beides.

Die mathematische Wissenschaft kennt zwei Schlussweisen: Deduktion und Induktion. Induktion ist als Beweismethode jedoch nur anerkannt, wenn sie in irgendeiner Form vollständig ist (denn dann kann sie zur Deduktion herangezogen werden). Dennoch ist Induktion vor allem für die Gewinnung von mathematischen Erkenntnissen wichtig, die zumeist über die (gegebenenfalls sogar Jahrhunderte dauernden) Stufen

Beispiel(e) →	vermutete These (= vermutlich wahre Aussage)
→	Suche nach (deduktivem) Beweis
→	Beweis oder Gegenbeispiel (evtl. Unentscheidbarkeit)

erfolgt. Das geistige Auge selbst kann unkonkrete Beispiele liefern, Anschauungen, die sich kaum fassen lassen, aber dennoch in Thesen münden. Häufig findet man bei der Suche nach der These bzw. deren Beweis neue Beispiele, die wieder zu neuen Thesen führen können, sodass der mathematische Erkenntnisprozess immer wieder aufs Neue angeregt wird.

Das eigentlich Kreative an der Mathematik ist sicher der erste Schritt, auch wenn man bisweilen Mathematiker, mehr aber noch Nichtmathematiker anderes behaupten hört. Dieser fundamentale, erste Schritt im Erzeugungsprozess wird jedoch im Kommunikationsprozess, ganz besonders bei Vorträgen auf Konferenzen, extrem reduziert; oft wird er sogar vollständig ausgeblendet. Selbst der zweite Schritt ist nur selten Gegenstand von Vorträgen oder Artikeln.

Möglicherweise wird auch deshalb nur eingeschränkt über diese Erfahrungen berichtet, da man sie als eine Art Patent beschreiben kann, mit dem man auch bei anderen Problemen wuchern und damit einen Wissensvorsprung behalten kann. Das Heureka-Erlebnis stellt sich jedoch gerade an diesen zwei Stellen ein: beim Erahnen der den Beispielen zugrundeliegenden These sowie beim Finden des Beweises. Idealerweise spiegelt sich dies auch in der Kommunikation wider, wenngleich andere Vorkenntnisse dieses Erlebnis verschieben können. Die zentrale Frage jedoch bleibt: „Was ist der Witz am Beweis?"

Um sowohl die Thesen als auch deren Begründung, Verständnis und Wichtigkeit zu vermitteln, haben sich vor allem in der schriftlichen, aber auch in der mündlichen Kommunikation mit einem größeren, eher unbekannten Publikum gewisse Standards eingespielt. Insbesondere mathematische **Artikel** und **Bücher** haben häufig einen ähnlichen Aufbau. Zentrale Bestandteile sind:

- **Definitionen**
  Hier werden Begriffe eingeführt, die für festgelegte Eigenschaften eines Objekts stehen. Zum Beispiel:

  Definition 1   Eine natürliche Zahl n heißt **fantastisch** genau dann, wenn n durch 23 und durch 4 teilbar ist.

  Hierbei wird also eine neue Eigenschaft durch andere Eigenschaften beschrieben, die wiederum bereits zuvor beschrieben worden sind (in der Praxis jedoch häufig als allgemein bekannt vorausgesetzt werden). So zum Beispiel verwendet diese Definition neben den Grundstrukturen der Logik die Definition der natürlichen Zahlen, die Definition der Zahlen 23 und 4 sowie die Definition der Teilbarkeit natürlicher Zahlen. Auf diese Art kann jede Definition sukzessive bis zu den jeweils verwendeten Axiomen zurückgeführt werden.
  Sinn und Zweck von Definitionen sind vor allem Arbeitserleichterung und Blickschärfung: Anstatt jedes Mal die Voraussetzungen explizit aufzulisten, reicht es nun beispielsweise, zu fordern, dass n fantastisch ist; andererseits beschränken Definitionen, also Grenzsetzungen, die Untersuchungen auf das Wesentliche und lassen so erst den Kern einer Aussage klarwerden. Idealerweise stehen Definitionen – in der Kommunikation aus didaktischen Gründen, oft aber auch naturgemäß in der Erzeugung – am Ende; stellte sich beispielsweise heraus, dass für eine Vielzahl von Aussagen über natürliche Zahlen deren Teilbarkeit durch 23 und 4 von entscheidender Bedeutung ist, so böte es sich geradezu an, diesen Zahlen per definitionem eine eigene Bezeichnung zu geben. Erst durch Begriffsbildung tritt offen zutage, in welchen Rahmen ein Problem wirklich einzubetten ist.
  Größere Schwierigkeiten im Alltag bereiten allerdings die bisweilen zwischen verschiedenen Autoren divergierenden Definitionen für identi-

sche Begriffe, die zu scheinbar widersprüchlichen Behauptungen führen können.

- **Lemma, Satz, Hauptsatz, Theorem, Folgerung, Korollar**
  Aus beweistheoretischer Sicht stehen alle diese Begriffe für das Gleiche: Sie bezeichnen eine Aussage, die wahr ist. Sie stehen also für Thesen. Deren Zutreffen zu belegen ist dann Aufgabe eines Beweises. Beispiele für derartige Thesen sind:

Theorem 1   Eine natürliche Zahl ist fantastisch genau dann, wenn sie durch 92 teilbar ist.

Folgerung 2   Jede natürliche Zahl, die durch 181.700 teilbar ist, ist fantastisch.

Sowohl das Theorem als auch die Folgerung sind wahre Aussagen, also mathematisch völlig gleichberechtigt. Dennoch werden sie mit unterschiedlichen Bezeichnungen versehen. Diese reflektieren des Autors Einschätzung ihrer Wichtigkeit (eine Kategorie, die an sich nicht wohldefiniert ist) und dienen der Gliederung bzw. Lesbarkeit des Artikels. Die zentralen Aussagen werden in der Regel Theoreme oder Hauptsätze genannt, wichtige heißen Sätze und eher kleinere Lemmata.[9] Dennoch kann sich der „Witz" des Beweises eines Theorems bereits im Beweis eines Lemmas befinden, das im Beweis des Theorems verwendet wird.

- **Beweis**
  In diesem Abschnitt wird die idealerweise vollständige Begründung einer zumeist in einem Theorem, Lemma o. ä. aufgestellten These dargelegt. Theoretisch ist ein Beweis eine endliche Folge von elementaren logischen Schlussfolgerungen, die aus der Gültigkeit der Voraussetzungen sukzessive und zwingend die Gültigkeit der Behauptung ableitet. Praktisch werden hierbei jedoch oft nur die wichtigsten Schritte angelegt. Impliziert wird, dass sich der Leser die restlichen Schritte aufgrund seines Erfahrungsschatzes hinzudenkt. Dies gelingt allerdings nicht immer, bisweilen stellt es sich sogar heraus, dass ein solches Hinzudenken schlicht unmöglich ist, da die Behauptung falsch ist. Sie wurde also vom Autor nicht hinreichend nachgeprüft, folglich nicht bewiesen. Grund hierfür kann gewesen sein, dass sein internes Modell doch nicht alle wesentlichen Facetten des Problems umfasste.

- **Hypothese, Vermutung**

  Aussagen, deren Wahrheitswert dem Autor nicht bekannt ist, deren Richtigkeit ihm jedoch – zum Beispiel aufgrund von Beispielen oder des „eigenen Gefühls" – plausibel erscheint, werden Hypothesen oder auch Vermutungen genannt.

  Selbstredend gibt es gravierende Unterschiede in der Bedeutung von Hypothesen. Der Versuch, Vermutungen zu beweisen, hat die Entwicklung der Mathematik immer wieder vorangetrieben; auch weil aus ihrer Gültigkeit häufig viele andere Thesen folgen. Aber im Grunde existieren Hypothesen wie Sand am Meer. Die zentrale Frage ist daher, ob der Autor einen neuralgischen Punkt getroffen hat, ob sich hier verschiedene Linien auf wundersame Weise kreuzen. Es erfordert große Weitsicht und Erfahrung, zu erkennen, ob es sich bei einer Vermutung um die Keimzelle für eine neue Theorie handelt, ja ob es sich lohnt, dort weiterzubohren, wo selbst bedeutende Mathematiker kein Land sahen.

- **Bemerkung, Beispiel**

  Hier werden in der Regel Aussagen untergebracht, die dem Autor für den rein logischen Aufbau nicht so wesentlich erscheinen. Dennoch können sie für das Verständnis des Artikels sehr hilfreich, ja entscheidend sein. Häufig gelingt es dem Leser erst mit ihrer Hilfe, die vermittelten sehr abstrakten mathematischen Strukturen mit seiner eigenen Erfahrung in Einklang zu bringen und sich dadurch von der Richtigkeit der präsentierten Argumente überzeugen zu lassen.

  Eine besondere Stellung nehmen Standardbeispiele ein. Eine Behauptung, die für alle Dimensionen, vielleicht sogar für den unendlichdimensionalen Fall gilt, kann so im zweidimensionalen Fall nachgeprüft werden – explizit oder ganz einfach mit einer suggestiven Skizze. Auch kann man hier mit den Voraussetzungen leichter „spielen": Warum gilt die Aussage für stetige Funktionen, für unstetige im Allgemeinen aber nicht?

  Im weitesten Sinne unter „Bemerkungen" fallen schließlich Teile wie Einleitungen, Motivationen oder Ausblicke, die neben und zwischen den mathematischen Kernbestandteilen Definition, Satz, Beweis stehen und den Text sowohl auflockern als auch verständlicher machen sollen.

Mathematische **Vorträge** weisen ähnliche Strukturen auf, wobei allerdings, wie bereits oben angesprochen, das Gewicht auf der Präsentation der Thesen, also der Theoreme und Sätze, liegt. Vor allem geht diese Verschiebung zulasten der Beweise, die – wenn überhaupt – nur in groben Zügen bzw. als

Ideen präsentiert werden. Zentrale Bedeutung erhalten damit die Beispiele. Mit ihrer Hilfe erzeugt man beim Zuhörer das Gefühl, die allgemeine These verstanden zu haben. Dieser wird dem Vortragenden dann viel eher glauben, dass er die These auch wirklich lückenlos bewiesen hat.

Eine spezielle Art von Vorträgen sind **Vorlesungen**. In ihnen nehmen Studenten – oft leider zum ersten Male – Kontakt mit Mathematik auf, die über das bloße Rechnen und Abspulen von Standardroutinen hinausgeht. Während es bei Vorträgen meist darum geht, bei den Zuhörern eine innere Anschauung für ein spezielles Problem zu erzeugen, müssen Studenten erst einmal lernen, überhaupt ein eigenes geistiges Auge und erste interne Modelle zu entwickeln, und dazu noch das Prinzip des mathematischen Schließens mit den drei Eckpfeilern Axiome, Thesen und Beweise verinnerlichen. Inwieweit dies gelingt, ist der beste Gradmesser für die Qualität einer Vorlesung und damit für die didaktischen Fähigkeiten des Vorlesenden. Erfahrungsgemäß ist für Lehren und Lernen gerade das einfachste nichttriviale Beispiel von ganz entscheidender Bedeutung. Mehr noch als Fachvorträge müssen Vorlesungen das Auditorium motivieren, sich selbst aktiv mit Mathematik auch über die Lehrveranstaltung hinaus zu beschäftigen, vor allem durch Auseinandersetzung mit Übungsaufgaben. Denn nur auf diese Weise können Studenten ein Gefühl für die Mathematik gewinnen und so zu Mathematikern werden.

Zentraler Unterschied zwischen dem Erzeugungs- und dem Kommunikationsprozess ist die Sprache, deren sich die Mathematiker jeweils bedienen. Während die Kommunikation sprachlich verhältnismäßig standardisiert ist, denkt, ja „lebt" ein Mathematiker oft in einer eigenen Welt. Gerade die Kreativität beim Erzeugen, genauer Vermuten von Thesen entsteht immer wieder durch die Bilder vor dem eigenen geistigen Auge, das viele Mathematiker im Laufe ihres Lebens entwickelt haben. Es ist auch deshalb nicht selten unmöglich, anderen Mathematikern zu erklären, wie man auf eine Idee gekommen ist und mehr noch wieso man so schnell davon überzeugt war, dass die eigene These stimmen müsse. Trotz allen Unterschieden stehen Kommunikations- und Erzeugungssprache jedoch in einem sehr fruchtbaren Austausch. Ständig muss das geistige Bild zu weiten Teilen in die Universalsprache und wieder zurück übersetzt werden, denn nur so ist eine Verständigung über die eigenen Vorstellungen möglich. Auf diese Weise muss man aber nicht nur permanent über das eigene Problem, die eigene These nachdenken, sondern vor allem auch die eigene Sprache anpassen, sodass im Idealfall immer wieder neue Ideen entstehen. Letztlich generiert Kommunikation, sobald sie nicht nur unidirektional mit gedruckter Mathematik, sondern mit anderen Wissenschaftlern stattfindet, einen Erzeugungsprozess beim jeweiligen Gegenüber.

Schlussbemerkung: Schönheit, Moden und Bedeutung

„Schönheit höre ich Sie da fragen; entfliehen nicht die Grazien, wo Integrale ihre Hälse recken, kann etwas schön sein, wo dem Autor auch zur kleinsten äusseren Ausschmückung die Zeit fehlt? – Doch –; gerade durch diese Einfachheit, durch diese Unentbehrlichkeit jedes Wortes, jedes Buchstaben, jedes Strichelchens kömmt der Mathematiker unter allen Künstlern dem Weltenschöpfer am nächsten; sie begründet eine Erhabenheit, die in keiner Kunst ein Gleiches, – Aehnliches höchstens in der symphonischen Musik hat." (Boltzmann 1888)

Mathematik wird nicht von Computern generiert, sondern von Menschen gemacht. Gerade deshalb spielt Ästhetik in der lebendigen, tatsächlichen Mathematik eine zentrale Rolle. Zwar ist Schönheit nicht definierbar, aber für das im wahrsten Sinne des Wortes geübte Auge erkennbar. Das Wissen um sie ist der Erfahrungsschatz der Mathematiker. Die Fragen „Richtig?" und „Wichtig?" können wir im Alltag nicht ohne ihre Hilfe zuverlässig beantworten. Anhaltspunkte bieten Klarheit der Argumentation, Eleganz und Tiefe, Reduktion auf das Wesentliche: Fühle ich mich verloren im Beweis oder sehe ich Anknüpfungspunkte zu erforschten, vielleicht sogar nicht erforschten Gebieten? Ist dies nur der zweiundvierzigste Abklatsch einer immer wiederkehrenden Aussage oder überzeugt mich eine verblüffende Wendung schlagartig von der Korrektheit des Beweises? Anwendbarkeit ist dagegen nur selten ein Kriterium, auch weil angewendete Mathematik häufig zunächst recht einfache Mathematik ist. Bevor sich mathematische Erkenntnisse in anderen Wissenschaften als nützlich erweisen, vergehen oft Jahrzehnte, gar Jahrhunderte. Die spannende Mathematik ist dann schon viel weiter.[10]

Freilich birgt es die Gefahr von Moden in sich, wenn sich zwar die Korrektheit von Sätzen nicht ändert, wohl aber ihre Bedeutung. Und in der Tat gibt es auch in der Mathematik Moden. Vermeidbar sind sie (leider – oder zum Glück) nicht. Denn wie, wenn nicht mit ästhetischen Mitteln, können wir das Bedeutende vom Unbedeutenden scheiden, wo doch aus Sicht der Wahrheit als mathematischen Begriffs alle Thesen gleichwertig sind? (Vgl. Frey 1997)

Anhang

Logische Fundamente der Mathematik

Im Haupttext wurde die Mathematik als ein im Kern kohärentes Gebilde dargestellt und suggeriert, dass jegliche Widersprüchlichkeit auf die Fehlbarkeit des jeweiligen Mathematikers zurückzuführen ist und dass sogar Wahrheit und Beweisbarkeit über alle Zweifel erhabene mathematische Begriffe sind. Die bahnbrechenden Erkenntnisse der Logiker im 20. Jahrhundert zeigen jedoch, dass diese schöne heile Welt der Mathematiker eine Reihe von fundamentalen Problemen außer Acht lässt. Das Ringen um diese Fragen führte auch zu verschiedenen Strömungen in der Mathematik, so vor allem zur logizistischen, zur formalistischen und zur intuitionalistischen.

- Die **intuitionalistische** Mathematik wurde maßgeblich von Luitzen Brouwer geprägt und ging von der Prämisse aus, dass die Mathematik inhaltliche Bedeutung habe und durch eine konstruktive Tätigkeit unseres Verstandes entstehe; Mathematik schließlich sei „identisch mit dem exakten Teil des Denkens" (Heyting 1934). Insbesondere lehnte sie das Axiom *tertium non datur*, also letztlich auch die Methode der *reductio ad absurdum*, des indirekten Beweises, ab. Dies hatte allerdings zur Folge, dass Teile der „klassischen" Mathematik nicht mehr ableitbar sind. Sicher vor allem aus diesem Grunde spielt dieser Zugang in der derzeit „üblichen" Mathematik keine wesentliche Rolle mehr.

- Die **logizistische** Auffassung geht in erster Linie auf Gottlob Frege zurück. Aus einer Reihe „evidenter" Axiome soll mithilfe einer strengen Logik die gesamte Mathematik aufgebaut werden. Während der zweite Punkt sehr erfolgreich zu einer Formalisierung der Mathematik führte, blieb die Frage der Evidenz ein Problem. Insbesondere nachdem erkannt wurde, dass die Russellschen Antinomien in der Mengenlehre nur durch Einführung neuer, nicht mehr „evidenter" Axiome vermieden werden konnten, wurde dieser Zugang kaum noch verfolgt.

- Die **formalistische** Mathematik überwindet diese Probleme, indem sie zwar den formallogischen Aufbau der Mathematik aufrechterhält, Axiome aber nicht mehr als evident voraussetzt. Das ursprünglich von David Hilbert initiierte Programm, die Widerspruchsfreiheit der

Mathematik intrinsisch zu beweisen, scheiterte jedoch. Kurt Gödel bewies 1931, dass jede mathematische Theorie, die über ein „hinreichend reichhaltiges"[11] Axiomensystem verfügt, widersprüchlich oder unvollständig ist. Unvollständigkeit heißt hierbei, dass es stets Aussagen gibt, die zwar wahr sind, die sich aber nicht beweisen, also in endlich vielen Schritten aus den Axiomen ableiten lassen. Dessen ungeachtet hat sich die formalistische Auffassung zusammen mit den grundlegenden Axiomen von Logik und Mengenlehre unter den derzeit aktiven Mathematikern weitgehend durchgesetzt.

Drei wichtige Aussagen

Im Haupttext wurden einige mathematische Aussagen erwähnt, die hier noch kurz erläutert werden sollen.

Großer Satz von Fermat

Theorem 3 Ist n eine natürliche Zahl größer als 2, dann existieren keine positiven natürlichen Zahlen a, b und c, sodass

$$a^n + b^n = c^n$$

gilt.

Diese Behauptung wurde bereits im Jahre 1637 von Pierre de Fermat[12] aufgestellt, jedoch erst 1993/94 von Andrew Wiles und Richard Taylor vollständig bewiesen.

Riemannsche Vermutung

Für jede komplexe Zahl $s \in \mathbb{C}$, deren Realteil größer als 1 ist, definiere

$$\zeta(s) := \sum_{n=1}^{\infty} \frac{1}{n^s} := \frac{1}{1^s} + \frac{1}{2^s} + \frac{1}{3^s} + \frac{1}{4^s} +$$

Mittels analytischer Fortsetzung kann ζ zu einer Funktion auf der gesamten Menge $\mathbb{C}$ der komplexen Zahlen (mit Ausnahme der 1) fortgesetzt werden. ζ ist null für alle negativen geraden Zahlen. Bernhard Riemann konstatierte nun 1859

Vermutung 4 Alle weiteren Nullstellen von ζ haben Realteil $\frac{1}{2}$.

Es ist bis heute nicht bekannt, ob die Vermutung zutrifft oder nicht.

Vier-Farben-Satz

Theorem 5 Es genügen vier Farben, um jede ebene Landkarte derart einzufärben, dass zwei benachbarte Länder nie mit derselben Farbe eingefärbt werden.
Dabei zählen Länder als nicht benachbart, wenn sie nur isolierte gemeinsame Grenzpunkte haben. Zudem werden alle Länder als zusammenhängend, also ohne Exklaven, angenommen.

Dieser Satz wurde 1852 von Francis Guthrie vermutet. In den 60er und 70er Jahren des 20. Jahrhunderts fand man heraus, dass lediglich endlich viele Landkarten zu untersuchen sind. Kenneth Appel und Wolfgang Haken ließen 1977 einen Computer dann die noch fraglichen 1936 Fälle überprüfen.

Anmerkungen

1 Dennoch soll bemerkt sein, dass es insbesondere in der ersten Hälfte des 20. Jahrhunderts erbitterte Streite um die Wahl des Axiomensystems für Logik, Mengenlehre, ja Mathematik allgemein gab. (Siehe *Anhang: Logische Fundamente der Mathematik*)

2 Bereits in der Renaissance waren italienische Mathematiker beispielsweise in der Lage, kubische Gleichungen (also Gleichungen des Typs $x^3 + ax^2 + bx + c = 0$ mit reellen Zahlen a, b, c) zu lösen. In bestimmten Fällen versagten ihre Lösungsformeln zunächst, weil man Wurzeln aus negativen Zahlen hätte ziehen müssen. Doch allen voran Rafael Bombelli entwickelte um 1560 Rechenregeln für den Umgang mit derartigen Wurzeln (auch imaginäre Zahlen genannt), sodass man seit diesem Zeitpunkt alle reellen Lösungen von kubischen Gleichungen explizit angeben konnte. Es sollte aber noch ein Vierteljahrtausend vergehen, bis Carl Friedrich Gauß die komplexen Zahlen einführte und damit den „wahren Kern" erkannte. Heute befinden sich die komplexen Zahlen nicht nur in der Mathematik, sondern vor allem auch in der Physik längst auf ihrem Siegeszug.

3 In diesem Umfeld fallen auch Wertungen wie: „Dies ist ein wichtiger Ansatz." oder gar: „Das ist ein wichtiges Gebiet." Derartige Formulierungen sind jedoch subjektiv; Autoren stützen sich hierbei vor allem auf ihre Erfahrung. Freilich werden derartige „Thesen" häufig umso wichtiger genommen, je renommierter der sie verkündende Mathematiker ist.

4 Beliebte andere Phrasen sind „Wie man leicht sieht ...", „Der Beweis ist trivial." oder „o. B. d. A." („ohne Beschränkung der Allgemeinheit").

5 Allerdings können auch gewissen nicht beweisbaren Aussagen Wahrheitswerte zugeordnet werden.

6 Daten im gerade beschriebenen Sinne dienen nicht als Belege im mathematischen Sinne.

7 Es sei daran erinnert, dass Axiome stets als wahr angenommen werden.

8 Dies sollte nicht mit der Notwendigkeit einer Aussage für eine andere Aussage verwechselt werden. (Eine Aussage A ist genau dann notwendig für eine Aussage B, wenn aus der Wahrheit von B die von A folgt.)

9 Historisch bedingt werden aber auch einige für die Mathematik zentrale Aussagen als Lemma bezeichnet, zum Beispiel das Lemma von Schur in der Darstellungstheorie oder das Poincaré-Lemma in der Kohomologietheorie.

10 Dies schließt natürlich nicht aus, dass Anwendungen wiederum zu neuen und überaus interessanten mathematischen Problemen führen können.

11 Insbesondere ist jedes Axiomensystem, das die Axiome der natürlichen Zahlen umfasst, „hinreichend reichhaltig".

12 „Cvbum autem in duos cubos, aut quadratoquadratum in duos quadratoquadratos & generaliter nullam in infinitum vltra quadratum potestatem in duos eiusdem nominis fas est diuidere cuius rei demonstrationem mirabilem sane detexi." Hinzugefügt war: „Hanc marginis exiguitas non caperet."

Zitierte Literatur

L. Boltzmann: Gustav Robert Kirchhoff – Festrede zur Feier des 301. Gründungstages der Karl-Franzens-Universität zu Graz (gehalten am 15. November 1887), Leipzig 1888.

G. Frey: Über die Schönheit von Problemlösungen: Mathematik als Kultur- und Bildungsgut. Essener Unikate 9/1997, S. 74–81.

A. Heyting: Mathematische Grundlagenforschung, Intuitionismus, Beweistheorie, Berlin 1934.

J. Hilgert: Streitfragen der Mathematik in Forschung und Lehre. *math. didact.* 18 (1995), S. 93–108.

G. von Randow: Mathe als Utopie, in: DIE ZEIT 4/2008.

E. Zeidler (Hrsg.): Teubner-Taschenbuch der Mathematik, Bd. 1, Leipzig/Stuttgart 1996.

Die historischen Angaben im *Anhang* sowie Vornamen wurden teilweise Wikipedia (bei den einschlägigen Einträgen) bzw. Eberhard Zeidlers Teubner-Taschenbuch der Mathematik entnommen.

Volker Mailänder
Medizinische Klinik
Universität Mainz

Medizin

Medizin

von Volker Mailänder

Medizin ist die Anwendung von Erkenntnissen verschiedener Disziplinen auf einen kranken Menschen, um dessen Leiden zu verhindern, einzuordnen und/oder zu therapieren. Wenn hier von Medizin die Rede ist, so ist im Weiteren die westliche Schulmedizin gemeint. Vorgehensweisen in der Homöopathie, der fernöstlichen Medizin oder in der Medizin der Schamanen sind ausdrücklich nicht Gegenstand dieser Betrachtung. Die westliche Schulmedizin hat die Biologie, Chemie und Physik als primäre Bezugswissenschaften. Aber auch aus Psychologie, Soziologie und Mathematik/Statistik sowie vielen weiteren Bereichen kommen wichtige Impulse und Erkenntnisse, die in der Medizin und biomedizinischen Forschung Anwendung finden.

Das pragmatische Prinzip der Medizin könnte man mit einer bekannten Formel so zusammenfassen: Wer heilt, hat recht. Hier wird also allein der Erfolg eines Vorgehens bewertet. In der Medizin genügt es somit, dass ein Vorgehen zu einem besseren Resultat führt. Dies steht im Gegensatz zu Grundlagenwissenschaften. Als Beispiel sei hier die Mathematik genannt: Wenn man anhand der Zahlen von 1 bis 1000 feststellt, dass bei Zahlen, die durch 3 teilbar sind, auch die Quersumme durch 3 teilbar ist, gilt dies deshalb nicht generell für alle Zahlen als gesicherte Erkenntnis; vielmehr ergibt erst der mathematische Beweis beziehungsweise das grundlegende Verständnis eines Vorgangs die Evidenz. In der Medizin hingegen wird bisweilen eine Aussage aufgrund einer recht begrenzten Anzahl von Patienten nach statistischen Methoden ermittelt. Wenn dabei die physiologischen oder pathophysiologischen Vorgänge verstanden worden sind, ist dies sehr hilfreich und befriedigend – insbesondere wenn ähnliche Erkrankungen dadurch auch verstanden werden können –, aber eben nicht unbedingt notwendig.

Vorab sei auch bemerkt, dass der Prozess der Evidenzgewinnung zwischen den Teildisziplinen der Medizin (Innere Medizin, Chirurgie, Dermatologie, Hals-Nasen-Ohren, Kinderheilkunde…) keine erheblichen Unterschiede zeigt. Unterschiedlich sind jedoch die Vorgänge, die jeweils zu Evidenzen in der Diagnostik, Therapie, Epidemiologie und Prävention führen.

Was als medizinisch gesicherte Evidenz angesehen wird, wandelt sich rasch. So verdoppelt sich das medizinische Wissen circa alle fünf Jahre.

(Vgl. Dietzel GTW. *Von eEurope 2002 zur elektronischen Gesundheitskarte: Chancen für das Gesundheitswesen*, Deutsches Ärzteblatt 99 (2002), A 1417) Dies bedeutet, dass ständig neue Evidenzen gewonnen werden, die bewertet (s.u.: Evidence based medicine) und auch verbreitet werden müssen (s.u.: Verbreitung von Evidenzen mittels Online Bibliotheken, Leitlinien).

Während die Erkenntnisse der Mathematik ewige Gültigkeit haben mögen, die Erkenntnisse der Physik nur durch ein besseres, tiefer gehendes Modell abgelöst werden, können in der Medizin alte Behandlungsschemata konträr zu neuen Empfehlungen stehen. So haben Patienten mit mäßigen Formen eines unregelmäßigen Herzschlags (Arrhythmie) früher rasch Antiarrhythmika erhalten, da hierdurch in EKG-Kontrollen der Befund deutlich verbessert wurde. Jahrelang war dieses Vorgehen klinische Praxis, da es doch so offensichtlich zum Erfolg führte. Als allerdings nachgewiesen wurde, dass Patienten unter Antiarrhythmika-Einnahme früher starben als Patienten, die keine Antiarrhythmika erhalten hatten, wurde diese Wirkstoffklasse zunehmend weniger eingesetzt. Außer bei sehr schweren Formen der Arrhythmie sind heutzutage Antiarrhythmika kontraindiziert, wo sie früher die Standardbehandlung darstellten.

Werden in der Medizin (immer) Thesen oder Behauptungen aufgestellt?

Das in der Einleitung zu diesem Buch beschriebene Heureka-Moment des Archimedes spielt in der medizinischen Forschung im täglichen Erkenntnisgewinn sicherlich eine eher untergeordnete Rolle. So mag es zwar am Anfang einer neuen Erkenntnis stehen, zum Beispiel wenn jemand bemerkt, dass Tumore unter dem Einfluss von Senfgas kleiner werden. Bis zur Anwendung beim Patienten ist es dann aber noch ein langer Weg, insbesondere heute, wo viele Erkenntnisse aus Zellkulturversuchen, Tierversuchen und schließlich Studien am Menschen – zuerst mit wenigen Patienten, dann in weiteren Studien mit höheren Patientenzahlen – die Wirksamkeit bei gleichzeitiger Unbedenklichkeit eines neuen Medikamentes belegen müssen, bevor dies als Evidenz in die tägliche Praxis Eingang findet. Heureka-Erlebnisse sind daher eher Momente, in denen jemand eine neue These generiert oder einen physiologischen Vorgang verstanden hat. Der Beweis, dass diese These richtig ist, ist aber unter Umständen sehr langwierig. Dies mag anhand der These verdeutlicht werden, dass Papillomaviren Gebärmutterhalskrebs verursachen, für deren Entwicklung und

Beweis Prof. Harald zur Hausen im Jahr 2008 mit dem Nobelpreis für Medizin ausgezeichnet wurde: Von der Idee über den Beweis dieser These bis hin zur Prävention mittels Impfung von Mädchen im Kindesalter hat es „nur" rund 30 Jahre gedauert – und das gilt als ungewöhnlich schnell.

Das tägliche Handeln in der Medizin zielt ab auf die Verhinderung, Diagnostik oder Therapie von Erkrankungen. In der Arztpraxis oder in der Klinik steht also die reine Anwendung von Evidenz, das heißt der bestmöglichen Therapie, Diagnostik oder Präventionsmaßnahme, im Vordergrund.

Wie kommen wir zu dieser Evidenz? Sicher ist die Erfahrung eines Arztes noch immer ein äußerst wichtiges Instrument in der Behandlung eines Kranken. Die Erfahrung ist allerdings nicht systematisch gesammelt worden und ist auch nicht geordnet. Insofern kann es leicht vorkommen, dass diese Erfahrung trügt. Aus der „erfolgreichen Behandlung" von nur zwei oder drei Patienten wird möglicherweise auf ein äußerst erfolgreiches Behandlungsschema geschlossen. So könnte es zum Beispiel sein, dass bei experimentellen Impfungen gegen Hautkrebs (Melanome) drei der ersten vier Patienten darauf ansprechen. In einer größeren Behandlungsgruppe würde dieses Ergebnis aber auf nur wenige Prozent zusammenschmelzen. Dies ist die Gefahr der kleinen Stichprobe, die zu einer frühen Enttäuschung oder einer übersteigerten Erwartungshaltung führen kann. Weiterhin ist immer zu fragen: Was wäre ohne Behandlung gewesen? So sind bei Melanomen durchaus spontane Rückbildungen bis hin zu Heilungen beschrieben. Eine nicht behandelte Kontrollgruppe ist mithin unerlässlich. Am besten erfolgt die Zuordnung zu den Behandlungsgruppen per Zufall. Neue Erkenntnisse werden daher optimalerweise anhand prospektiv geplanter, randomisierter, mehrarmiger Studien gewonnen. Im Weiteren soll nun genauer dargestellt werden, welche Kriterien für das Design von Studien in der Medizin gelten.

Idealerweise sind in der Medizin Thesen oder Behauptungen die Grundlage jeglichen Handelns, sei es dass sich diese auf eine einzelne Person beziehen wie in einer konkreten Beratungs- oder Behandlungssituation, sei es dass Aussagen für eine ganze Gruppe von Patienten mit einer spezifischen Erkrankung gemacht werden wie in Leitlinien, Übersichtsartikeln, in der Primärliteratur oder in Lehrbüchern. Ersteres ist der typische Fall einer Einzelbehandlung, das heißt einer Behandlung außerhalb von Studien, Zweiteres findet sich innerhalb von Studien als Behandlungsregime, die gegeneinander getestet werden.

So geschieht die Verschreibung eines Schmerzmittels bei einem Patienten mit Kopfschmerzen unter der Vorstellung/Behauptung/These, dass dieses Medikament die Kopfschmerzen lindern oder vollständig beseitigen möge. Unter Umständen entscheidet sich allerdings auch ein Arzt dazu, einem Patienten, der sich wegen Kopfschmerzen in seine Behandlung begibt, kein Kopfschmerzmedikament zu geben, da er davon ausgeht, dass die geschilderten Schmerzen psychosomatischer Natur sind und die wiederholte und häufige Gabe eines Schmerzmedikaments sogar eine chronische Kopfschmerzsymptomatik nach sich ziehen könnte. Vielleicht entschließt sich hier der Arzt zu einer andersartigen Therapie (zum Beispiel zu einer psychosomatischen Therapieform) oder sogar zur Gabe eines Scheinmedikaments (Placebo) oder zum Zuwarten, etwa bei vorübergehendem Stress.

Werden bei allen diagnostischen und therapeutischen Vorgängen Thesen aufgestellt? Eine Ausnahme könnten hierbei nur „routinemäßige Eingangsuntersuchungen" oder Vorgänge sein, bei denen andere Beweggründe als rein ärztliche Individualentscheidungen im Vordergrund stehen, beispielsweise monetäre Beweggründe. Über die Sinnhaftigkeit der routinemäßigen Eingangsuntersuchungen wird eventuell nicht im Einzelnen nachgedacht und es entsteht eine Situation des Handelns ohne spezielle These/Behauptung außer der des „Generalverdachts". Ein solcher könnte lauten: Jeder Patient bekommt zur Aufnahme auf die Station einen Röntgen-Thorax, jeder könnte eine Veränderung haben, die mithilfe eines Röntgen-Thorax-Bildes entdeckt werden könnte. Zudem könnte dies zum späteren Vergleich wichtig sein, beispielsweise wenn ein Patient mit gebrochenem Bein und Luftnot nach der OP eine Lungenembolie hat, die im Vergleich von Röntgen-Thorax vor und nach der OP entdeckbar wäre. Eine solche „Vorratsdiagnostik" ist allerdings sehr kritisch zu werten, und zwar zum einen im Hinblick auf eine mögliche Gefährdung des Patienten, zum anderen im Hinblick auf das Verhältnis von Kosten und Nutzen. Ein solches Vorgehen wäre jedenfalls als hypothesenarm zu bezeichnen.

Weiterhin kann auch ein ungerichtetes Genscreening – in der Extremform: als „whole genome sequencing" – als hypothesenarmes Verfahren angeführt werden. Mit diesem Vorgehen erhält man eine Vielzahl von Aussagen und damit Antworten auf Fragen, die man gar nicht gestellt hat.

Festzuhalten ist: Idealerweise ist jegliches Handeln in der Medizin thesenbasiert. Wo dies nicht der Fall ist (monetäre Gründe, Zwänge von außen, „Vorratsdiagnostik"), ist damit zu rechnen, dass die daraus entstehenden Folgen erhebliche Probleme aufwerfen (Ansehensverlust, nicht erkannte Krankheiten, Antworten auf nicht gestellte Fragen). Insgesamt dürfte die weit überwiegende Anzahl aller Entscheidungen und Handlungen in der Medizin thesenbasiert sein, insbesondere dort, wo die äußeren Zwänge (monetärer Eigennutz, Kostenzwänge) gering sind, wie zum Beispiel bei ärztlichen Assistenten auf Stationen.

Wie wird in der Medizin eine These oder Behauptung gestützt?

Wie verläuft der Kommunikationsprozess von Thesen?

Eine These wird auf unterschiedliche Art und Weise zwischen Ärzten kommuniziert. Die tägliche Beobachtung von Patienten und deren Symptomen, Laborergebnisse, Erfolge oder Misserfolge bei der Behandlung führen zu Thesen, die oftmals im gemeinsamen Gespräch während der Visite oder auch während der Mittags- oder Kaffeepause ausgetauscht werden („Könnte es nicht sein, dass der erniedrigte Ferritin-Wert auch durch eine Sickerblutung im Magen-Darm-Trakt zu erklären wäre?"). Aus solchen Beobachtungen können also konkrete Thesen für die Diagnostik oder Therapie eines einzelnen Patienten erstellt werden beziehungsweise Verallgemeinerungen abgeleitet werden.

Hier ein Beispiel: Der Austausch von Blutplasma bei Patienten mit thrombotisch-thrombozytopenischer Purpura ist eine erfolgreiche Behandlungsstrategie. Hieraus ergeben sich zwei mögliche Alternativthesen: 1. Der Plasmaaustausch (Entfernung von mehreren Litern Plasma und gleichzeitiger Ersatz des Plasmas durch Fremdplasma) ist wirksam, weil Substanzen (zum Beispiel Autoantikörper) aus dem Blut entfernt werden. 2. Bei der Gabe von fremdem Blutplasma werden beim Plasmaaustausch fehlende Substanzen im Blutplasma ersetzt. Beide Hypothesen können getestet werden: Es kann Blutplasma gegen Albumin ausgetauscht werden (was nur zu einer Entfernung von zum Beispiel Autoantikörpern führen würde) beziehungsweise es können Fraktionen oder Einzelsubstanzen aus dem Blutplasma auf ihre Wirksamkeit untersucht werden. Tatsächlich ist das Fehlen eines spezifischen Enzyms (ADAMTS13) und damit der Ersatz desselben die pathophysiologische Ursache und hier liegt dann dementsprechend die adäquate Therapie.

Weiterhin werden Thesen durch Vorträge oder Publikationen verbreitet, wobei hier häufig These und Ergebnisse zum Nachweis oder zur Widerlegung dieser Thesen gleichzeitig kommuniziert werden.

Bei großen klinischen Studien ist eine Vorabveröffentlichung des Studiendesigns und damit der Hypothese (plus der Vorgehensweise für den Studieneinschluss, Studiendurchführung und statistische Auswertung) zum Beispiel über elektronische Medien üblich geworden, etwa über *www.clinicaltrials.gov*.

Darüber hinaus können auch theoretisch-funktionelle Überlegungen zur

Generierung einer Hypothese eingesetzt werden. Das heißt, hier werden durch Forschung zum Beispiel an Proteinsystemen, an Zellkulturen oder auch an Tieren Mechanismen der Regulation entdeckt, die dann bezogen auf eine Anwendung am Menschen als Hypothese genutzt werden können. Dabei kann es um die Behandlung einer Krankheit, um die Diagnostik oder um die Prävention gehen. Auch hier ein Beispiel: In präklinischen experimentellen Studien konnte gezeigt werden, dass Vitamin E die Oxidation von Lipoproteinen niedriger Dichte («Low Density Lipoproteins» = LDL) hemmt. Oxidierte LDL sind ein wichtiger Faktor in der Pathogenese der Atherosklerose. Da liegt es nahe, zu postulieren, dass durch eine vermehrte Vitamin-E-Zufuhr das Fortschreiten von Gefäßerkrankungen verlangsamt werden könne. Daher wurde die Auswirkung einer Vitamin-E-Einnahme bei der koronaren Herzkrankheit, das heißt zur Verhinderung eines Herzinfarktes, geprüft.

Durch welche Daten und Belege werden Thesen gestützt?

Die aus Einzelfallbeobachtungen abgeleiteten Thesen können zum einen dadurch erhärtet werden, dass sich dieselben Phänomene bei weiteren Patienten zeigen („Auch bei drei weiteren Patienten war die thrombotisch-thrombozytopenische Purpura durch Gabe von Fremdplasma allein ohne die Entnahme von Eigenplasma erfolgreich"). Bisweilen werden hierbei Thesen in der täglichen Praxis „nebenher" (das heißt ohne vorherige Festlegung eines Studienplans) erhärtet. Wenn genügend Einzelfallbeobachtungen kumuliert werden, können diese auch in wissenschaftlichen Journalen veröffentlicht werden. In anderen Fällen werden Thesen durch Versuche im Reagenzglas (in vitro) überprüft. So kann etwa die Beeinflussung der Freisetzung von Insulin durch eine bestimmte Substanz in Zellkulturen getestet werden.

Diese Untersuchungen können dann zu Experimenten an Lebewesen, zum Beispiel mit Mäusen, Ratten oder Hunden, führen (In-vivo-Untersuchungen) und diese dann wiederum zu Untersuchungen am Menschen. Insbesondere für die Untersuchungen am Menschen in großen klinischen Studien wird das Vorgehen zuvor schriftlich festgelegt (Studienplan). Für gewöhnlich werden hierbei Einschlusskriterien bestimmt. Dies betrifft beispielsweise das Alter (meist nur Patienten über 18 Lebensjahre), die Grunderkrankung (etwa Diabetes mellitus) oder weitere Eingrenzungen (zum Beispiel nur Patienten mit Fettleibigkeit). Neben den Einschlusskriterien werden auch Ausschlusskriterien definiert, die so aussehen können: Patienten ohne vorhergehenden Herzinfarkt, ohne psychiatrische Erkrankungen, ohne Gabe von Medikamenten der Gruppe XY. Die These der Untersuchung wird dann als sogenannte Nullhypothese formuliert: „Bei Patienten mit Diabetes mellitus und Adipositas führt die Gabe des in Zellkultur und in Tierversuchen erprobten Medikaments XY nicht zu einer schnelleren Normalisierung des Blutzuckerspiegels als die bisherige Standardtherapie mit Medikament Z."

Bei solchen Studien ist es üblich, dass in Zusammenarbeit mit einem Statistiker berechnet wird, wie viele Patienten vergleichend mit Medikament XY und Medikament Z behandelt werden müssen, bis ein statistisch signifikanter Unterschied nachgewiesen werden kann. Hierbei ist entscheidend, wie groß der erwartete Unterschied zwischen Medikament XY und Z ist. Je größer der Unterschied ist, desto weniger Patienten müssen behandelt werden, bis der Unterschied statistisch signifikant nachweisbar ist. Somit wird schon vor Beginn der Studie die statistische Auswertung durchgespielt: Wer führt wann und mit welchen statischen Tests die Auswertung der Studiendaten durch? Auch das Vorgehen ist für jeden Prozess im Studienplan en détail beschrieben: Dies fängt mit der Suche nach geeigneten Patienten an. Um hier keine Verschiebung der Patientenpopulationen gegenüber dem Normalkollektiv zu haben, wird dokumentiert, wer wann welchen Patienten bezüglich der Einschließbarkeit in eine Studie überprüft hat. Weiterhin wird festgehalten, warum jemand nicht eingeschlossen werden konnte (Nichterfüllung der Einschlusskriterien, Erfüllung eines Ausschlusskriteriums, Patient lehnt Studieneinschluss ab, Kapazität bei einer Untersuchung beziehungsweise Behandlung überschritten).

Das wesentliche Instrument für die Stützung von Thesen ist also die klinische Studie am Menschen. Die veröffentlichten klinischen Studien stellen in der Medizin die Primärliteratur dar.

Weil Studien in der Medizin und auch in der biomedizinischen Forschung zumeist aufwendig, teuer und schwer wiederholbar sind, werden diese wie oben dargestellt vorab sorgfältig geplant, ihre Durchführung wird überwacht und die Ergebnisse werden nach einem vorher festgelegten Plan ausgewertet und kommuniziert. Über die Jahrzehnte hinweg hat man durch die Durchführung von Studien und insbesondere durch die konsequente Aufarbeitung von Unstimmigkeiten zwischen verschiedenen Studienergebnissen gelernt, durch welche Fehler im Studiendesign, in der Studiendurchführung oder Auswertung Ergebnisse beeinflusst werden können. So neigen die beteiligten Menschen dazu, das Ergebnis bewusst oder unbewusst zu beeinflussen. Einige dieser „Stolperfallen" seien hier dargestellt.

1. Der Arzt weiß im Vorfeld, zu welchem Studienarm (Placebo oder Behandlung) jemand zugeteilt wird. Dies ist zum Beispiel dann der Fall, wenn Patienten immer abwechselnd der Standard- beziehungsweise experimentellen Behandlungsgruppe zugewiesen werden.

   Beispiel: Bei einer experimentellen Behandlung sollen die Nebenwirkungen höher sein als in der Standardtherapie bei zu untersuchendem zusätzlichem Therapienutzen. Möglicherweise schließt der durchführende Arzt hier besonders leicht erkrankte Patienten nicht ein, weil er weiß, das der nächste Patient die experimentelle Therapie erhält, die Nebenwirkungen der experimentellen Therapie aber höher sind und er diese dem nur leicht erkrankten Patienten nicht zumuten möchte. Hieraus ergibt sich ein „Selection-Bias" (Bias = systematische Verzerrung), das heißt die Schwere der Erkrankung und damit die Behandelbarkeit oder auch die Spontanheilungsrate wäre in beiden Gruppen ungleich verteilt.

   Gegenmittel: Die Zuteilung zu den Studienarmen erfolgt durch eine dritte Person, die die Patienten nicht kennt, und nach dem Zufallsprinzip, das auch ‚randomisiertes Studiendesign' genannt wird.

2. Der Patient weiß, ob er das Medikament oder das Placebo erhalten hat.

   Beispiel: Weiß der Patient/Proband, dass die kleine rote Pille, die er gerade geschluckt hat, nur ein Placebo war, wird der vorher propagierte schmerzlindernde Effekt nicht messbar sein.

   Gegenmittel: Placebo und experimentelles Medikament sehen gleich aus und sind identisch verpackt. Der Patient erfährt nicht, zu welcher Gruppe er gehört. Man spricht hier von einem „blinden Studiendesign".

3. Der Arzt weiß, ob der Patient das Medikament oder das Placebo erhalten hat.

   Beispiel: Hat ein Patient das zu untersuchende Medikament erhalten und weiß der nachuntersuchende Arzt dies, so werden Messwerte, die nicht vollständig objektivierbar sind, unter Umständen falsch erhoben oder beurteilt. So kann das Ergebnis etwa bei Ultraschalluntersuchungen beeinflusst sein. Dort ist die genaue Haltung des Schallkopfes beziehungsweise auch die Beurteilung der zum Teil nicht klar abgrenzbaren Strukturen entscheidend für die Messung von Strecken oder Durchmessern. Der Arzt könnte nun vielleicht denken: „Der Patient hat doch das Studienmedikament erhalten. Da muss sich die Herzfunktion doch verbessert haben."

   Gegenmittel: Auch der Arzt weiß nicht, was der Patient erhalten hat. Das wäre dann ein „doppelblindes Studiendesign".

Aus diesen Beispielen wird ersichtlich, warum das seit Jahrzehnten übliche Verfahren doppelblinde, randomisierte, mehrarmige Studien mit Kontrollgruppe sind.

Weitere Entwicklungen im Design von Studien stellen folgende Elemente dar:

1. Vorheriges Abschätzen der Stichprobenmenge

Um nicht zu viele Patienten ohne Nutzen in eine Studie einzuschließen, wird vorab durch einen Statistiker abgeschätzt, wie viele Patienten in die Behandlungsgruppe und die Kontrollgruppe eingeschlossen werden müssen, bevor ein erwarteter/gewünschter Unterschied zwischen den Gruppen mit einer gewissen Wahrscheinlichkeit signifikant nachgewiesen werden kann. Der Statistiker braucht also hierzu die Angabe, dass der Untersucher eine zum Beispiel um 10 Prozent höhere Ansprechrate auf ein neues Medikament im Vergleich zur bisherigen Standardtherapie erwartet.

2. Intention-to-treat-Analyse

Es besteht nicht nur die Gefahr der Selektion von Patienten vor Studieneinschluss. Der Selektionsprozess geht auch nach Studieneinschluss beziehungsweise Beginn weiter. So kann es sein, dass Patienten aus der Verumgruppe verstärkt vor Ende der Studie ausscheiden, weil die Nebenwirkungen im Verumarm höher sind und die Patienten die Weiterbehandlung in der Studie verweigern. Dies würde zu einer Verzerrung der erhobenen Daten führen.

3. Vorabveröffentlichung

Nicht selten kommt es vor, dass die Ärzte, die Patienten in eine Studie einschließen und behandeln, während der Durchführung bemerken, dass man Einschluss- oder Ausschlusskriterien ändern sollte, zum Beispiel weil nur wenige Patienten die Einschluss- oder Ausschlusskriterien erfüllen. Dies geschah in der Vergangenheit zum Teil während laufender Studiendurchführung. Wenn beispielsweise anfänglich nur Patienten mit schwerer Ausprägung der Erkrankung behandelt werden und nach einer Modifikation auch Patienten mit einer leichteren Ausprägung, von denen es deutlich mehr gibt, dann kann schnell eine hinreichende Zahl von Patienten eingeschlossen werden – aber die leichteren Fälle hätten vielleicht gar nicht behandelt werden dürfen, da sie eh nicht von einer Behandlung profitieren. Damit könnte eine eigentlich erfolgreiche Therapie bei Erkrankungen in schweren Fällen also unter Umständen als nicht wirksam dargestellt werden. Um dem entgegenzuwirken, ist in der Deklaration von Helsinki seit 2004 festgelegt, dass jede klinische Studie in einer öffentlichen Datenbank registriert werden muss (*http:// www.wma.net/en/30publications/10policies/b3/index.html*). Dies kann über verschiedene Datenbanken im Internet erfolgen, zum Beispiel über *www.clinicaltrials.gov* oder *www.controlled-trials.com*.

4. Publication-Bias

Meistens gibt es zu einer Fragestellung nicht nur eine Studie, sondern gleich mehrere. Im Gegensatz zur Psychiatrie, wo offensichtlich vor allem methodische Unterschiede für die Erklärung von nicht kongruenten Ergebnissen gesucht werden, wird in der Medizin zuerst einmal angenommen, dass die beiden Studien vergleichbar seien und daher auch das gleiche Ergebnis erbringen sollten. Eine Gesamtauswertung all dieser Studien wird für gewöhnlich in sogenannten Metaanalysen durchgeführt, das heißt, die Ergebnisse der Einzelstudien werden zusammengefasst und daraus wird ein Fazit gezogen. Hierfür ist entscheidend, dass eben nicht nur Studien berichtet werden, in denen die Hypothese bestätigt werden konnte, sondern auch solche, die die Hypothese nicht bestätigen konnten, also „negativ" ausgingen. Dies geschieht allerdings häufig nicht: Zum einen betrachten die Durchführenden die Publikation dieser Studien als nicht so interessant. Außerdem kann es schwierig oder sogar fast unmöglich sein, ein negatives Ergebnis in einer Fachzeitschrift unterzubringen. Dies gilt umso mehr, wenn es der allgemeinen Lehrmeinung widerspricht. Wenn man also für eine Metaanalyse alle publizierten Studien zusammenträgt, kann es passieren, dass der positive Effekt einer Behandlung überschätzt wird.

5. Ethikkommission

Alle Studien, die eine Behandlung oder Diagnostik am Menschen umfassen beziehungsweise mit menschlichem Material (zum Beispiel Blut) durchgeführt werden, müssen von einer Ethikkommission vorab begutachtet werden. Vor Erlangung eines positiven Ethikvotums darf die Studie nicht begonnen werden. Ist bei der Studie der Einsatz eines Arzneimittels oder eines Medizinprodukts vorgesehen, so sind in Deutschland zusätzlich Genehmigungen von der Bundesoberbehörde (Paul-Ehrlich-Institut, Bundesamt für Arzneimittelsicherheit) einzuholen.

6. Unabhängige Auswertung/Data Monitoring/External Review Board

Um eine möglichst objektive Auswertung der Daten zu gewährleisten, werden heutzutage bei großen Studien die Studiendurchführung und Datenakquisition sowie die Überprüfung der Datenkonsistenz und -qualität und die Auswertung getrennt. Dies ermöglicht es auch, dass Patient und durchführender Arzt nicht entblindet werden müssen, wenn zum Beispiel eine Zwischenauswertung durchgeführt wird. Zudem wird die Datenauswertung in diesen großen Studien zumeist von Mathematikern oder Statistikern durchgeführt.

7. Conflict of Interest

Wesentlichen Einfluss auf Studienergebnisse wird vor allem derjenige nehmen, der ein bestimmtes Ergebnis erreichen möchte. Insbesondere muss eine solche Motivation allen unterstellt werden, die Aktien eines Arzneimittelherstellers in ihrem Depot liegen haben, die relevante Patente für ein Medikament oder ein Medizinprodukt besitzen oder die vom Arzneimittelhersteller ein Gehalt oder sonstige monetäre Zuwendungen erhalten. Solche Interessenkonflikte sind bei Publikationen mit anzugeben und werden bei größeren Übersichtsarbeiten mit berücksichtigt.

Evidenzbasierte Medizin

Bei der Durchführung randomisierter klinischer Studien gibt es immer wieder aus verschiedenen Arbeitsgruppen Publikationen, die sich im Ergebnis widersprechen. Liegen mehrere Studien zu einer Fragestellung vor, werden diese zum Teil in einer Metaanalyse oder in Review-Artikeln zusammengefasst und bewertet, sodass ein Gesamtergebnis kommuniziert wird. Der Prozess des Suchens, Auswertens und Kommunizierens ist allerdings nicht immer standardisiert. Aus diesen Überlegungen heraus ist in den letzten Jahrzehnten eine eigene Disziplin innerhalb der Medizin entstanden, die sich als evidenzbasierte Medizin („evidence based medicine", EBM) standardisiert diesem Thema widmet.

Die konsequente Einführung und wissenschaftliche Begleitung der EBM geht auf die Arbeitsgruppe um David Sackett im „Department of Clinical Epidemiology and Biostatistics" an der McMaster University in Hamilton, Kanada, zurück, wo David Sackett seit 1968 lehrte. Ein weiterer wichtiger Vertreter war Prof. Archie Cochrane, ein britischer Epidemiologe, der mit seinem Buch *Effectiveness and Efficiency: Random Reflections on Health Services* die Akzeptanz klinischer Epidemiologie und kontrollierter Studien erhöhen konnte. Cochranes Bemühungen wurden dadurch gewürdigt, dass ein internationales Netzwerk zur Wirksamkeitsbewertung in der Medizin – die Cochrane Collaboration – nach ihm benannt wurde.

Bis zum heutigen Tage haben viele Ärzte, Biostatistiker, Psychologen und weitere Berufsgruppen zur Verbesserung der Vorgehensweise der evidenzbasierten Medizin beigetragen. Wesentliche Elemente der evidenzbasierten Medizin sollen hier vorgestellt werden, wobei die Umsetzung der EBM in die Praxis die Integration individueller klinischer Expertise mit der bestmöglichen externen Evidenz in einem mehrstufigen Prozess bedeutet. Alle diese Schritte bedürfen der Übung, insbesondere die Literaturrecherche und -bewertung.

Ausgangspunkt ist immer der klinische Fall, das heißt ein konkreter Patient oder eine wiederkehrende Behandlungssituation. Hieraus wird eine relevante, beantwortbare Frage abgeleitet.

Für die Formulierung einer solchen Frage gibt es Anleitungen, die vorgeben, welche Elemente sie enthalten soll. Dies sind folgende (vgl. Sharon E. Strauss u.a.: Evidence based Medicine, 3. Aufl., Elsevier 2005):

1. Zustand oder Problem des Patienten

2. Intervention (Behandlung, Diagnostik oder im Falle epidemiologischer Fragestellungen der Risikofaktor)

3. Gegebenenfalls Vergleich mit einer anderen Intervention (Behandlung/Diagnostik/Risikofaktor)

4. Klinischer Nutzen, eventuell unter Berücksichtigung des Zeitfaktors

Eine solche Frage könnte also lauten: „Würde bei Erwachsenen mit Herzinsuffizienz, die einen regelmäßigen Puls haben (Sinusrhythmus), die zusätzliche Gabe eines gerinnungshemmenden Mittels (Marcumar®) zur Standardtherapie die Krankheitshäufigkeit oder die Mortalität durch thromboembolische Ereignisse über drei bis fünf Jahre hinweg so weit senken, dass die Nebenwirkungen (insbesondere Blutungsgefahr) aufgehoben würden?"

Der erste Schritt zur Beantwortung dieser Frage ist die *Literatursuche*. Die recherchierte Literatur (Evidenz) muss sodann bezüglich ihrer Validität und Brauchbarkeit kritisch bewertet werden. Es folgt die Anwendung der ausgewählten und bewerteten Evidenz auf den individuellen Fall mit abschließender Bewertung der eigenen Leistung sowie gegebenenfalls eine Anpassung der bisherigen Vorgehensweise.

Beim EBM-konformen Vorgehen wird festgelegt, wie von mehreren Personen (meistens zwei oder drei) in welchen Datenbanken gesucht wird. Hierbei werden Suchterms und Datenbanken vorgegeben. Es wird berichtet, wie viele Artikel zu einer Schlagwortsuche gefunden wurden. Liegen klinische Studien vor, zum Beispiel zu einer Therapie, werden die Veröffentlichungen, die nur In-vitro-Daten oder Daten bei Tieren erhoben haben, nicht berücksichtigt.

Zusätzlich können Datenbanken mit laufenden klinischen Studien durchsucht werden, um so auch neueste Ergebnisse zu berücksichtigen beziehungsweise abgeschlossene, aber nicht publizierte Studien zu finden

(Stichwort "Publication-Bias"). Dieser letzte Punkt ist derzeit noch nicht sehr bedeutend, da die Datenbanken über klinische Studien wie etwa *www.clinicaltrials.gov* noch nicht allzu lange Studien registrieren. Diese Quelle wird aber in Zukunft immer wichtiger werden, insbesondere um Kontakt mit den Studienleitern solcher nicht publizierter oder abgebrochener Studien aufzunehmen.

Der zweite Schritt zur Beantwortung einer klinischen Frage ist die *Selektion von Studien und Extraktion der Daten*. Nach dieser Selektion bleiben klinische Studien und Berichte übrig, die nun weiter bewertet werden müssen. Diese müssen nun alle anhand von möglichst objektiven Kriterien beurteilt werden. Zuerst wird nochmals eine Selektion durchgeführt, bei der Studien ausgeschlossen werden, die so starke methodische Mängel aufweisen, dass die Ergebnisse nicht berücksichtigt werden sollten. Methodische Mängel können zum Beispiel das Fehlen einer genau gleich behandelten Kontrollgruppe, die fehlende (aber machbare) Verblindung oder von anderen Studien stark abweichende Einschlusskriterien sein. Dies ist sicherlich ein sehr kritischer Schritt, da hierbei leicht auch einmal eine wichtige Studie fälschlicherweise von der Betrachtung ausgeschlossen werden kann. Deswegen ist es besonders wichtig, dass die Kriterien für einen Ausschluss klar dargelegt werden.

Die Bewertung der methodischen Qualität und die Datenextraktion aus den dann übrig bleibenden Studien erfolgt idealerweise von mehreren Reviewern, die unabhängig voneinander sind. Die Kriterien, die hier bewertet werden, sind: Methode der Randomisation, eindeutige Verblindung, Auswertung als Intention-to-treat-Analyse, Beteiligung von Firmen oder Personen mit Eigeninteresse (conflict of interest) etc. Gibt es hierbei Unstimmigkeiten in der Bewertung der Qualität, sollten diese durch Diskussion zwischen den Reviewern gelöst werden.

Hier werden dann auch die Daten aus den Veröffentlichungen in Kurzform notiert, zum Beispiel Anzahl der Patienten, Altersbereich, diagnostische Kriterien für den Einschluss, Art und Häufigkeit der therapeutischen Maßnahme und die Erhebungsmethoden der Untersuchungsgröße. Bei fehlenden oder unvollständigen Informationen werden die Autoren von Studien bisweilen auch kontaktiert.

Der dritte Schritt besteht in der *Bewertung und Zusammenfassung der Studien*. Anhand der so erstellten Übersicht über die Studien können die einzelnen Studienergebnisse in gewichteter Weise miteinander kombiniert werden, um im Sinne einer Metaanalyse eine Abschätzung des Effekts über alle Studien hinweg zu erhalten. Damit kann beispielsweise ausgesagt werden, ob eine Antibiotikatherapie oder die Einnahme von Milchsäurebakterien bei einem Reizdarmsyndrom hilfreicher ist. Wichtig ist dann immer die Bewertung der Studienlage und die letztliche Empfehlung nach einem sogenannten Evidenzlevel. Dieses sagt etwas über die Gewissheit der Erkenntnis aus. Übliche Evidenzlevels finden sich in Tabelle 1.

Tabelle 1: Standardisierte Auswertung über Evidenzlevel

Evidenzlevel	Beschreibung
1	Es gibt ausreichende Nachweise für die Wirksamkeit aus systematischen Überblicksarbeiten über zahlreiche randomisierte, kontrollierte Studien.
2	Es gibt Nachweise für die Wirksamkeit aus zumindest einer randomisierten, kontrollierten Studie.
3	Es gibt Nachweise für die Wirksamkeit aus methodisch gut konzipierten Studien, ohne randomisierte Gruppenzuweisung.
4a	Es gibt Nachweise für die Wirksamkeit aus klinischen Berichten.
4b	Stellt die Meinung respektierter Experten dar, basierend auf klinischen Erfahrungswerten beziehungsweise Berichten von Expertenkomitees.

Quelle: Klassifikationssystem des Ärztlichen Zentrums für Qualität in der Medizin (ÄZQ)

In anderen Klassifikationssystemen werden auch Schwächen in der Ausführung einzelner Studien und Inkonsistenzen zwischen mehreren Studien berücksichtigt. Zu nennen ist hier das Klassifikationssystem des Centre for Evidence-based Medicine in Oxford (*www.cebm.net*) oder die Jadad-Skala, die zwar nur die Qualität der Durchführung einer Studie beurteilt und nicht die Qualität der Ergebnisse, allerdings als sehr zuverlässig gilt (vgl. Jadad, A.R., u.a. (2000): *The internet and evidence-based decision-making: a needed synergy for efficient knowledge management in health care*. Canadian Medical Association Journal, 162(3), S. 362–365).

Durch die Bewertung der Einzelstudien gelangt man also zu einer Gesamtbeurteilung, sodass man die eingangs gestellte Frage beantworten und dabei angeben kann, aufgrund welcher Datenlage man diese Antwort als die derzeit bestmögliche bewertet.

Angesichts der Verdopplung von medizinisch relevantem Wissen innerhalb von etwa fünf Jahren (wozu ganz erheblich die nicht primär medizinischen Fächer beitragen) ist jede dieser Antworten und die zugrundeliegende Recherche und Auswertung deutlich mit einem Datum zu versehen. Dementsprechend ist der gesamte Vorgang nach einer relativ kurzen Zeit – zumeist nach einigen Jahren – zu wiederholen. Eine solche Antwort veraltet also recht schnell.

Weitergabe von Hypothesen/Antworten in verschiedenen Evidenzstadien: Studien, Synthesen, Leitlinien, Synopsen und Systeme

Der gesamte Vorgang des Fragens, Literatursuchens, Bewertens und Zusammenfassens wird auch als Synthese bezeichnet (vgl. Sharon E. Strauss u.a.: *Evidence based Medicine*, 3. Aufl., Elsevier 2005). Solche Synthesen sind aufwendig zu erstellen und werden daher häufig von einer Gruppe von Autoren gemeinsam durchgeführt und publiziert. Evidenzbasierte Medizin zielt aber auch durchaus darauf ab, dass einzelne Ärzte für ihre persönliche Weiterbildung beziehungsweise für die Ausübung der täglichen Praxis mit solchen Synthesen arbeiten können. Da der Zeitaufwand allerdings erheblich ist, wird empfohlen, solche Synthesen in der Literatur zu suchen. Eine der bedeutendsten Organisationen zur Erstellung solcher systematischen Übersichtsarbeiten ist die Cochrane Collaboration.

Viele Fachgesellschaften haben Arbeitsgruppen gebildet, die entsprechend der Ausrichtung der Fachgesellschaft zu spezifischen Fragestellungen ebenfalls solche – meist allerdings weniger systematisch und transparent durchgeführten – Synthesen als Leitlinien oder Richtlinien erstellen.

Weitere mögliche Formen der Zusammenfassung als Informationsquelle bieten neben Studien und Synthesen (systematische Reviews) Synopsen und Systeme.

Synopsen vereinen unter Umständen Synthesen verschiedener Quellen zu einer abstractartigen kurzen Bewertung. Hier werden also nicht mehr unbedingt die Vorgehensweisen bei der Suche, Bewertung und Zusammenfassung der Primärliteratur dargestellt, vielmehr werden die Synthesen und Leitlinien zur Grundlage dieser kurzen Zusammenfassungen. Solche Synopsen werden wiederum in speziellen Journalen veröffentlicht (*ACP Journal, EBM Online*).

Die höchste Ebene der EBM könnte folgendermaßen aussehen: Idealerweise müsste die benötigte Information, das heißt die beste verfügbare Evidenz, vom Arzt nicht gesucht werden, sondern die Evidenz wäre in einem dynamisch sich anpassenden Computersystem integriert. Man könnte sich vorstellen, dass wenn zum Beispiel ein Arzt eine Diagnose für einen Patienten in ein Feld eingibt, ein kleines Symbol rechts daneben erscheint, sofern das Computersystem zu diesem Begriff eine Synthese, Synopse, Leitlinie oder Ähnliches gespeichert hätte. Idealerweise würden die Informationen so den Arzt finden und dieser müsste nicht mehr die Informationen selbst zusammentragen, auswerten und zusammenfassen. Eine solche Art der Evidenzverbreitung würde man daher nach Strauss u.a. als System bezeichnen.

Gibt es zu jeder Fragestellung randomisierte, kontrollierte Studien?

Nicht immer lassen sich Studien durchführen. So gibt es Sachverhalte, die seit Langem als völlig geklärt gelten müssen, für die also im Sinne der EBM keine ausreichende Evidenz in Form von randomisierten Studien vorliegt. Die sogenannte Vipeholm-Studie (Gustafsson B.E., u.a.: *The Vipeholm dental caries study; the effect of different levels of carbohydrate intake on caries activity in 436 individuals observed for five years*. Acta Odontol Scand. 1954 Sep;11 (3–4):232–264.) von 1954 beispielsweise ist die erste und letzte prospektive Untersuchung zur Verursachung der Karies durch Zucker. Wenn Medikamente derartige Verbesserungen mit sich bringen, dass deren Einsatz zum Standard wird, bevor ausreichend Studien durchgeführt wurden, kann ebenfalls eine solche Situation entstehen. So waren die Ergebnisse einer immunsuppressiven Therapie mit Ciclosporin-Behandlung in der Organtransplantation so frappant, dass es nur relativ wenige Untersuchungen hoher Evidenzstufen zum Vergleich mit dem vorher etablierten Schema (Cortison, Azathioprin) gibt. Ein Defizit an bewiesenem Nutzen ist also nicht unbedingt ein Nutzendefizit.

Schließlich vertrauen die meisten Fallschirmspringer auch auf die Wirkung des Fallschirms, obwohl es keine kontrollierten, randomisierten Studien dazu gibt, Menschen schon trotz korrekter Funktion des Fallschirms ums Leben gekommen sind und es Einzelfallberichte von überlebten Stürzen aus zum Teil sehr großen Höhen gibt. Auch die Tatsache, dass hier Firmen – eben die Fallschirmhersteller – mit dem Verkauf ihrer Ware Geld verdienen, sollte nicht dazu verleiten, die Verwendung eines Fallschirms beim Sprung aus einem Flugzeug als unnötig zu erachten. (Vgl. Smith, G.C.S/Pell, J.P.: *Parachute use to prevent death and major trauma related to gravitational challenge: systematic review of randomised controlled trials*. BMJ 2003, 327:1459–1461)

Wie unterscheiden sich Kommunikations- und Erzeugungsprozess?

Während in der Grundlagenforschung – auch in der medizinisch orientierten – die Publikation sich durchaus anders präsentieren kann, als es dem Prozess der Evidenzgewinnung entspricht, soll dies in der klinischen Anwendungsforschung (und was ist Medizin sonst) möglichst durch vorhergehende Planung und Offenlegung verhindert werden. Damit soll ausgeschlossen werden, dass Daten mehrfach oder in falscher Reihenfolge erzeugt oder in einer falschen Argumentationskette dargestellt werden. Das sind wir den Menschen, die an diesen Studien teilnehmen, schuldig, auch wenn dies bedeuten kann, dass die Durchführenden zugeben müssen, dass ihre Hypothese nicht richtig oder ungenau war, zum Beispiel wenn Ein- oder Ausschlusskriterien für eine Studie zu eng oder zu breit gewählt werden. Im Falle zu enger Kriterien können dadurch zu wenig Patienten in die Studie aufgenommen werden, was dann aber auch bedeutet, dass die Studienergebnisse auch nur auf eine vielleicht viel zu klein gewählte Gruppe an Patienten anwendbar ist. Andererseits kann es vorkommen, dass bei sehr breiten Einschlusskriterien ein vorhandener Behandlungseffekt aufgrund von „Verdünnung" nicht mehr statistisch signifikant nachweisbar ist.

Ein unter Umständen wichtiger Aspekt, der uns in Zukunft mehr und mehr beschäftigen wird, ist die Nutzung evidenzbasierter Methoden für die gesundheitspolitische Bewertung als evidenzbasierte Gesundheitsversorgung (engl. Evidence-Based Health Care/EBHC). Dies zielt auf die Erstattbarkeit von medizinischen Leistungen durch die gesetzlichen Krankenkassen ab. So kann beim Institut für Qualität und Wirtschaftlichkeit im Gesundheitswesen (IQWiG) das Bundesgesundheitsministerium oder der Gemeinsame Bundesausschuss – also das Gremium der gemeinsamen Selbstverwaltung von Ärzten, Krankenhäusern und Krankenkassen – Gutachten zu einzelnen diagnostischen oder therapeutischen Verfahren anfordern. Das IQWiG kann allerdings auch in eigener Verantwortung Themen aufgreifen. Insgesamt greift dies entscheidend – nämlich über die Erstattung der Leistung – in die ärztliche Therapiefreiheit ein. Diese Art der Einflussnahme wird in den nächsten Jahren weiter zunehmen. Die Verquickung von Qualität und Wirtschaftlichkeit, wie sie sich schon im Namen der Institution zeigt, sollte dabei kritisch betrachtet werden.

Eva-Maria Engelen
FB Philosophie, Universität Konstanz
und Université de Provence

Philosophie

von Eva-Maria Engelen

Ist die Philosophie eine Wissenschaft? Gibt es in der Philosophie einheitliche Methoden der Evidenzerzeugung? Hat die Philosophie einen Untersuchungsgegenstand? Man kann diese drei Fragen mit Nein beantworten. Was die Philosophie als akademische Disziplin ausmacht, ist die andauernde Beschäftigung mit jahrhunderte- oder gar jahrtausendealten Fragestellungen und das systematische Erarbeiten neuer Antworten auf diese. Diese Antworten stehen in jeweils enger Verbindung mit den Wissenschaften ihrer Zeit, gehen aber nie ganz in diesen auf. Vielmehr haben philosophische Ansätze die Wissenschaften ihrer Zeit wiederum zum Nachdenken über die eigenen Ansätze und Fragestellungen inspiriert. Diese jahrtausendealten Fragen lassen sich in Abwandlung der vier bekannten Fragen Kants[1] verkürzend auch wie folgt formulieren: Was können wir erkennen? Was können wir wissen? Was können wir denken? Was dürfen und müssen wir tun?

Die Philosophie als akademische Disziplin hat es sich zur Aufgabe gemacht, nach den Grundlagen zu fragen, die es ermöglichen, solche Fragen zu beantworten. Das tut sie in unterschiedlichen Teildisziplinen wie Erkenntnistheorie, Logik, Wissenschaftstheorie, Sprachphilosophie, Ontologie, Philosophie des Geistes, Ethik/Moralphilosophie, Ästhetik oder Hermeneutik. In den genannten Teildisziplinen werden unterschiedliche Verfahren angewandt, um die jeweiligen Grundlagen herauszuarbeiten, zu klären, warum sie Grundlagen sind und warum man mit ihnen meint die richtigen Grundlagen herausgearbeitet zu haben. Gemeinsam ist den Vorgehensweisen, dass es keine empirischen sind.

Der Begriff „These" wird in der Philosophie daher selten verwendet. Insofern ist die Frage naheliegend, ob in dieser Disziplin überhaupt Thesen aufgestellt werden. Wenn man die sehr allgemein gefasste Definition von „These" als Behauptung, die es zu beweisen gilt, heranzieht, wird man sicher sagen müssen, dass auch in der Philosophie Thesen aufgestellt werden, da auch Philosophen in ihren Arbeiten etwas behaupten. Interessanter als die Frage, wie philosophische Behauptungen aussehen, dürften allerdings zwei andere Beobachtungen in diesem Zusammenhang sein. Die eine betrifft die Art der Beweisführungen, die auf philosophische Behauptungen folgen, und die andere den Umstand, dass sich zahlreiche philosophische

Schriften von höchstem Rang anführen lassen, in denen keine expliziten Thesen aufgestellt werden.

Zur Art der Beweisführung in der Philosophie wird gleich einiges unter den Überschriften Argument, Argumentation und Relevanzbeziehungen dargelegt werden.[2] Zuvor soll allerdings die Fragen nach expliziten Thesen in der Philosophie erörtert werden.

Die Annahme, die hierfür vorangestellt wird, lautet: In philosophischen Klassikern werden deshalb so selten explizit Thesen aufgestellt, weil sie sich mit den Grundlagen des Denkens beschäftigen. Grundlagen können aber keine Thesen sein, weil man sie als Grundlagen des Denkens bereits benötigt, um Thesen allererst aufzustellen.

Dennoch könnte es sein, dass auch Philosophen zunehmend zur Thesenbildung getrieben werden, seit sie ihren Aufsätzen in Fachzeitschriften Zusammenfassungen voranstellen müssen, in denen in wenigen Worten formuliert werden muss, was in dem Aufsatz gezeigt wird. Diese Aufgabenstellung impliziert nämlich bereits, dass Ausführungen, Überlegungen und Gedanken auf Behauptungen zurückgeführt werden. Schilderungen, Bemerkungen oder allgemeine Beobachtungen fügen sich in dieses Schema schlecht ein, während in Monografien einzelne Kapitel dafür durchaus einigen Gedankenraum lassen. Und Monografien sind in der Philosophie nach wie vor das wichtigste Medium der Veröffentlichung.

Philosophische Überlegungen, Argumente und Erörterungen sind mithin nicht „hypothesengetrieben", andernfalls hieße dies, dass bedingte Behauptungen aufgestellt werden oder dass es eine deskriptive, also beschreibende Philosophie gäbe. Denn wir werden sehen, dass auch Gedankenexperimente nicht die Funktion bedingter Behauptungen einnehmen, sondern darauf angelegt sind, Denknotwendigkeiten und Denkmöglichkeiten zu eruieren. Eher kann man sagen, dass philosophische Überlegungen oft von Alltagsintuitionen ausgehen, bei denen man dann aber nicht stehen bleiben kann, sondern nach den theoretischen Grundlagen sucht, die diese Intuitionen stützen können.

Wie wird in der Philosophie eine These oder Behauptung beziehungsweise ein Argument gestützt?

In der formalen Logik wird eine These oder Annahme durch einen mathematischen Beweis gestützt, das ist beim philosophischen Argumentieren aber die Ausnahme. In der überwiegenden Anzahl philosophischer Schriften werden *Argumente, Schilderungen/Beispiele* oder *Gedankenexperimente* verwendet. Dabei es ist gar nicht so leicht, zu sagen, was ein Argument ist, obgleich die meisten von uns behaupten würden, täglich Argumente zu verwenden, um andere von etwas zu überzeugen.

Argument/Argumentation

Bei einem Argument gehen wir sehr häufig von einem Sachverhalt aus, der als unproblematisch, im Sinne von zutreffend, richtig oder glaubwürdig angesehen wird. Dabei kann es sich um eine Aussage handeln, der die meisten Verwender der Alltagssprache zustimmen würden, es kann sich aber auch um eine spezifisch philosophierelevante Aussage handeln, die in der Philosophie als akzeptiert gilt und nicht Vorgebildeten auf den ersten Blick noch gar nicht einleuchtet.

Wenn man einen solchen gemeinsamen Ausgangspunkt gefunden hat, hat man bereits eine gemeinsame Grundlage für die Argumentation gefunden, von der aus man anfangen kann, Schlussfolgerungen zu ziehen, und von diesen aus lassen sich dann weitere Behauptungen oder Annahmen ableiten. Ein derartiges argumentatives Vorgehen hat zumeist die folgende Form: „Ethologen und Philosophen neigen zu der Ansicht, dass die meisten Vögel und Säugetiere fähig sind, Repräsentationen zu bilden und zur Kontrolle ihres Verhaltens zu verwenden. Doch niemand ist versucht zu sagen, eine Muschel oder eine Auster denke. Die Eigenschaft, durch die sich diese beiden Arten von Organismen unterscheiden, wird von den Philosophen ,Intentionalität' genannt. Darunter verstehen sie das Vermögen bestimmter innerer Zustände, sich auf Eigenschaften in der Außenwelt zu beziehen."[3]

Hier wird zunächst von einer Annahme ausgegangen, die viele teilen, nämlich dass die meisten Vögel und Säugetiere fähig sind, Repräsentationen von Dingen und Ereignissen zu bilden und zur Kontrolle ihres Verhaltens zu verwenden. Dann wird überlegt, bei welchen Tieren wir nicht geneigt sind, von dieser Annahme auszugehen, um in einem nächsten Schritt zu klären, was den Unterschied ausmacht, der uns intuitiv dazu leitet, bestimmten Lebewesen eine Fähigkeit zuzusprechen und anderen nicht. Es wird ein Kriterium erarbeitet, von dem dann zu klären ist, worin es besteht, wie es sich bestimmen lässt. Die Annahme, dass die meisten Vögel und Säugetiere fähig sind, Repräsentationen zu bilden und zur Kontrolle ihres Verhaltens zu verwenden, wird aus Gründen der Arbeitsökonomie nicht weiter begründet.

Es kann aber auch sein, dass diese gemeinsame Grundlage herausgearbeitet wird, um eine Argumentation aufzubauen und den anderen dazu zu zwingen, der eigenen Argumentation zuzustimmen. Dann ist damit gezeigt worden, dass es Grundlagen gibt, die nicht nur gewisse Forscher teilen, dass es sich vielmehr um Argumentationsgrundlagen handelt, die man teilen muss, nicht nur aus disziplinären Gründen oder aufgrund von Plausibilität, sondern weil die inhärente Logik dazu zwingt. Diese Art der Argumentationsführung ist eine, die Philosophen besonders schätzen, weil sie Voraussetzungen des Denkens und Argumentierens offenlegen.

Ein Beispiel hierfür wäre etwa, dass derjenige, der das Recht auf Meinungsfreiheit als eine kulturrelative Erfindung westlicher Gesellschaften bezeichnet, dieses Recht mit seiner Äußerung bereits in Anspruch nimmt und selbst für seine eigene Argumentation benötigt, um ihr Gehör zu verschaffen. Er muss auf etwas zurückgreifen, dessen Gültigkeit er bestreitet oder bezweifelt, und er zeigt damit, dass das, was er ablehnt, nicht zu bestreiten ist.

Zumeist muss bei solchen Weisen der Argumentation gar nicht mehr darauf verwiesen werden, dass ihnen implizit eine (Vor-)Annahme für Folgerungsbeziehungen zugrunde liegt. Diese besteht darin, dass eine Prämisse, auf die man nicht verzichten kann, weil man sie benötigt, um sie zu bezweifeln, Gültigkeit beanspruchen kann. Eine solche Weise der Argumentation nennt man transzendental.

Beispiel/Beispielwahl

Dieses zuletzt angeführte Beispiel zu den Voraussetzungen des Denkens und Argumentierens kann darüber hinaus mitverdeutlichen, wie sehr unsere Argumentationen der treffenden Beispiele bedürfen, um andere zu überzeugen. Denn ein Beispiel zeigt und veranschaulicht, was man mit einer Behauptung oder These meint.

Die Wahl des Beispiels kann einen Aufsatz berühmt machen, weil es entweder eine systematische Schwierigkeit in bestehenden Theorien offenlegt oder weil es die Behauptung einer Aussage exemplifiziert. Für den letzteren Fall ist etwa der Satz zu nennen „Ein Junggeselle ist ein unverheirateter Mann". Dieses Beispiel wird in nahezu jedem Text angeführt, in dem erläutert werden soll, was ein analytischer Satz ist.

Und die sogenannten Gettier-Beispiele[4] haben den Autor dieser Beispiele so bekannt gemacht, dass sie nach ihm benannt sind. Er hat mittels dieser Beispiele gezeigt, dass die seit der Antike gängige Annahme, Wissen sei wahre begründete Meinung, nicht ausreicht, um „Wissen" zu bestimmen. Eines dieser Exempel lautet: Angenommen, Smith und Jones haben sich beide für eine bestimmte Stelle beworben. Smith geht, weil er bestimmte Gründe dafür hat, davon aus, dass Jones derjenige ist, der die Stelle bekommen wird. Und Smith geht zudem davon aus, dass Jones zehn Münzen in seiner Tasche hat. Smith tut dies, weil der Personalchef ihm schon bestimmte Hinweise in die Richtung einer solchen Personalentscheidung gegeben hat und er zudem gesehen hat, wie Jones seine Münzen gezählt hat. Dann umfasst die Annahme von Smith das Folgende: Der Mann, der die Stelle bekommt, hat zehn Münzen in seiner Tasche. Smith ist durchaus dazu berechtigt, diese Annahme für wahr zu halten.

Wenn nun aber doch Smith und nicht Jones die Stelle bekommt und Smith zudem, ohne es zu wissen, zehn Münzen in der Tasche hatte, ist die Annahme wahr, obgleich Smith nicht weiß, dass sie wahr ist, weil er von der Anzahl der Münzen in seiner Tasche nichts wusste, sondern seine Annahme auf die Anzahl der Münzen in Jones' Tasche gestützt hat.

Argument, Beispiel und Evidenz

Nicht Belege, sondern Begründungen und Beispiele für diese Begründungen sind im Fach Philosophie demnach für die Erzeugung von Evidenz ausschlaggebend, wenn es sich um systematische und nicht um philosophiehistorische Arbeiten handelt. Nun mag man sich zu Recht an dieser Stelle fragen, warum der Begriff der Evidenz, der im Kontext der angeführten Beispiele nicht erwähnt worden ist, nun trotzdem in diesem Zusammenhang verwendet wird.

Gezeigt wurde bisher, inwiefern und wie Argumente oder Annahmen Gültigkeit entfalten und damit eine behauptende Aussage stützen. Eine Argumentationsweise, die das leistet, ist etwa die transzendentale, mit der in dem Beispiel gezeigt wurde, dass das Menschenrecht der Meinungsfreiheit universale Gültigkeit hat, obgleich es in einem kontingenten historischen

Kontext, in einer relativ kleinen Region dieser Erde entstanden ist. Ist damit aber bereits Evidenz für denjenigen erzeugt worden, der unter Umständen überzeugt werden sollte? Also im geschilderten Beispiel für denjenigen, der die universale Gültigkeit der Meinungsfreiheit als Grundrecht von Menschen bezweifelt? Entsteht in diesem Fall Evidenz vielleicht erst dann, wenn derjenige, der überzeugt werden soll, der Argumentation so weit zustimmt, dass er nicht länger einen Weg sucht, um sich den Argumenten nicht anschließen zu müssen? Oder entsteht Evidenz bereits dann, wenn Sie als Leser dieser Seiten davon überzeugt sind, dass die Argumentation zutreffend ist? Die Antwort auf diese Frage ist nicht einfach. Sie lautet, dass Evidenz dann entsteht, wenn derjenige, der der Argumentation zustimmen muss, weil er ihre Annahmen teilen muss, die Evidenz dahingehend bestreiten können müsste, dass er zeigen kann, dass er die Annahmen doch nicht teilen muss. Sofern er das nicht zeigen kann, ist die Evidenz auch dann entstanden, wenn er sie leugnet. Die Evidenz wäre dann dahingehend entstanden, dass jeder, der die Argumentation vernimmt und versteht, ihr folgen muss, falls er keine Gegenbeispiele oder Gegenpositionen anführen kann, die zeigen, dass die Argumentation lediglich eingeschränkt gültig ist oder gar falsch.

In einer disziplinären Debatte könnte es hingegen klar formulierbare oder sogar klar formulierte Kriterien dafür geben, wann das Verhältnis zwischen einer Behauptung und einem Argument einen solchen Grad der Notwendigkeit erlangt, dass man aufhört, nach Gegenargumenten zu suchen. So gibt es in der psychologischen Forschung etwa Anforderungen hinsichtlich der Anzahl der Versuchsteilnehmer, damit das Ergebnis als eine verallgemeinerbare Aussage gelten kann. Zeigen zwei Personen bei einem Versuch dasselbe Verhalten, reicht die Zahl der Untersuchten nicht aus, um sagen zu können, dass sich Menschen in diesen und jenen Situationen so verhalten. Letztlich hängt die Beantwortung der Frage nach disziplinären Evidenzkriterien durchaus davon ab, wie die Übereinkünfte hinsichtlich methodischer Annahmen aussehen.

An dieser Stelle muss näher auf die Frage eingegangen werden, ob und inwiefern eine Begründung etwas anderes ist als ein Beleg. Denn weiter oben im Text wurde von Argumentationen und Begründungen sowie Beispielen gesprochen, wenn von philosophischen Evidenzen die Rede war, und im disziplinären Kontext der Psychologie von Versuchen und deren Ergebnissen, also dem, was man einen Beleg (hier in Form der Zusammenfassung der Versuchsergebnisse) nennen kann.[5] Argumentationen und Begründungen in dem hier angeführten Sinne zeigen meist nicht, dass etwas in der wirklichen Welt der Fall ist, sondern stellen notwendige, zwingende oder sehr wahrscheinliche Zusammenhänge dar. Belege können das nicht an sich leisten, sondern nur vor dem argumentativen Hintergrund einer Theorie.

Gedankenexperiment

Gedankenexperimente nehmen auch nicht lediglich auf das, was in der wirklichen Welt der Fall ist, Bezug. Zunächst sei kurz erläutert, was in der Philosophie ein Gedankenexperiment ist und welche Funktion es beim Argumentieren und Begründen einnimmt.

In einem Gedankenexperiment werden die Möglichkeitsbedingungen einer Behauptung, Annahme oder eines Arguments ausgelotet. Wie müsste beispielsweise eine Welt beschaffen sein, in der Wasser nicht H_2O ist? Können wir uns eine solche Welt überhaupt vorstellen? Und wenn wir sie uns nicht vorstellen können, ist Wasser dann notwendigerweise H_2O? Wenn es aber notwendigerweise H_2O ist, war es dann auch schon H_2O, als es die Chemie als Disziplin noch nicht gab? Solche Fragen versucht man mithilfe von Gedankenexperimenten zu beantworten; und die Antworten hängen sehr von der Vorstellbarkeit ab und diese wiederum von den als gültig angenommenen Grundlagen des Denkens, die die Grenzen der Vorstellbarkeit bilden.

In der Philosophie spielen Gedankenexperimente derzeit in der Philosophie des Geistes eine große Rolle. Eines, das es zu einiger Berühmtheit gebracht hat, ist das von Frank Jackson.[6] Er hat es entwickelt, um den Physikalismus in der Körper-Geist-Debatte zu widerlegen. Dem Physikalismus zufolge sind alle Tatsachen, also alles, was der Fall ist, physikalische Tatsachen. Geistige beziehungsweise mentale Tatsachen oder Zustände wie Fühlen, Denken, Begründen wären dann auch lediglich physikalische Tatsachen. Diese Behauptung oder Annahme soll durch das folgende Gedankenexperiment von Jackson widerlegt werden: Eine hervorragende Physikerin namens Mary lebt seit ihrer Geburt in einer Umgebung, in der sie nur schwarz-weiße visuelle Erfahrungen macht. Als Wissenschaftlerin lernt sie allerdings alles, was man über die Physik der Farben wissen kann. Was lernt Mary nun, wenn sie zum ersten Mal in eine farbige Umgebung kommt? Lernt sie etwas, was sie noch nicht wusste, obwohl sie als Wissenschaftlerin alles über die Theorie der Farben gelernt hat? Nach Frank Jackson erfährt sie etwas Neues, wenn sie zum ersten Mal Farben über die Sinne wahrnimmt – etwas, was mit Phänomenalität, dem Sich-in-einer-bestimmten-Weise-Anfühlen zu tun hat und das sie aufgrund ihres physikalischen

Wissens allein nicht lernen konnte. So weit das Gedankenexperiment, mit dem Jackson zeigen will, dass der Physikalismus falsch ist.

Die Reichweite und Funktionsweise von Gedankenexperimenten vermag man sich zu verdeutlichen, wenn man sich das Gegen-Gedankenexperiment von Daniel Dennett ansieht.[7] Dennett erzählt dieselbe Geschichte wie Jackson. Aber als Mary ihre Schwarz-Weiß-Welt verlässt, sagt sie nicht etwa: „Oh, was für eine faszinierende neue Erfahrung", sondern: „Ah, Farberfahrungen sind genau so, wie ich mir immer schon vorgestellt habe, dass sie sein würden!"

Dennett bestreitet einfach die Behauptung des ursprünglichen Gedankenexperiments, nach dem Mary eine neue Erfahrung machen würde. Das kann er, weil er die Plausibilität seines Gegenexperiments der des ursprünglichen Gedankenexperiments gegenüberstellt.[8]

Was erzeugt denn nun mehr Plausibilität, das Gedankenexperiment von Jackson oder das von Dennett? Die Antwort hierauf hängt von den Erfahrungen, die wir bisher gemacht haben, und von den Beispielen, die wir kennen, ab. Ist es für uns nun stimmig, anzunehmen, dass das Wissen über die Spektralzusammensetzung von Rot und die Funktionsweise des Sehapparats dasselbe ist, wie Rot zu sehen? Muss die Bedeutung von Vokabeln wie rau, leuchtend, schimmernd, duftend nicht in der Lebenswelt in Handlungszusammenhängen eingeführt sein, damit wir sie in vollem Umfang verstehen? Wenn das akzeptiert ist, kann eine bloß physikalische Begriffsdefinition von rau, leuchtend oder duftend nicht ausreichen, weshalb das Gedankenexperiment von Jackson überzeugend sein müsste. Letztlich hängt die Überzeugungskraft des Gedankenexperiments also auch davon ab, welche implizite oder explizite Theorie wir darüber haben, wie ein Wort zu seiner Bedeutung kommt – ob wir also der Auffassung sind, dass reine Begriffsdefinitionen ausreichen können, und zwar auch in Zusammenhängen, von denen man zunächst annehmen würde, dass es sich um empirische handelt, oder ob wir meinen, dass die Bedeutung von Begriffen in lebensweltlichen Kontexten eingeführt sein muss, um ihre Bedeutung in vollem Umfang zu erfassen. Für das Verständnis von Begriffen wie rau oder leuchtend, rot oder warm meinen viele prima facie, dass es erforderlich ist, Wärme gespürt zu haben, etwas Rotes gesehen zu haben oder von etwas Rauem gekratzt worden zu sein. Das Wissen, dass Wärme die Bewegung von Molekülen ist, erfasst die phänomenalen Aspekte, die wir mit Begriffen wie rot oder leuchtend verbinden, nicht. Diese Hintergrundannahmen machen die Überzeugungskraft von Jacksons Argument aus.

Gedankenexperiment und Evidenz

Damit die Plausibilität eines solchen Gedankenexperiments Evidenz erzeugen kann, muss mittels des Gedankenexperiments unstreitig eine Antwort auf die Ausgangsfrage gegeben werden. Letzteres könnte in dem Mary-Beispiel fraglich sein. Denn widerlegt die Tatsache, dass Mary eine Farberfahrung macht, letztlich den Physikalismus? Zeigt sie mit anderen Worten, dass die Farberfahrung keine physikalische Tatsache ist? Diese Frage kann an dieser Stelle nicht weiter erörtert werden. Was das Beispiel im Zusammenhang von Plausibilitäts- und Evidenzerzeugung zeigt, ist, dass für die Frage nach gegebener Evidenz geklärt sein muss, wann wir uns mit ausreichenden Gründen mit einer Antwort zufriedengeben können.

Durch welche Daten, Beschreibungen, Schilderungen oder Erzählungen werden in der Philosophie Thesen oder Behauptungen gestützt beziehungsweise gut begründet?

In einem Fragebogen, den die Arbeitsgruppe „Heureka" der Jungen Akademie an die Mitglieder ausgeteilt hat, damit sie jeweils für ihre Disziplin erklären, wie dort eine wissenschaftliche Behauptung bewiesen oder durch Belege gestützt wird, hat ein Philosoph geantwortet: Eine These gilt in der Philosophie dann als begründet, wenn man zeigen kann, dass die *Gegenthese nicht stimmt*. Dieses „Zeigen" geschieht durch Argumente.

Gängig ist aber auch das Verfahren, eine Behauptung dadurch zu begründen, dass *Gegenbeispiele* für die Behauptung, für die man argumentieren will, angeführt werden und dann gezeigt wird, dass diese Gegenbeispiele zu einer *Aporie*[9], einem unlösbaren Problem, führen. Auch diese Methode des Überzeugens wurde in den Fragebögen angeführt. Damit ist in einem ersten Schritt eine Evidenz für die eigene Argumentation erzeugt, weil sich das Gegenbeispiel als falsch erwiesen hat. Genau genommen müsste dann natürlich auch noch gezeigt werden, dass es nur diese Alternative gibt, das heißt, dass A die Negation von B ist und der Möglichkeitsraum damit erschöpft ist. Da man den Möglichkeitsraum in seiner Gesamtheit meist nicht kennt oder nicht wissen kann, ob man ihn in seiner Gesamtheit kennt, ist eine letztlich sichere Gewissheit damit nicht oft zu erzeugen.

Eine andere Antwort eines Philosophen lautete, dass er in einem Aufsatz zum Thema Wissensanalyse gezeigt habe, dass es eine zentrale Funktion des Wissensbegriffs sei, anerkannte Informationsquellen aufzuzeigen. Denn wenn wir sagen, „P weiß, dass x", meinen wir nichts anderes, als dass p bezüglich der Frage, ob x der Fall ist, ein guter Informant ist. Diesen Ausführungen hat er einige Überlegungen dazu folgen lassen, was ein guter Informant ist, indem er Situationen schildert, in denen wir jemanden einen guten Informanten nennen würden. Hier wurde also eine Begriffsanalyse vorgenommen, um Überzeugungskraft zu entfalten. Es wurde gezeigt, wie Begriffe verwendet werden und was sie, wenn sie so verwendet werden, bedeuten.

Keine Daten, aber literarische Formen

Daten werden in der Philosophie außer in der Medizinethik nicht als Belege für oder gegen eine Argumentation herangezogen. Das mag ein Grund dafür sein, dass Medizinethik von vielen eher als Sozialwissenschaft angesehen wird, deren Methoden sie auch verwendet, wenn Statistiken aufgestellt und ausgewertet oder Fragebögen entwickelt werden.

Anders als in den meisten anderen Wissenschaften können in der Philosophie auch literarische Formen eine Rolle spielen, wenn es darum geht, Evidenz zu erzeugen. Bekannte Beispiele sind hier insbesondere Philosophen wie Platon, Augustin, René Descartes oder auch Ludwig Wittgenstein. Literarische Formen, an denen sich das besonders gut erläutern lässt, sind etwa die Meditation oder das Selbstgespräch sowie der Dialog. Augustin und Descartes haben etwa die Form des Selbstgesprächs beziehungsweise der Meditation gewählt, um zu zeigen, dass man an allem zweifeln kann, nur nicht daran, dass man selbst zweifelt. Diese Bezugnahme auf das Selbst als Hort der Erkenntnissicherheit erfolgt in der Form eines Selbstgesprächs, die den Inhalt nicht nur unterstreicht, sondern die zum Bestandteil der Argumentation selbst wird.

Ähnlich verhält es sich mit der Dialogform bei Platon und Wittgenstein. In den Dialogen, die bei Wittgenstein allerdings auch ein Dialog mit einem früheren Selbst und dessen Positionen sind, werden etwa Identitätskriterien für eine Sache, einen Begriff oder auch eine Eigenschaft herausgearbeitet. Was ist etwa dafür erforderlich, eine rote Blume „rote Blume" nennen zu können und sie als eine solche zu erkennen? Erhalten die Worte "rote Blume" ihre Bedeutung durch den Gegenstand „rote Blume" oder dadurch, dass wir eine rote Blume „rote Blume" nennen und auf die Aufforderung hin, eine rote Blume zu pflücken, auch eine rote Blume pflücken?

In den *Philosophischen Untersuchungen* fragt Ludwig Wittgenstein in einem imaginären Dialog beispielsweise nach dem Wesen der Zahl:

„Gut; so ist also der Begriff der Zahl für dich erklärt als die logische Summe jener einzelnen miteinander verwandten Begriffe: Kardinalzahl, Rationalzahl, reelle Zahl, etc. (...). Dies muß nicht sein. *Denn* ich kann so dem Begriff ‚Zahl' feste Grenzen geben, d.h. das Wort ‚Zahl' zur Bezeichnung eines fest begrenzten Begriffs gebrauchen, aber ich kann es auch so gebrauchen, daß der Umfang des Begriffs nicht durch eine Grenze abgeschlossen ist. (...) Kannst du Grenzen angeben? Nein. Du kannst welche *ziehen* : denn es sind noch keine gezogen."[10]

Indem Wittgenstein feststellt, dass man den Begriff der Zahl so – aber auch anders – bestimmen könnte, weil es keine festgelegten Grenzen des Begriffs gibt, weist er darauf hin, dass die Grenzen eines Begriffs nicht in einer einzigen Definition ein für alle Mal gegeben sind. Vielmehr stellen wir im Gebrauch der Sprache fest, ob etwas eine Zahl ist und oder nicht.

Wittgenstein zeigt damit, dass die Erfüllungsbedingungen dafür, ob etwas ein x ist oder nicht, nicht a priori feststehen. Daher können diejenigen, die den Begriff benutzen, auch nicht für sich allein feststellen, ob der Begriff richtig verwendet wurde oder nicht. Feststellbar ist dies vielmehr nur im Gespräch mit anderen, denn ob ein Begriff richtig oder falsch verwendet wurde, zeigt sich im Sprachgebrauch, über den eine Sprachgemeinschaft durch Akzeptanz oder Nichtakzeptanz des Sprachgebrauchs entscheidet. Um dies zu zeigen, ist der Dialog – und sei es auch ein imaginärer – die philosophisch-literarische Form, die Bestandteil des Arguments wird, weil sie von vornherein offenbar werden lässt, dass ein Einzelner nicht über die Bedeutung eines Wortes verfügen kann.[11]

Zitate/Auswahl der Zitate

Mit dem vorangegangenen Beispiel lässt sich auch verdeutlichen, dass die Auswahl von Zitaten in der philosophischen Argumentation eine wichtige Rolle spielt. Ein Zitat kann, sofern es treffend ausgesucht ist und von einer Autorität des Faches stammt, zum Beleg werden, wenn der zitierte Autor in seinem Fach oder in einem bestimmten Diskurszirkel des Faches eine unangefochtene Stellung innehat. Als Beleg fungiert es meist, indem es für eine Argumentation verwendet wird, hinter der bereits die Annahme steckt, die durch das Zitat belegt werden soll. Daran lässt sich zudem ersehen, dass Zitate erst in einem Argumentationskontext zu Belegen werden und es noch nicht an und für sich sind.

Evidenz und Begriffsanalyse

Es soll hier nochmals klar herausgestellt werden, wie in der Philosophie Evidenz erzeugt wird. Das Beispiel einer transzendentalen Argumentation lässt das wahrscheinlich am deutlichsten werden. Wenn man zeigen kann, dass bestimmte Grundlagen für das Denken unverzichtbar sind, deckt man damit eine bestimmte Logik des Denkens auf, der man sich nicht entziehen kann. Solche *Begriffslogiken* werden häufig auch mithilfe von (fiktiven) Beispielen oder *Gedankenexperimenten* evident beziehungsweise explizit gemacht. Man benötigt dafür keine Experimente; Experimente könnten diese Aufgabe gar nicht übernehmen. Begriffliche Notwendigkeiten lassen sich nicht mittels Empirie beweisen, sondern nur mit Begriffsanalysen aufdecken. Diese Begriffsanalysen bestehen oft, aber keineswegs immer in Gedankenexperimenten, jedoch auch im Aufzeigen transzendentaler Grundlagen des Denkens, im Aufzeigen von Aporien oder im Beweis der Ungültigkeit der Gegenthese. Natürlich gibt es auch den vermeintlich einfacheren Fall, dass durch die Analyse des Gebrauchs eines Begriffs erst deutlich gemacht wird, was der Begriff (wie etwa „Gott" oder „Erinnerung") genau bedeutet. Ein Sprecher mag die Begriffe immer schon richtig verwendet haben, ohne sich der Kriterien des richtigen Gebrauchs bewusst zu sein. Werden diese beispielsweise in einem Dialog offengelegt, wird auch durch ein solches begriffsanalytisches Vorgehen Evidenz erzeugt.

Welche logischen Strukturen finden sich in philosophischen Argumentationen? Wie werden Relevanzbeziehungen in einzelnen methodischen Schritten in einer philosophischen Arbeit wirksam?

Auf die Frage, welche logischen Strukturen in philosophischen Argumentationen wirksam werden, lässt sich nicht dieselbe Antwort geben wie auf die Frage, welche Relevanzbeziehungen in einzelnen methodischen Schritten in einer philosophischen Arbeit wirksam werden. Denn auf die Frage, wann eine Prämisse in einem Schluss tatsächlich benötigt wird, also relevant/erheblich ist und nicht nur redundant, lässt sich nicht einfach damit antworten, dass begriffliche Notwendigkeiten dafür ausschlaggebend sind. Die analytische Wahrheit eines Satzes wie des bereits zitierten „Ein Junggeselle ist ein unverheirateter Mann" beruht auf der begrifflichen Notwendigkeit, dass ein Junggeselle unverheiratet ist. Um die Wahrheit dieses Satzes zu erkennen, muss man keinen Junggesellen persönlich getroffen haben. Das sagt aber noch nichts darüber aus, wann ein Argument in einer philosophischen Argumentation relevant ist, sondern nur darüber, welche Schlüsse daraus gezogen werden können, wenn der Satz als Prämisse eingesetzt wird.

Wann ein Argument in einer philosophischen Argumentation relevant ist, ist eine andere Frage als die nach analytischen Wahrheiten oder begrifflichen Notwendigkeiten. Sich zu überlegen, warum das so ist, hilft dabei, eine Antwort auf die Fragen zu geben, welche logischen Strukturen sich in philosophischen Argumentationen finden und wie Relevanzbeziehungen in einzelnen methodischen Schritten in einer philosophischen Arbeit wirksam werden.

Vielleicht nähern wir uns dieser Frage, indem wir doch noch einmal zu der Frage von oben zurückkehren, ob die Tatsache, dass Mary eine Farberfahrung macht, den Physikalismus widerlegt. Jacksons Argument wäre ein relevantes Argument gegen den Physikalismus, wenn Mary eine neue Tatsache lernen würde, sobald sie farbige Dinge sieht. Ein Gutteil der Debatte dreht sich darum, zu zeigen, dass Mary Kenntnis einer neuen Tatsache erwirbt und dass sie dennoch, bevor sie diese Erfahrung macht, vollständiges Wissen über physikalische Tatsachen hatte, weil die Tatsachen, die das neue Wissen wahr machen, physikalische Tatsachen sind, die Mary schon kannte, ehe sie die Erfahrung gemacht hat.

Das Argument lautet dann wie folgt:

Prämisse P1: Mary hat ein vollständiges physikalisches Wissen, bevor sie in eine farbige Umgebung gelangt.

Aus P1 folgt: Konsequenz K1: Mary kennt alle physikalischen Tatsachen über Farbwahrnehmung, bevor sie in eine farbige Umgebung gelangt.

Prämisse P2: Es gibt eine Form des Wissens in Bezug auf Farbwahrnehmung, über die Mary nicht verfügt, bevor sie in eine farbige Umgebung gelangt.

Aus P2 folgt: Konsequenz K2: Es gibt einige Tatsachen über Farbwahrnehmung, über die Mary nicht verfügt, bevor sie in eine farbige Umgebung gelangt.

Aus K1 und K2 folgt: Konsequenz K3: Es gibt nichtphysikalische Tatsachen über Farbwahrnehmung.[12]

Die Argumentation beruht im Kern darauf, dass physikalische und phänomenale Konzepte kognitiv unabhängig voneinander sind, sodass Mary ein vollständiges physikalisches Wissen haben kann, ohne über ein phänomenales Konzept wie etwa Röte oder Bläue zu verfügen und ohne die physikalischen Tatsachen in Verbindung mit einem Konzept wie Röte oder Bläue zu kennen.

Was sagt uns das über Relevanzbeziehungen in philosophischen Argumentationen? Eine Argumentation ist relevant, wenn sie eine Behauptung belegt, widerlegt oder die Gründe für unsere Intuition nachliefert, die uns eine Behauptung für überzeugend halten lässt und, indem sie das bewirkt, Strukturen des Denkens offenlegt.

Denn wir haben bei Jacksons Gedankenexperiment durchaus die Intuition, dass Mary etwas Neues lernt, wiewohl sie vorher alle physikalischen Tatsachen kannte. Die Argumentation, die darlegt, inwiefern Mary etwas Neues lernt, obgleich sie alle physikalischen Tatsachen kannte, ist nun eine Möglichkeit, diese Intuition zu bestätigen, indem gezeigt wird, unter welchen Bedingungen und begrifflichen Differenzierungen das Gedankenexperiment zutreffend ist.

Wie unterscheiden sich Kommunikationsprozess (Schreiben) und Erzeugungsprozess der Gedanken und Argumente in der Philosophie?

Das Argument, das ausgeführt wird, um einer Behauptung Plausibilität oder Evidenz zu verleihen, mag am Anfang der Überlegungen gestanden haben, die dann schriftlich ausgeführt werden. Oft ist es aber so, dass man beim Niederschreiben auf Unstimmigkeiten stößt, die dann dazu führen, dass die Argumentation verändert werden muss oder Zusatzannahmen gemacht werden müssen.

Ein ganz wichtiger Aspekt des Schreibens ist bei philosophischen, anderen geisteswissenschaftlichen oder sozialwissenschaftliche Argumentationen, dass die These erst das Material erschließt, auf das sie sich bezieht. Auch darauf wurde in einer Beantwortung des erwähnten Fragebogens hingewiesen. Das bedeutet, dass die These es erlaubt, zu verstehen, was der Forschungsgegenstand ist. Im Folgenden soll dieser Hinweis expliziert werden.

Beispiel: Ich habe die These, dass das soziale Umfeld das Verhalten eines

Individuums stark prägt. Zu dieser These lassen sich nun Beispiele finden, Anekdoten erzählen etc. Sie erschließt aber weder einen Forschungsgegenstand noch lassen sich Belege für sie angeben. Das ändert sich, wenn man etwa nachweisen kann, dass „der Umgang mit alten langsamen Menschen dazu führt, dass man langsam wird". Das Entscheidende hierbei scheint nicht zu sein, dass man Bewegungsgeschwindigkeit messen kann, sondern dass die konkrete Fragestellung tatsächlich einen Forschungsgegenstand hervorgebracht hat, dem man sich gezielter als über das Erzählen von Anekdoten zuwenden kann.

Worüber entsteht die Relevanzbeziehung, die das leistet? Sie entsteht durch die gedankliche Verbindung von Alter und Geschwindigkeit *plus* den Nachweis, der in diesem Fall in einer Messung besteht, dass man in seinen Bewegungen langsamer wird, wenn man mit alten Menschen zusammen ist. Maßgeblich hierfür ist zunächst die gedankliche Verbindung von Alter und Geschwindigkeit. Hierbei werden zwei Phänomenbereiche in Verbindung gesetzt, bei denen wir unmittelbar annehmen oder unterstellen, dass diese Verbindung tatsächlich besteht. Hinzu kommt dann, dass sich herausstellt, dass sie sich tatsächlich durch Messen nachweisen lässt. In Fällen, in denen das weniger leicht einsichtig ist, besteht die Überzeugungsarbeit der Wissenschaftler zu einem Gutteil in der Ausarbeitung der Relevanzbeziehung zwischen den gewählten Experimenten und der Grundhypothese.

Bei Jacksons Gedankenexperiment besteht die gedankliche Verbindung darin, dass Sehen mit einem Seheindruck oder Seherlebnis einhergeht, das phänomenal ist, also empfunden wird, während wissenschaftliches Wissen und Erklären eben gerade nicht mit einem solchen Erleben einhergeht.

Die wissenschaftlichen Argumentations- und Kommunikationsweisen beim Schreiben von Büchern und Aufsätzen unterscheiden sich in einigen Aspekten, und das nicht zuletzt auch in Bezug auf die Fülle des Materials, das durch Fragestellungen oder Untersuchungsperspektiven aufgeschlossen wird. Während es beim Aufsatzschreiben zumeist darum geht, ein einziges Argument zu verteidigen oder eine einzige Behauptung zu belegen, sind Bücher so angelegt, dass sie ein Thema in seiner ganzen Breite behandeln. In einem Buch wäre es also beispielsweise nicht angebracht, sich, wenn es um die Frage des Physikalismus geht, nur mit den Argumenten für oder wider das Mary-Gedankenexperiment von Jackson zu befassen. Die Diskussionen um das Thema Physikalismus und Bewusstsein müssten vielmehr in ihrer Vielfalt angeführt werden; darüber hinaus müsste zumindest in dem einleitenden Kapitel eine Darlegung zu den verschiedenen Bestimmungen des Begriffs „Bewusstsein" erfolgen. Philosophische Monografien unterscheiden sich mithin nicht unbedingt in der Genauigkeit und Kleinteiligkeit von Aufsätzen, sondern darin, dass ein Thema systematisch breiter bearbeitet wird und der geistesgeschichtliche Fragehorizont ein weiterer ist.

Schlussbemerkung

Diese Ausführungen mögen zeigen, dass es in der Philosophie keine abgeschlossene Methodenlehre geben kann, auf die sich die Vertreter der Disziplin einigen. Die historisch entstandenen Verfahren, Überzeugungskraft zu entfalten, auf Plausibilitäten zurückzugreifen und Evidenzen zu erzeugen, sind zu vielfältig, als dass man sich sinnvollerweise darauf einigen könnte, einige zu streichen und andere als kanonisch hervorzuheben. Die Methodenlehren anderer Wissenschaften, seien es die Natur- oder die Sozialwissenschaften, können hier auch nicht als Paradigma fungieren.

Anmerkungen

1   „Das Feld der Philosophie in dieser weltbürgerlichen Bedeutung läßt sich auf folgende Fragen bringen: 1) Was kann ich wissen? 2) Was soll ich thun? 3) Was darf ich hoffen? 4) Was ist der Mensch? Die erste Frage beantwortet die Metaphysik, die zweite die Moral, die dritte die Religion und die vierte die Anthropologie. Im Grunde könnte man aber alles dieses zur Anthropologie rechnen, weil sich die drei ersten Fragen auf die letzte beziehen." (Immanuel Kant, Logik, AA IX, 25)

2   Auf die philosophische Fachliteratur, die sich damit auseinandersetzt, was ein Argument, eine Argumentation, ein Gedankenexperiment jeweils ist, sei hier mit einem Klassiker verwiesen: E. St. Toulmin, The Uses of Argument, Cambridge 2003 (überarb. Fassung).

3   J. Proust, Das intentionale Tier, in: Der Geist der Tiere. Philosophische Texte zu einer aktuellen Diskussion, hg. v. D. Perler u. M. Wild, Frankfurt/M. 2005, S. 223 – 234, hier 224.

4   Zuerst veröffentlicht in: E. Gettier, Is Justified True Belief Knowledge?, in: Analysis 23 (1963), S. 121 – 123.

5   Vgl. dazu den Beitrag von Katharina Landfester.

6   F. Jackson, „What Mary Didn't Know", Journal of Philosophy 83 (1986), S. 291 – 295. Jacksons Position hat sich im Verlauf der Diskussion verändert, was für die Darlegungen hier jedoch nicht relevant ist.

7   Siehe etwa: D. Dennett, Consciousness Explained, Boston 1991.

8   Vgl. Artikel „Thought Experiments" von J. R. Brown in der Stanford Encyclopedia of Philosophy: http://plato.stanford.edu/entries/thought-experiment/

9   Vgl. Artikel „Aporie" von B. Waldenfels in: Historisches Wörterbuch der Philosophie, hg. v. J. Ritter, K. Gründer und G. G., Basel 1971, Bd. 1, Sp. 448.

10 L. Wittgenstein, Philosophische Untersuchungen, Frankfurt/M. 1975, Nr. 68.

11 Vgl. E.-M. Engelen, Überlieferungskultur und Methoden der Wahrheitsfindung. Die Rolle des Dialogs, in: Die Zukunft des Wissens, hg. v. J. Mittelstraß, Konstanz 1999, S. 1199 – 1206 hier 1202 f.

12 Aus: M. Nida-Rümelin (2002), Qualia: The Knowledge-Argument, in: http://plato.stanford.edu/entries/qualia-knowledge/

Stefan Bornholdt
Fachbereich Physik
Universität Bremen

Physik

Physik

von Stefan Bornholdt

Einleitung

Wann ruft heute ein Physiker „Heureka"? Nun, das „Heureka" des Archimedes ist das „Heureka" eines Physikers. Es kann vielleicht auch heute noch als prototypisch für den Erkenntnismoment eines Physikers gelten.

Die verschiedenen Phasen eines physikalischen Erkenntnisprozesses werden durch die Archimedes-Anekdote anschaulich illustriert. Am Anfang steht eine Zufallsbeobachtung, wie bei manchen physikalischen Entdeckungen auch heute noch: Archimedes beobachtet in der Badewanne, quasi durch Selbstversuch, dass sein Körper das Wasser verdrängt. Diese Beobachtung löst eine Schlüsselerkenntnis aus: dass sich die Wasserverdrängung zur Bestimmung des Volumens eines Gegenstands heranziehen lässt und sich daraus, in Kombination mit dessen Gewicht, zumindest im Prinzip das Material des Gegenstands bestimmen lässt. Doch woher rührt das Problem, dessen Lösung er hier findet, überhaupt? Ausgangspunkt ist, wie für einen Teil physikalischer Forschung heute auch, eine durchaus angewandte Fragestellung: nämlich die Vermutung, die schwere Krone des Herrschers könnte mit wertlosem Metall gestreckt worden sein, und der Wunsch, das Material der Krone zu bestimmen, ohne diese dabei zu zerstören.

Neben der gedanklichen Linie des Erkenntnisprozesses illustriert die Anekdote auch das „Drumherum", die weiteren Bedingungen physikalischen Erkenntnisgewinns. Die Entspannung und Muße als eine Vorbedingung des kreativen Nachdenkens etwa, die hier so herrlich angedeutet wird, indem die Erzählung Archimedes im Badewasser, quasi in seinem Laborexperiment sitzend, plaziert. Aber auch die „Nachbereitung" wird angedeutet, die öffentliche Präsentation der Entdeckung des einzelnen Forschers: Der Erzählung nach springt Archimedes sogleich aus dem Bad und läuft mit „Heureka"-Rufen durch die Straßen der Stadt. Er macht seine Entdeckung bekannt und macht sie dadurch für andere überprüfbar und verwendbar.

Das Grundschema, das sich in der archimedischen Erzählung andeutet, ist nicht auf das Gebiet der Physik beschränkt, sondern skizziert einen allgemeinen naturwissenschaftlichen Erkenntnisprozess, wie auch die verschiedenen naturwissenschaftlichen Kapitel dieses Buches zeigen. Worum geht es nun in der Physik?

Die Physik charakterisiert im Kern die Materieeigenschaften der uns umgebenden Welt anhand von Beobachtungen und Experimenten. Dieser Prozess steht im engen Wechselspiel mit Theoriebildung, meist in Form möglichst einfacher mathematischer Modelle und im elementarsten Fall mit der Formulierung von Naturgesetzen. Wenn ein Physiker – umgangssprachlich unpräzise – sagt, er wolle damit einen Teil der physikalischen Natur „verstehen", so ist dies im Kontext der physikalischen Methode durchaus wohldefiniert: Ein physikalisches Phänomen gilt oft genau dann als „verstanden", wenn der Physiker eine mathematische Gesetzmäßigkeit angeben kann, die das Phänomen quantitativ beschreibt. Im Allgemeinen kann die mathematische Gesetzmäßigkeit den Ausgang zukünftiger Experimente quantitativ vorhersagen und dies ermöglicht weitere Überprüfungen. Die allgemeinsten physikalischen Gesetzmäßigkeiten gehören als „Naturgesetze" zum zentralen Teil der Ergebnisse physikalischer Forschung und zum Kern ihrer Theoriebildung über die physikalische Natur. Häufig sind der Formulierung von Gesetzmäßigkeiten oder ihrer höchsten Form, der Formulierung von Naturgesetzen, zunächst die Stufen eines Meinungsbildungsprozesses vorausgegangen: angefangen von der Beobachtung eines neuen oder überraschenden Phänomens über die Kommunikation und Veröffentlichung sowie über die Realisierung durch konkurrierende Forscher oder Arbeitsgruppen bis hin zu einer allgemein akzeptierten Form. Dabei gibt es, anders als in der Mathematik, in der Regel kein kanonisches Beweisverfahren, mit dem die Gültigkeit einer Theorie bewiesen werden könnte. Das vielleicht stärkste Mittel der Selektion physikalischer Theorien ist die Falsifizierungsmöglichkeit (Karl R. Popper), wonach ein einzelnes Gegenbeispiel oder ein einziges widersprechendes Experiment ausreicht, um eine Theorie zu kippen. Übrig bleiben zunächst unangefochtene Theorien oder Gesetze, die ihre allgemein akzeptierte Evidenz oft nur allmählich und nach längerer Zeit erlangen: durch eine angemessene Zahl von gescheiterten Versuchen, sie zu falsifizieren und alternative Theorien zu finden.

Werden in der Disziplin (immer) Thesen aufgestellt?

Im Zentrum der Physik steht die meist von einer These geleitete gezielte Naturbeobachtung. Dies ist aber nicht immer der Fall; Zufall und Spiel sind häufige Begleiter physikalischer Forschung. Archimedes ist vermutlich nicht mit der Absicht ins Bad gestiegen, das Material der Herrscherkrone zu bestimmen, seine Erkenntnis beruht in erster Linie auf einer Zufallsbeobachtung. Die Geschichte der Physik ist gesäumt von Zufallsbeobachtungen, der berühmte Apfel Isaac Newtons zählt ebenso dazu wie die Entdeckung der Röntgenstrahlung durch Wilhelm Röntgen. Doch auch bei diesen unverhofften Glücksfällen erfolgt anschließend sofort die Formulierung einer These.

Eine elementare physikalische These ist die Behauptung, ein bestimmtes Experiment werde zu einer bestimmten Beobachtung führen. Ein Experiment muss dabei so definiert sein, dass es für einen Fachkollegen im Detail nachvollziehbar ist und insbesondere auch anhand der Beschreibung im Labor wiederholt werden kann. Eine Beobachtung, zum Beispiel astrophysikalischer Natur, muss reproduzierbar sein, etwa indem vergleichbare Messergebnisse erzielt werden. Die Erzeugung von Röntgenstrahlen und deren Beobachtung im Experiment durch Wilhelm Röntgen ist ein Beispiel für die Beobachtung eines neuen, möglicherweise unerwarteten Phänomens. Als elementare These Röntgens könnte man das Experiment selbst nennen, also Aufbau und Durchführung seines Versuchs nebst (behauptetem) Ausgang des Experiments. Der Ausgang des Versuchs ist mit dem seinerzeit bekannten physikalischen Wissen nicht erklärbar. Die Behauptung „Wenn du dieses tust, wirst du jenes beobachten" erscheint vor diesem Hintergrund als bemerkenswert, interessant und geradezu unwahrscheinlich und wird dadurch zu einer These, die in Fachkreisen mit höchster Aufmerksamkeit wahrgenommen wird.

Setzt man angesichts der neuen Beobachtung zu einem ersten (hypothetischen) Erklärungsversuch an, so erhält man die wohl gängigste Form der These in der Physik, die „Arbeitshypothese". Die röntgenschen „X-Strahlen" als Hypothese über eine neuartige und noch unbekannte Form einer Strahlung waren zunächst eine solche Arbeitshypothese, die einen möglichen Erklärungsansatz bot. Röntgen wurde schnell klar, dass seine Experimente nicht ohne die Annahme einer solchen bislang unbekannten Art von Strahlung erklärt werden können. Gezielte Folgeexperimente konnten die Arbeitshypothese der Existenz einer solchen Strahlung dann verifizieren. Erst später wurde klar, dass es sich um besonders kurzwellige elektromagnetische Wellen, also eine energiereiche Form von Licht handelt.

Eine zweite Klasse von Thesen in der Physik sind (behauptete) Gesetzmäßigkeiten, die aus Experimenten oder Beobachtungen abgeleitet wurden. Ein Beispiel dafür ist das newtonsche Fallgesetz. Ein solches mathematisch formuliertes Gesetz ist zwar aus einer begrenzten Zahl von Experimenten gewonnen, beansprucht jedoch Gültigkeit für eine ganze Klasse natürlicher

Prozesse und damit auch für eine praktisch unbegrenzte Zahl bloß hypothetischer Experimente.

Ein dritter Typus einer physikalischen These ist eine (behauptete) physikalische Theorie, ein mathematisch formuliertes Modell eines Teilbereichs der physikalischen Wirklichkeit, das Vorhersagen über den Ausgang möglicher Experimente macht. Ein Beispiel ist das vom Standardmodell der Elementarteilchentheorie vorhergesagte Higgs-Teilchen. Dieses Teilchen hat eine neue Qualität, indem es sich von allen bisher bekannten Elementarteilchen unterscheidet, etwa durch seine ungewöhnlich hohe Masse oder durch charakteristische Wechselwirkungen mit anderen Teilchen. Im Unterschied zur These „Mehr desselben!" des newtonschen Fallgesetzes sagt das Standardmodell der Elementarteilchenphysik hier zusätzlich eine neue Qualität in Form eines bisher unbekannten Teilchens voraus. Das LHC-Experiment am Forschungszentrum CERN in Genf soll dieses Teilchen der Theorie folgend erzeugen. Sollte dies nicht geschehen, so ist die Theorie in Teilbereichen falsifiziert und müsste in diesem Punkt weiterentwickelt werden. Das Standardmodell der Elementarteilchentheorie als Ganzes wäre damit jedoch nicht falsifiziert, denn es sagt eine Vielzahl von Phänomenen präzise vorher. Die Beobachtung des korrekt vorhergesagten Top-Quarks vor wenigen Jahren war eine fulminante Bestätigung einer Voraussage dieser Theorie. Für den Theoretiker war diese Nachricht allerdings auch ein wenig langweilig, da sich durch eine korrekte Vorhersage keine Anhaltspunkte für Verbesserungen am Modell ergeben. Und Verbesserungen werden hier als nötig empfunden, enthält das Standardmodell der Elementarteilchenphysik doch eine Vielzahl bisher unverstandener Parameter als Stellschrauben.

An diesem Beispiel wird vielleicht deutlich, warum eine physikalische Theorie nicht beweisbar im Sinne eines mathematischen Beweises ist. Eine überwältigende Zahl korrekter Einzelvorhersagen der Teilchentheorie stützen das gegenwärtige Modell, schützen es jedoch nicht vor der Möglichkeit der Falsifikation. Denn ein einziges Gegenbeispiel reicht, um eine Theorie zu widerlegen. Schon das newtonsche Fallgesetz ließe sich, auch heute noch, durch ein einziges Gegenbeispiel widerlegen. Doch erwartet heute wohl niemand, dass morgen ein gewöhnlicher Steinwurf anderen als den gewohnten Bewegungsgesetzen gehorchen würde. Die Evidenz aus vielen kleinen Einzelerfahrungen mit dem newtonschen Bewegungsgesetz schafft Vertrauen in eine vom Prinzip her unbeweisbare (jedoch widerlegbare!) Gesetzmäßigkeit.

Beide Theorien, das newtonsche Fallgesetz und das Standardmodell, haben ihren Ursprung in Experimenten, nämlich in den newtonschen Fallexperimenten und in der Beobachtung einer Fülle neuer Elementarteilchen in den 60er- und 70er-Jahren. Die „Vorhersage" von Neuem im zweiten Fall ist mathematischer Theoriebildung zu verdanken, die heute einen wichtigen Zweig wissenschaftlicher Forschung ausmacht. Die erfolgreiche Hypothese eines neuen Elementarteilchens folgte in der Vergangenheit häufig aus Forderungen nach Symmetrie in den mathematischen Gleichungen, einem durchaus auch ästhetischen Prinzip. Eine gegenwärtige These ist die Supersymmetrie der Elementarteilchen, die den physikalischen Teilchenzoo verdoppeln würde. Sie steht unter anderem als Motivation hinter den kommenden Experimenten mit großen Teilchenbeschleunigern wie denen am Forschungszentrum CERN.

Thesen der theoretischen Physik nehmen in Teilen eine Sonderstellung ein, denn nicht alle Ergebnisse müssen notwendig an ein physikalisches Experiment gekoppelt sein. Heutige physikalische Forschung arbeitet oft mit hochentwickelten Theorien, die Voraussagen über den Ausgang von Experimenten machen und daran getestet werden können. Eine These ist hier ein mathematisches Modell, eine Theorie, die prinzipiell Voraussagen über den Ausgang von Experimenten oder über mögliche Beobachtungen macht.

Physikalische Theorien können auch die Basis zur Formulierung neuer Thesen werden, die nicht durch Experimente geprüft werden können, sei es, dass die Theorie keine überprüfbaren Vorhersagen liefert oder dass die einzig möglichen Experimente nicht praktikabel sind. Ein solches Beispiel ist die Stringtheorie, eine eher mathematische Forschungsrichtung der theoretischen Physik, die die Fundierung der Teilchentheorie zum Ziel hat und an der die enge Verwandtschaft zwischen mathematischer Physik und Mathematik besonders deutlich wird. Ob dieses Forschungsgebiet nicht nur „physikalisch motivierte Mathematik" bleibt, sondern sich auch zu einem Gebiet der Physik im engeren Sinne entwickelt, ist eine offene Frage, die sich erst anhand experimentell überprüfbarer Vorhersagen entscheiden kann.

Wie wird in der Disziplin eine These oder Behauptung gestützt?

Eine physikalische These wird durch experimentelle Daten gestützt wie zum Beispiel durch den vorhergesagten Ausgang eines Experiments oder, jenseits von Laborexperimenten (etwa in der Astrophysik), durch reine Beobachtungsdaten. Dies gilt letztlich auch für Thesen der theoretischen Physik, wenngleich in Teilbereichen wie der mathematischen Methodenentwicklung eine These durch einen mathematischen Beweis belegt werden kann. Eine Zwischenstellung nehmen numerische Computermodelle physikalischer Systeme ein, die ab einer gewissen Größe geradezu den Charakter einer „Blackbox" annehmen können. Einer These im Sinne einer Vorhersage einer physikalischen Größe durch solch ein Modell ist gewissermaßen eine grundlegende These als Vorbedingung vorausgeschaltet: die These nämlich, dass das Computermodell das natürliche System richtig abbildet. Wenn diese nicht belegt werden kann, ist die Vorhersage nicht viel wert.

Wie verläuft der Kommunikationsprozess von Thesen?

Physikalische Thesen in Form von Theorien oder Experimenten müssen in eindeutiger Form kommuniziert werden. Beispielsweise muss ein Experiment so gut dokumentiert sein, dass ein Fachkollege dieses ohne Probleme wiederholen kann. Reproduzierbarkeit ist ein zentrales Anliegen des Wissenschaftlers und eine Grundvoraussetzung von Wissenschaftskommunikation, sodass in dieser Hinsicht meist besondere Sorgfalt angewandt wird. Dies gilt ganz allgemein für die Kommunikation von Thesen der Physik, wenn auch verschiedene Kommunikationskanäle dies in unterschiedlicher Form tun. Dies reicht von formaler Strenge in Fachpublikationen bis hin zu umgangssprachlich unexakter Ausdrucksweise bei der Diskussion in der Kaffeepause. Die Form ist weitgehend unerheblich, solange die physikalische Aussage präzise kommuniziert wird, zum Beispiel durch einen (exakten) Messwert oder einen (exakten) mathematischen Ausdruck.

Die klassische und immer noch wichtigste Form der Kommunikation ist die Veröffentlichung in einer physikalischen Fachzeitschrift. Durch einen herausgeberischen Begutachtungsprozess wird eine erste Qualitätsprüfung vorgenommen. Diese wird nicht immer als neutral beurteilt, insbesondere neue oder gegenüber einer allgemeinen Lehrmeinung kritische Ideen haben es hier schwerer.

Oft wird eine physikalische These parallel auf einer Fachtagung den Fachkollegen vorgestellt, meist in Form eines Vortrags oder durch eine Posterpräsentation. Hier ist die Diskussion mit Fachkollegen die Motivation, da sie oft der Weiterentwicklung der Ideen dient oder Kooperationen initiiert.

Beidem voraus geht heutzutage meist die Veröffentlichung eines Vorabdrucks oder Diskussionspapiers auf der elektronischen Publikationsplattform *www.arxiv.org*. „The Archive" ist unter Physikern fast das Hauptorgan, wenn es darum geht, sich auf dem Stand der Forschung zu halten. Vor allem aber dient eine solche Onlineveröffentlichung dazu, die Priorität eines Arbeitspapiers zu sichern, indem dieses dort mit einem weltweit sichtbaren Datumsstempel versehen wird. Nach Veröffentlichung in diesem Medium ist ein Papier also auch im Hinblick auf Konkurrenten gefahrlos austauschbar und diskutierbar.

Eine interessante neue Kommunikationsform sind wissenschaftliche Blogs. Nicht gemeint sind damit gleichnamige Blogs populärwissenschaftlicher Natur, sondern die Blogs von Wissenschaftlern, die diesen Weg bewusst zur Kommunikation ihrer wissenschaftlichen Thesen wählen. Es zeigt sich, dass damit die Nachteile des Peer Reviews, also der anonymen Begutachtung von Artikeln durch Kollegen vor der Publikation in Fachzeitschriften, umgangen werden können. Dies kann zum Beispiel in Fachkulturen von Vorteil sein, die von vorherrschenden „Lehrmeinungen" dominiert werden, sodass bestimmte Thesen in den einflussreichen Fachzeitschriften kaum eine Chance haben, gedruckt zu werden.

Ein der Physik eigenes Feld ist das der Demonstrationsexperimente, die weniger der Kommunikation neuer wissenschaftlicher Thesen dienen als vielmehr dem physikalischen Unterricht. Hier hat R.W. Pohl in Göttingen in den 1920er-Jahren Pionierarbeit geleistet und den experimentellen Demonstrationsversuch fest in den akademischen Vorlesungen zur Experimentalphysik verankert. In der Mathematik ist Evidenz über den Beweis einer These unmittelbar herstellbar, diese Option fehlt der Physik. Der Evidenz durch das unmittelbare Erleben eines physikalischen Experiments kommt daher eine zentrale Rolle für die Akzeptanz physikalischer Thesen zu. Diesem Zweck dient das Demonstrationsexperiment, ein Experiment also, das nur ausgeführt wird, um den Lernenden zu zeigen, wie sich die Dinge in der Welt verhalten, und nicht, um eine physikalische These wirklich zu prüfen. Das Demonstrationsexperiment ermöglicht diese der Physik eigene „Evidenzerfahrung" bereits im Studium bei der Vermittlung klassischer physikalischer Inhalte.

Durch welche Daten und Belege werden Thesen gestützt?

Thesen in der Physik werden durch Experimente oder Beobachtungen gestützt. Gewonnene Messdaten werden mit den Voraussagen der zu prüfenden These verglichen.

Prototypisch ist das Laborexperiment mit behauptetem Ausgang, das von Fachkollegen nachvollzogen werden kann. Die mehrfache Reproduktion von Laborexperimenten geht oft der allgemeinen Annahme einer These durch die Fachkollegen voraus. Hier zeigt sich der Unterschied zur Mathematik: Eine physikalische These ist meist eine Aussage über das Verhalten der Natur, die nicht an sich beweisbar ist. Das Experiment oder die Naturbeobachtung stellt den Kontakt zur Natur über Einblicke her, die vom Umfang her eher Stichprobencharakter haben.

Dem Entwurf eines aussagekräftigen Experiments kommt eine herausragende Bedeutung zu. Im Idealfall kann ein „Schlüsselexperiment" vorgeschlagen werden, das eine These unmittelbar stützt, zum Beispiel indem der Ausgang des Experiments eine von zwei Alternativen falsifiziert.

Die Falsifikation einer physikalischen These durch das Experiment ist wohl das mächtigste Instrument des Physikers und kommt der unmittelbaren Evidenz eines mathematischen Beweises zumindest nahe. Nach Ablauf einer kurzen Frist, in der vielleicht andere Arbeitsgruppen das Experiment der Falsifikation reproduziert haben, ist ein solches Ergebnis oft schnell allgemein anerkannt.

Ein Experiment, das nicht reproduzierbar ist, erlangt keine Akzeptanz. Hier ist das „Heureka", das die Entdecker beim Erstversuch vielleicht ausgerufen haben, wertlos. Das Beispiel der kalten Fusion von Wasserstoff durch Elektrolyse bei Zimmertemperatur ist in dieser Hinsicht lehrreich: Die Entdecker waren sich sicher, hier eine unerschöpfliche Energiequelle entdeckt zu haben. Diese These verschwand jedoch nach kurzer Zeit, als die erfolgreiche Reproduktion der Experimente in anderen Labors ausblieb.

Welche Beziehung muss zwischen Daten und Belegen bestehen?

Die Beziehung zwischen experimentellen Daten oder einer Beobachtung und dem „Nicht-Beleg", also der Falsifikation einer These, ist somit sehr eindeutig. Dagegen ist ein aus Daten hergeleiteter Beleg eine weniger eindeutige Angelegenheit. Das Spektrum reicht von schwachen bis zu starken Belegen; im ungünstigen Fall sind die Daten lediglich „verträglich" mit der These. Sie falsifizieren diese zwar nicht, lassen aber auch keine Präferenz für die betrachtete These zu, zum Beispiel weil viele alternative Thesen ebenfalls mit den Daten kompatibel sind. Daten können jedoch als ein sehr starker Beleg gewertet werden, wenn sie ein überraschendes Moment enthalten oder, präziser ausgedrückt, wenn sie mit einem erheblichen Wissenszuwachs einhergehen. Besteht die These beispielsweise in der Vorhersage eines neuen Phänomens, etwa eines neuen Elementarteilchens, das in der Folge beobachtet wird, so ist dies ein starker Beleg für diese These. Die Vorhersage des Positrons durch Paul Dirac ist ein Beispiel dafür: Anfang der 1930er-Jahre betrachtete er die noch neue Quantenmechanik im Kontext der einsteinschen Relativitätstheorie und sah die Notwendigkeit des neuen Teilchens im Rahmen der kombinierten Theorien. Eine Vorhersage für ein neues, noch nie unternommenes Experiment birgt dieses Überraschungsmoment, das die Fülle möglicher Ausgänge des Experiments auf den tatsächlich beobachteten Ausgang reduziert. Sie geht daher mit einem echten Wissensgewinn einher.

Wie unterscheiden sich Kommunikations- und Erzeugungsprozess?

Physikalische Forschung ist ein rückgekoppelter Prozess, in dem Experimente und Ergebnisse neue Forschungsfragen aufwerfen und den Weg des Erkenntnisgewinns zu jeder Zeit in verschiedene Richtungen lenken können. Deshalb ist der Prozess der Thesenerzeugung nicht nur beim einzelnen Forscher zu betrachten, sondern auch im Kontext seiner Fachkollegen.

Erzeugung und Kommunikation einer These können außerordentlich verschieden sein. Für den einzelnen Forscher steht am Anfang einer Forschungsfrage oft der spielerische Umgang mit Ideen oder experimentellen Apparaturen im Vordergrund. Die Kommunikation einer These, einer Theorie oder eines Experiments in einem Fachjournal dagegen unterliegt einer strengen Form, die den wesentlichen Gang der Argumentation stringent darstellt und Umwege im Erzeugungsprozess in der Regel auslässt. Nicht selten stehen Darstellung und chronologische Erzeugungsgeschichte in einem umgekehrten Verhältnis: etwa wenn ein Forscher eine Theorie vom Ende her entwickelt, mit dem vermuteten Resultat als Ausgangspunkt. Die Lehrbuchdarstellung orientiert sich dann später zumeist nur am rein deduktiven roten Faden und lässt die assoziativen Gedankenfäden des Entdeckers, die zur These geführt haben, außer acht.

Die Präsentation einer Theorie oder eines Ergebnisses lässt oft kaum Rückschlüsse auf die Umstände ihrer Entstehung zu. Befragt man Physiker heute, wo sie ihre besten Ideen haben, kommen Antworten, die der Situation des Archimedes im Badewasser gar nicht so unähnlich sind. Die reicht (tatsächlich!) vom ausgiebigen morgendlichen Schaumbad über Spaziergänge, Arbeiten im Café, Muße abends bei einem Glas Wein und Sport bis zu ausgiebigen Gesprächen. Über den Nobelpreisträger Martinus Veltman erzählt man die Anekdote, dass die absurde Idee, im Rahmen von Näherungsverfahren auch an der Zahl der Dimensionen unseres Raumes zu „wackeln", an einem fortgeschrittenen Abend beim Bier mit Freunden entstand und zunächst nichts als ein von ihm in die Runde gerufener Scherz war. Veltman aber verließ, so erzählt man, schnell die Runde und arbeitete noch in derselben Nacht die Grundlagen der für seine nobelpreiswürdigen Arbeiten bedeutsamen „dimensionalen Regularisierung" aus.

Orte und Situationen, die Inspiration, Ideen und Erkenntnis in besonderer Weise fördern oder hervorbringen, lassen sich nicht pauschal definieren. Die Erzeugung neuer Theorien erfordert nicht selten ein Ausbrechen aus gewohnten Gedankengebäuden, um von akzeptierten Thesen aus zu bisher nicht gestellten Fragen oder neu formulierten Überlegungen vorzustoßen. Dieser Prozess hat immer etwas Anarchisches und ist insofern künstlerischer Arbeit wohl nicht unähnlich. Die wissenschaftliche Freiheit ist daher nicht Luxus, sondern notwendige Voraussetzung für den kreativen Prozess, ganz so wie die Freiheit des Kunstschaffenden. Eine wichtige Rolle kommt dabei Workshops und Tagungen zu, wenn sie der Kommunikation und dem Austausch von Ideen in entspannter Atmosphäre gewidmet sind. Es gibt Institute, die diesen Prozess versuchen zu befördern. Als Beispiel sei das Santa Fe Institute genannt, das den interdisziplinären Austausch und den spielerischen Umgang mit Ideen zum Programm gemacht hat. Doch nötig ist nicht nur die Institutionalisierung von Freiheit; denn hier ist auch der Einzelne gefragt, Inseln der Kreativität zu schaffen, was an jeder Forschungsinstitution möglich ist.

Wissenserwerb in der Physik ist in der Regel in einen sozialen Kontext eingebunden. Er beginnt, wenn nicht schon mit der Entwicklung einer neuen These im Austausch mit Fachkollegen, so doch spätestens mit ihrer Publikation in einer Fachzeitschrift. Im Idealfall folgt dann eine Diskussion im Kreise der Fachkollegen.

Ein besonderes Augenmerk gilt in diesem Zusammenhang der hervorgehobenen Rolle der Falsifizierbarkeit physikalischer Thesen. Als stärkstem

Instrument zur Selektion physikalischer Thesen kommt der Falsifikation eine besondere Rolle zu, die sich in Form ritualisierter Falsifikationsversuche in vielen Fachkulturen etabliert hat. Ein Beispiel ist die „Verteidigung" der Doktorarbeit in einem öffentlichen Kolloquium vor kritischen Fachkollegen. In manchen Ländern gibt es sogar ein öffentliches Duell mit einem offiziell bestellten „Opponenten", dessen Aufgabe es ist, die Thesen der Dissertation kritisch zu hinterfragen. Im sozialen Kontext entsteht also eine Kultur der Falsifikationsversuche, die von einem sportlichem Wettbewerb um wissenschaftlichen Fortschritt geprägt ist. Wenn in einer Fachkultur Forscher, die sich um eine Falsifikation von Thesen bemühen, behindert werden (zum Beispiel durch Vorenthalten dazu nötiger Daten) oder auch nur als „Skeptiker" stigmatisiert werden, so scheint hier der gemeinsame ergebnisoffene Wissenserwerb anderen Zielen (etwa politischer oder finanzieller Natur) untergeordnet zu werden. Gesunde und im Idealfall sportliche Konkurrenz und konkurrierende Forscher oder Arbeitsgruppen sind eine zentrale Voraussetzung und seit jeher fester Bestandteil physikalischer Forschung und zeugen von einer funktionierenden Forschungskultur.

Bei all diesen Überlegungen bleibt der Erzeugungsprozess wissenschaftlicher Thesen in der Physik immer doch weitgehend rätselhaft, denn anders als die Kommunikation der Physiker mit ihren Regeln und Traditionen lässt sich die Erzeugung neuer Thesen nicht formalisieren. Vor allem die Entwicklung wirklich neuer Ideen ist schwer, von Zufallsentdeckungen einmal ganz abgesehen. Viel leichter ist es, existierende Ideen zu kopieren und zu modifizieren und so ist der Forschungsbetrieb in der Physik wie in vielen anderen Wissenschaften auch zu einem gehörigen Teil vom Herdentrieb geprägt. Blickt man auf die größeren Zeiträume der Entstehung und des Verschwindens von Forschungszweigen der Physik, so bemerkt man ein sich wiederholendes Muster: Eine einzelne Arbeit, sei es ein Experiment oder ein theoretisches Modell, kann sehr schnell einen neuen Forschungszweig hervorbringen, für den sich über längere Zeit eine große Forschergemeinde interessiert, der dann aber langsam wieder durch die zunehmende Konkurrenz anderer, neuerer Ideen in den Hintergrund tritt. Beispiele in der theoretischen Physik sind die Chaostheorie oder die statistische Physik neuronaler Netze, in der Experimentalphysik die Hochtemperatur-Supraleitung oder Bereiche der Kernphysik. Die Dominanz solcher Gebiete hält selten länger als ein, zwei Jahrzehnte an, bis die Neugier der Forscher sich mehrheitlich neuen Gebieten zuwendet, auf der Suche nach neueren, bisher nicht gedachten Thesen der Physik.

Alexandra M. Freund
Psychologisches Institut
Universität Zürich

Klaus Oberauer
Psychologisches Institut
Universität Zürich

Psychologie

Evidenz und deren Kommunikation in der Psychologie[1]

von Alexandra M. Freund und Klaus Oberauer

Die Psychologie als die Wissenschaft menschlichen Erlebens und Verhaltens ist ein sehr breites und heterogenes Fach, das verschiedene Gegenstandsbereiche umfasst. Dazu gehören eher grundlagenorientierte Teildisziplinen wie die Psychologie der Kognition, Emotion, Motivation, Entwicklung, die Sozialpsychologie oder die biologische Psychologie sowie eher angewandte Teildisziplinen wie Arbeits- und Organisationspsychologie, klinische Psychologie, Gesundheitspsychologie oder pädagogische Psychologie. Obwohl sich diese unterschiedlichen Teildisziplinen auf einen methodischen Grundkanon geeinigt haben, nach dem empirische, (mehr oder weniger) systematisch und objektiv erhobene Daten als zentrale Belege für Thesen oder Theorien gelten, ist die Bandbreite dessen, was als akzeptable empirische Umsetzung einer theoretischen These gilt, recht groß und reicht von mathematischen Formulierungen von Thesen und Simulationen bis zu qualitativen Interviews. Wir haben versucht, dieses weite Feld zu berücksichtigen, sind jedoch natürlich jeweils Kinder unserer Teildisziplinen (der Entwicklungspsychologie und der Kognitionspsychologie). Klinische oder biologische Psychologen würden die Fragen zur Evidenz in der Psychologie vielleicht nicht vollkommen anders, aber sicher mit anderen Schwerpunktsetzungen beschreiben. Wir hoffen, dennoch einen kleinen Einblick in die Praxis des wissenschaftlichen Erkenntnisgewinns und dessen Kommunikation in der Psychologie zu geben.

Werden in der Psychologie Thesen aufgestellt?

Die Psychologie ist heute nahezu unbestritten eine empirische Wissenschaft. Thesen werden daher in der Psychologie meist als empirisch prüfbare Hypothesen aufgestellt, das heißt, als Behauptungen, die sich anhand von Beobachtungsdaten prüfen lassen. Gelegentlich werden Thesen auch als Zusammenfassung der Kernpunkte einer Theorie oder der Schlussfolgerungen einer Untersuchung formuliert (etwa im Thesenpapier, das einer

Disputation zugrunde liegt), aber solche Thesen spielen im Forschungsprozess keine besondere Rolle; sie dienen eher der Kommunikation von Ideen und Ergebnissen. Eine wichtige Rolle spielen allerdings Theorien. Unter „Theorien" verstehen wir Strukturen von miteinander zusammenhängenden Annahmen, die als Ganzes eine Erklärung für einen Phänomenbereich anbieten. Wir konzentrieren uns im Folgenden auf Hypothesen und Theorien. Im ersten Abschnitt charakterisieren wir empirisch prüfbare Hypothesen, im zweiten diskutieren wir das Verhältnis von Hypothesen und Theorien.

Spielarten von Hypothesen

Hypothesen in der Psychologie lassen sich anhand zweier (zumindest logisch unabhängiger) Unterscheidungsdimensionen charakterisieren. In einer ersten Dimension unterscheiden sich Hypothesen danach, wie präzise sie formuliert sind. Die meisten Hypothesen in der Psychologie sind nur qualitativ und rein sprachlich formuliert, zum Beispiel: „Die kognitive Leistungsfähigkeit nimmt im höheren Erwachsenenalter ab" oder „Zwischen Extraversion und Lebenszufriedenheit besteht ein Zusammenhang". Manche Hypothesen dagegen sind quantitativ formuliert, etwa als mathematische Funktion oder als Ergebnis einer Computersimulation. Beispielsweise lässt sich die Verbesserung der Leistung durch Übung mit einer Potenzfunktion gut beschreiben, man spricht daher vom „Potenzgesetz der Übung" (Newell & Rosenbloom, 1981). Andere Forscher behaupten dagegen, dass der Übungsgewinn sich besser durch eine Exponentialfunktion abbilden lässt (Heathcote, Brown & Mewhort, 2000). Beide Funktionen beschreiben qualitativ dasselbe Datenmuster: Mit der Anzahl an Übungseinheiten wird die Leistung besser, und die Zugewinne werden immer kleiner. Die beiden Hypothesen trennt also nur ein subtiler quantitativer Unterschied, der erst durch ihre präzise Formulierung entsteht. Dieser Unterschied kann dennoch theoretisch sehr bedeutsam sein, wie im Weiteren deutlich werden wird.

In einer zweiten Dimension unterscheiden sich Hypothesen danach, in welchem Maße sie in einem größeren theoretischen Zusammenhang stehen. Am einen Pol dieser Dimension gibt es Thesen, die in keinem theoretischen Zusammenhang stehen. Solche Thesen sind oft nur durch Alltagsbeobachtungen oder kulturelle Stereotype begründet – beispielsweise speist sich eine Vielzahl von Hypothesen darüber, dass sich Männer und Frauen in dieser oder jener Hinsicht unterscheiden, aus alltagspsychologischen

Vorstellungen über Geschlechtsunterschiede. Diese Hypothesen sind zunächst nicht theoretisch begründet; wenn es mittlerweile Theorien über die Ursachen von Geschlechtsunterschieden gibt (etwa im Rahmen von evolutionspsychologischen Ansätzen), so sind diese erst nach dem Aufstellen und Prüfen der Hypothesen entstanden. Andere Hypothesen ergeben sich aus praktischen Fragen (Beispiel: Welche Art von Lärm stört die kognitive Leistungsfähigkeit in welchem Maße?) oder aus unerwarteten Befunden im Forschungsprozess. So werden in großen korrelativen Untersuchungen oft 100 oder mehr Variablen gemessen – wenn jede Variable mit jeder anderen korreliert wird, ergeben sich 10.000 Korrelationskoeffizienten, von denen mit Sicherheit einige nicht nur statistisch signifikant, sondern auch von substanzieller Größe sein werden. Mit etwas Fantasie fällt den Forschenden eine interessante Interpretation ein, nach der gerade diese beiden Variablen zusammenhängen sollten. Und schon ist eine neue Hypothese geboren.

Am anderen Pol dieser zweiten Dimension gibt es Hypothesen, die streng logisch aus einer Theorie abgeleitet werden – ganz so, wie es Studierende in den Lehrveranstaltungen zur Wissenschaftstheorie (sofern es die noch gibt) als Ideal lernen. Solche Hypothesen dienen als Brücke zwischen Theorien und Daten, sie machen Theorien prüfbar. Beispielsweise hat Logan (1988) eine Theorie der „Automatisierung" kognitiver Prozesse durch Übung vorgelegt, die „instance theory of automatization". Diese Theorie besagt, dass jede einzelne Bearbeitung einer Aufgabe eine Gedächtnisspur hinterlässt. Beim nächsten Mal, wenn eine Aufgabe derselben Art in Angriff genommen wird, werden alle Gedächtnisspuren früherer Erfahrungen mit ähnlichen Aufgaben abgerufen. Der Abruf aller Gedächtnisspuren geschieht gleichzeitig mit der Bearbeitung der Aufgabe anhand von Regeln und Strategien. Wenn sich die Erinnerung an eine frühere Lösung schneller einstellt, als die regelgeleitete Lösung erreicht wird, kann sich die Aufgabenbearbeitung auf die erinnerte Lösung stützen, statt den regelgeleiteten Lösungsweg zu Ende zu gehen. Je mehr Lösungen im Gedächtnis parat liegen, desto wahrscheinlicher ist es, dass eine davon sehr schnell abgerufen wird. Dadurch können wir die Aufgaben immer schneller lösen. Logan (1988) hat nun mathematisch bewiesen, dass aus diesen Annahmen das Potenzgesetz der Übung (zumindest für die Geschwindigkeit der Aufgabenlösung) folgt: Die Dauer bis zum Finden einer Lösung verringert sich mit der Anzahl an verfügbaren Gedächtnisspuren gemäß einer Potenzfunktion. Wenn die Daten mit einer Potenzfunktion besser als mit anderen Funktionen beschrieben werden können, spricht das für die „instance theory"; wenn aber beispielsweise eine Exponentialfunktion die Daten besser beschreibt, muss das als Beleg gegen die „instance theory" gelten.

Hypothesen und Theorien

Die „Logik der Forschung" (Popper, 1969), die dem wissenschaftlichen Nachwuchs in der Psychologie nahegelegt wird, orientiert sich vornehmlich am hypothetico-deduktiven Vorgehen, zusammen mit dem statistischen Verfahren des Nullhypothesen-Testens, auf das wir später noch zu sprechen kommen werden. Nach dem hypothetico-deduktiven Verfahren beginnt der Forschungsprozess idealerweise mit einer Theorie, die so präzise ausformuliert ist, dass sich aus ihr Hypothesen logisch ableiten (deduzieren) lassen. Wenn eine Hypothese logisch aus einer Theorie abgeleitet wurde, dann impliziert eine Widerlegung der Hypothese, dass die Theorie falsch ist.

In der Praxis ist der Zusammenhang zwischen Theorie und empirisch prüfbarer Hypothese allerdings nie streng logisch – die Hypothese folgt aus der Theorie immer nur zusammen mit Zusatzannahmen, die zum Teil Konkretisierungen der Theorie für eine bestimmte Situation, zum Teil Annahmen über das Funktionieren der Methoden und Messinstrumente sind. Wenn also eine Hypothese, die aus einer Theorie abgeleitet wurde, an den Daten scheitert, hat man immer die Wahl, die Theorie aufzugeben oder eine der Zusatzannahmen aufzugeben. Zum Beispiel folgt aus der Theorie der Implementationsintentionen (Gollwitzer, 1999), dass eine konkrete Handlungsplanung die Wahrscheinlichkeit erhöht, dass diese Handlung auch tatsächlich ausgeführt wird. Wenn in einem Experiment aber der Zusammenhang zwischen Implementationsintentionen und Verhalten nicht beobachtet wird, kann das gut auf eine von mehreren möglichen Zusatzannahmen zurückgeführt werden: (1) Der erwartungswidrige Befund lässt sich dadurch erklären, dass die entscheidende Bedingung, die laut Theorie das vorhergesagte Phänomen erzeugen soll, nicht erfolgreich hergestellt wurde. (2) Eine andere Möglichkeit wäre, das Hinzukommen eines weiteren Prozesses zur Erklärung des Befundes heranzuziehen. Wird die Implementationsintention nämlich anderen Personen mitgeteilt (Beispiel: „Ab morgen mache ich Diät xy und esse jeweils morgens nur einen Apfel, mittags zwei Bananen und abends drei Orangen"), so kann diese Mitteilung bereits wie eine Zielerfüllung erlebt werden, weshalb die Handlungsausführung dann später ausbleibt (Gollwitzer, Sheeran, Michalski & Seifert, 2009). (3) Eine weitere Möglichkeit der Erklärung eines erwartungswidrigen Befunds, die nicht die Theorie infrage stellt, besteht darin, dass die Übersetzung der theoretischen Annahmen und Konstrukte in die empirische Erhebung nicht gelungen ist. Man spricht dann von einem Problem in der Operationalisierung der theoretisch spezifizierten Bedingung. Auch hierauf werden wir weiter unten noch zurückkommen. (4) Schließlich könnte man auch annehmen, dass die vorhergesagten Effekte zwar eingetreten sind, dass aber die Messinstrumente nicht genau genug oder nicht hinreichend spezifisch sind, um den Effekt zu erfassen.

Das Abwägen zwischen verschiedenen möglichen Interpretationen eines mit der Hypothese nicht vereinbaren empirischen Ergebnisses – Scheitern der Theorie oder Scheitern der Umsetzung in einer Untersuchung – ist im Prinzip rational: Die Forschenden müssen in jedem einzelnen Fall abwägen, wie wahrscheinlich es ist, dass die Operationalisierung gescheitert ist oder dass die Messinstrumente unzulänglich sind, und wie wahrscheinlich es ist, dass die Theorie falsch ist. Diese Abwägungen lassen sich wahrscheinlichkeitstheoretisch formalisieren. Der an Bayes orientierte Ansatz der Wissenschaftstheorie (Howson & Urbach, 1993) bietet hierfür einen präskriptiven Rahmen. Die Bayes'sche Wissenschaftstheorie ist noch weit davon entfernt, sich in der Psychologie als präskriptiv durchzusetzen, obschon sich eine Bewegung in diese Richtung abzeichnet (zum Beispiel Lee, 2006; Wagenmakers, 2007). Gleichwohl entspricht die Praxis des wissenschaftlichen Schließens in der Psychologie in vieler Hinsicht der Bayes'schen Logik schon heute besser als dem hypothetico-deduktiven Modell, weil die Psychologie es in aller Regel mit unscharfen Aussagen und ungenauen Daten zu tun hat, die sich mit der Begrifflichkeit der Wahrscheinlichkeitstheorie besser fassen lassen als mit der der propositionalen Logik.

In der Bayes'schen Wissenschaftstheorie wird die Plausibilität einer Theorie als Wahrscheinlichkeit konzeptualisiert. Mithilfe des Bayes-Theorems lässt sich die bedingte Wahrscheinlichkeit der Theorie, gegeben ein empirischer Befund („posterior probability"), ausdrücken als Funktion von drei weiteren Wahrscheinlichkeiten: der Wahrscheinlichkeit (oder Plausibilität), die die Theorie schon vor dem Befund hatte („prior probability"), der bedingten Wahrscheinlichkeit der Daten, gegeben die Theorie (das heißt unter der Annahme, dass die Theorie wahr ist), und der bedingten Wahrscheinlichkeit der Daten, gegeben alternative Theorien (das heißt unter der Annahme, dass die Theorie falsch ist). Die Plausibilität einer Theorie angesichts eines neuen Ergebnisses ist also besonders hoch, wenn (1) die Plausibilität der Theorie auch vor dem Wissen über die neuen Ergebnisse schon hoch war, (2) die Wahrscheinlichkeit, diese Ergebnisse zu erhalten, sofern die Theorie richtig ist, hoch ist, und (3) die Wahrscheinlichkeit, diese Ergebnisse zu erhalten, falls die Theorie falsch ist, gering ist.

Wissenschaftliches Schlussfolgern in der Psychologie folgt in vieler Hinsicht intuitiv der Logik des Bayes-Theorems. So werden beispielsweise Theorien, die eine sehr geringe Anfangsplausibilität haben – wie etwa die Annahme der Telekinese oder des Heilens durch Beten – auch nach mehreren sie stützenden Ergebnissen noch mit großer Skepsis betrachtet. Theorien, die von Anfang an plausibler sind, gelten bei gleich starkem empirischem Erfolg schon als gut gestützt. Das zeigt die Rolle der „priors", also der Ausgangswahrscheinlichkeit einer Theorie, für das wissenschaftliche Schlussfolgern. Daten unterstützen eine Theorie in dem Maße, in dem ihr Auftreten wahrscheinlicher ist, wenn die Theorie wahr ist, als wenn die Theorie falsch ist. Es genügt also nicht, eine Hypothese aus einer Theorie logisch zwingend abzuleiten und diese Hypothese anhand von Daten zu stützen – wenn dieselbe Hypothese auch aus einer konkurrierenden Theorie folgt, ist das Ergebnis mehrdeutig. Daher ist eine wichtige Frage in der Beurteilung psychologischer Forschungsergebnisse immer die, ob es für ein empirisches Ergebnis eine (naheliegende, also wahrscheinliche) „Alternativerklärung" gibt.

Im Rahmen des Bayes-Ansatzes lässt sich auch das „Wegerklären" unerwarteter (und oft unerwünschter) Ergebnisse rational fassen: Der Zusammenhang zwischen Theorie und Hypothese ist nicht logisch, sondern probabilistisch (wahrscheinlich). Dies bedeutet: Die Theorie sagt mit einer gewissen (idealerweise: hohen) Wahrscheinlichkeit ein Ergebnis vorher, aber es gibt immer auch eine Restwahrscheinlichkeit dafür, dass ein anderes (unerwartetes) Ergebnis beobachtet wird, auch wenn die Theorie wahr ist. Die entscheidende Frage ist dann wieder: Ist das unerwartete Ergebnis wahrscheinlicher unter der Annahme, dass die infrage stehende Theorie wahr ist (und die eine oder andere Zusatzannahme falsch ist), oder ist es wahrscheinlicher unter der Annahme, dass die Theorie falsch ist?

Durch welche Daten und Belege werden Thesen gestützt?

Anders als in der Wahrnehmung der Psychologie in der Öffentlichkeit begnügt sich die wissenschaftliche Psychologie nicht mit Anekdoten von Einzelfällen als Beleg für Hypothesen. In den ersten Semestern des Psychologiestudiums werden Studierende wieder und wieder darauf hingewiesen, dass sie eine Theorie oder eine Hypothese nicht mit Einzelfällen widerlegen oder gar beweisen können. Als Anekdoten gelten hierbei auch auf Introspektion beruhende Selbstaussagen, seien sie auch von einem noch so starken Evidenzgefühl begleitet. Selbstaussagen sind durchaus Gegenstand der psychologischen Forschung, aber sie werden (in guter Forschung) nicht unkritisch als wahre Auskünfte über die Person akzeptiert. Die Psychologie ist Selbstauskünften gegenüber kritisch eingestellt, weil Introspektion sehr anfällig für diverse Verzerrungen ist. Die Sozialpsychologen Nisbett und Wilson (1977) haben einige der zentralen Probleme in einem einflussreichen Artikel mit dem vielsagenden Titel „Telling more than we can know" zusammengefasst. Darüber hinaus werden Anekdoten auch deshalb nicht als empirische Evidenz für oder gegen eine These akzeptiert, weil sie den verschiedenen Kriterien der Intersubjektivität nicht genügen. Wie eine Kollegin auf einem Kongress so schön sagte: „The plural of anecdotes is still not data."

Intersubjektivität und Objektivität

Definiert wird „Intersubjektivität" (bisweilen etwas unglücklich als „Objektivität" bezeichnet) als das Ausmaß, in dem ein Beobachtungsergebnis hinsichtlich der Durchführung der Datenerhebung, der Auswertung und der Interpretation der Daten nicht von dem einzelnen Beobachter abhängt oder beeinflusst wird. Intersubjektivität wird häufig darüber bestimmt, dass verschiedene Beobachter desselben Verhaltens dieselben oder doch zumindest hoch übereinstimmende Ergebnisse erzielen. Eine weitere Möglichkeit der Bestimmung der Intersubjektivität besteht darin, dass andere Arbeitsgruppen die Ergebnisse unter Verwendung der identischen Erhebungsbedingungen replizieren können müssen. Aus diesem Grund – wir greifen hier der Frage nach der Kommunikation von Ergebnissen ein wenig vor – müssen in Publikationen die Bedingungen der Datenerhebung einschließlich der verwendeten Erhebungsinstrumente und des Ablaufs der Erhebung so genau beschrieben werden, dass jede andere Forschungsgruppe dazu in der Lage wäre, die Studie unter identischen Erhebungsbedingungen zu wiederholen und damit das Kriterium der „Objektivität" zu prüfen. Da es aber niemals exakt identische Bedingungen gibt – so sind Untersuchungsstichproben stets hinsichtlich einer Vielzahl an Merkmalen unterschiedlich, die historische Zeit schreitet fort und damit gehen gesellschaftliche Veränderungen einher, die das Verhalten der Studienteilnehmer beeinflussen können –, ist in der Praxis nur sehr schwer zu entscheiden, ob eine mangelnde Replikationsfähigkeit auf eine Verletzung der Objektivität oder auf systematische Unterschiede zwischen den beiden Studien oder Stichproben zurückzuführen ist.

Daten

Was sind nun aber die Daten, auf die man sich in der Psychologie bezieht? Daten sind systematisch erhobene Beobachtungspunkte des Verhaltens von Personen. Verhalten ist hierbei weit gefasst und wird durch folgende Verfahren ermittelt:

- *Selbstbericht* in mehr oder weniger standardisierten Interviews oder (meist nach psychometrischen Kriterien entwickelten) Fragebögen
- *Fremdbericht* von Eltern, Lehrern, Partnern oder Freunden (ebenfalls mittels standardisierter Interviews oder Fragebögen)
- *Direkte Beobachtung von Verhalten* durch Personen, die dieses Verhalten nach einem zuvor erstellten Codiersystem kategorisieren. Die Beobachtung kann dabei unter Laborbedingungen oder im natürlichen Lebensraum der Studienteilnehmer stattfinden. Beispiel: Wendet ein dreimonatiges Baby den Kopf in Richtung einer Geräuschquelle?
- Erfassung von *Reaktionszeiten und -genauigkeiten* von standardisiertem Verhalten (zum Beispiel dem Drücken einer Taste) auf standardisiert dargebotene Stimuli (zum Beispiel 15 Millisekunden auf einem Computerbildschirm in einem bestimmten Font mit einer spezifizierten Farbe und Größe dargebotene Buchstaben). Hierbei handelt es sich um einen Spezialfall der Beobachtung von Verhalten, der nur aus dem Grund hier gesondert aufgeführt wird, weil Reaktionszeit- und -genauigkeitsmessungen in der Forschung zur menschlichen Kognition seit einigen Jahrzehnten das dominante Untersuchungsparadigma darstellen.
- Erhebung *(neuro-)physiologischer Daten*. Beispiele sind die elektrische Hautleitfähigkeit als Indikator für Veränderungen im vegetativen Nervensystem oder der Blutfluss in bestimmten Hirnarealen, aus dem sich Rückschlüsse auf die neuronale Aktivität in diesen Arealen ziehen lassen.

Operationalisierung von Konstrukten

Woher weiß der oder die Forschende, welche Art der Daten – Selbst- oder Fremdbericht, Verhaltensbeobachtung oder Erhebung neurophysiologischer Daten – für eine gegebene Hypothese angemessen ist? Dies ist die Frage nach der Operationalisierung von psychologischen Konstrukten, also der Umsetzung von nicht beobachtbaren Konzepten in beobachtbare Indikatoren. Konstrukte sind theoretische Konzepte, die nicht direkt be-

obachtbar sind, wie „Intelligenz", „Arbeitsgedächtnis" oder „Emotionsregulation". Sie äußern sich in beobachtbarem Verhalten, beispielsweise in
der erfolgreichen Lösung eines Problems (Rückschlüsse auf die Intelligenz),
dem Druck auf die richtige von drei Tasten innerhalb von 523 Millisekunden (Rückschlüsse auf das Arbeitsgedächtnis) oder darin, ob eine Person,
die provoziert wird, zuschlägt oder lächelnd davonzieht (Rückschlüsse auf
die Emotionsregulation). Wir erläutern dies etwas ausführlicher am Beispiel der Intelligenz. Diese kann nicht direkt beobachtet werden, sondern
nur indirekt daraus erschlossen werden, wie viele Aufgaben eines Intelligenztests eine Person löst. Welche Aufgaben hierfür jeweils als gute Indikatoren gelten können, hängt von der jeweiligen Intelligenztheorie ab. Die
jeweilige Theorie spezifiziert beispielsweise, aus welchen Teilbereichen sich
die Intelligenz zusammensetzt (Geschwindigkeit der Informationsverarbei-
tung, räumliches Vorstellungsvermögen, Gedächtnis, Wortschatz etc.) und
wie diese bei der Berechnung des Intelligenzquotienten zu gewichten sind.
Mit anderen Worten: Intelligenz selbst ist nicht unmittelbar beobachtbar,
sondern lediglich intelligentes Verhalten; Intelligenz kann nur indirekt
über die Leistung in den jeweiligen Tests erschlossen werden.

Die Psychologie hat sich intensiv mit der Frage der Messung beziehungsweise Operationalisierung von nicht beobachtbaren Konstrukten ausein-
andergesetzt; daraus ist die sogenannte „klassische Testtheorie" entstanden.
Sie bietet einen theoretischen Rahmen für die Konstruktion und Prüfung
von Verfahren zur Messung theoretischer Konstrukte. Für ihre jeweiligen
spezifischen Operationalisierungen müssen die Forschenden jedoch, sofern
sie nicht auf bereits bestehende, psychometrisch geprüfte Messinstrumente (wie Intelligenztests oder Persönlichkeitstests) zurückgreifen können,
immer wieder die Frage beantworten, welche beobachtbaren Verhaltens-
weisen als Indikatoren für das infrage stehende Konstrukt gelten können.
Wie eine angemessene oder die beste Operationalisierung eines Konstrukts
aussieht, ist häufig Gegenstand von psychologischen Debatten. Einerseits
kann der Erkenntnisfortschritt wesentlich dadurch behindert werden, dass
verschiedene Arbeitsgruppen dasselbe Konstrukt in verschiedener Weise
operationalisieren und infolgedessen unterschiedliche Ergebnisse zu derselben Fragestellung liefern. Andererseits kann die unterschiedliche Operationalisierung aber auch zum Erkenntnisfortschritt beitragen, da sie die
Generalisierbarkeit eines Konstrukts – und der damit verbundenen Hypothesen – auf verschiedene Anwendungsbereiche austestet. Damit dies nicht
primär zu Verwirrung, sondern zu einem Erkenntnisfortschritt führt, ist es
notwendig, die verschiedenen Operationalisierungen systematisch zu erfassen und diese wiederum auf die These oder Theorie zurückzuführen.

Als Beispiel kann wiederum die Intelligenzforschung angeführt werden. Verschiedene Forschergruppen haben den Begriff der Intelligenz zunächst in unterschiedlicher Weise operationalisiert, indem sie jeweils ihre eigenen Testaufgaben konstruiert haben. Im Laufe der Forschung hat sich herausgestellt, dass verschiedene Testaufgaben unterschiedliche Aspekte der Intelligenz widerspiegeln (zum Beispiel räumliche Fähigkeiten, sprachliche Fähigkeiten, Merkfähigkeit). Heute besteht weitgehend Einigkeit darüber, dass Intelligenz ein hierarchisch strukturiertes Konstrukt ist: Es gibt unterscheidbare Teilfähigkeiten, die durch unterschiedliche Testaufgaben gemessen werden können. Die Teilfähigkeiten korrelieren aber positiv miteinander (das heißt, dass Personen, die beispielsweise gute räumliche Denkfähigkeiten haben, tendenziell auch gute sprachliche Fähigkeiten und gute Merkfähigkeit haben), sodass man die Teilfähigkeiten auf einer generelleren Beschreibungsebene unter dem Begriff der „allgemeinen Intelligenz" zusammenfasst, die durch den Mittelwert der Wertung in allen Teiltests operationalisiert werden kann.

Die Qualität der Abbildung eines Konstrukts in einer bestimmten Operationalisierung wird Konstruktvalidität genannt. Wenn beispielsweise ein Intelligenztest tatsächlich Intelligenz misst – und nicht etwa Leistungsmotivation –, dann kann dem Test Konstruktvalidität zugesprochen werden. Die Frage der Konstruktvalidität stellt sich auch für experimentelle Manipulationen von Bedingungen des Verhaltens: Wenn eine experimentelle Bedingung tatsächlich Stress erzeugt – und nicht etwa Angst –, kann sie als gelungene Operationalisierung des Konstrukts „Stress" gelten.

Empirisch wird die Konstruktvalidität von Messverfahren über die konvergente und divergente Validität der in ihnen verwendeten Indikatoren erfasst. Die konvergente Validität besteht darin, dass verschiedene Indikatoren desselben Konstrukts einen hohen empirischen Zusammenhang aufweisen müssen. Gleichzeitig muss auch die divergente Validität gegeben sein, es darf also kein Zusammenhang mit irrelevanten und kein negativer Zusammenhang mit entgegengesetzten Konstrukten vorliegen. Welche Konstrukte als ähnlich, irrelevant oder entgegengesetzt anzusehen sind, ist eine theoretische Frage. Will man die konvergente Validität empirisch bestimmen, wählt man also auf theoretischer Grundlage die Konstrukte aus, die hoch positiv miteinander korreliert sind, und überprüft deren korrelative Zusammenhangsmuster. Beim Beispiel der Intelligenz sollten die verschiedenen Aspekte der Intelligenz wie räumliches Vorstellungsvermögen, Gedächtnis und Wortschatz einen substanziellen Zusammenhang aufweisen. Zur Prüfung der divergenten Validität wählt man umgekehrt solche Konstrukte aus, die theoretisch wenig oder nichts miteinander zu tun haben sollten. Beispielsweise sollten Maße der Intelligenz mit theoretisch entfernten Konstrukten wie der Häufigkeit des Erlebens positiver Emotionen gering oder gar nicht korrelieren.

Ein anderes Beispiel sind positive und negative Emotionen. So ging man lange Zeit davon aus, dass positive und negative Emotionen zwei Pole in einer Dimension darstellen, sodass Indikatoren positiver und Indikatoren negativer Emotionen hoch negativ miteinander korreliert sein sollten. Derzeit ist jedoch die Annahme vorherrschend, dass positive und negative Emotionen zwei unabhängige Dimensionen darstellen und daher ihre Indikatoren eine Nullkorrelation aufweisen sollten. Empirisch ist Ersteres der Fall, wenn man positive und negative Emotionen in einem bestimmten Moment gleichzeitig erfasst, während Letzteres zutreffend zu sein scheint, wenn die Emotionen von Personen über längere Zeiträume erhoben werden. Um die Konstruktvalidität von positiven und negativen Emotionen zu zeigen, kann aber auch auf deren Zusammenhang mit anderen Erhebungsmethoden zurückgegriffen werden, wie beispielsweise der Übereinstimmung des Selbstberichts mit der Beobachtung des Gesichtsausdrucks. Freilich ist diese Form der Bestimmung der Angemessenheit der Operationalisierung eines Konstrukts im Prinzip ein Regressus ad infinitum, da es keinen unanzweifelbaren Endpunkt in der empirischen Bestimmung eines Konstrukts gibt.

Untersuchungsdesigns

Ein weiterer wichtiger Schritt in der empirischen Überprüfung von theoretischen Thesen ist die Wahl des Untersuchungsdesigns. In der Psychologie unterscheidet man zwei Arten von Designs:

1. *Korrelative Studien*: Korrelative Studien untersuchen die Kovariation von zwei oder mehr Konstrukten, die gleichzeitig oder zeitversetzt erhoben werden. So zeigt sich beispielsweise, dass Personen, die befürchten, von anderen Menschen abgelehnt zu werden, tendenziell auch berichten, dass es ihnen nicht besonders gut geht; es gibt also eine negative Korrelation zwischen der sogenannten sozialen Vermeidungsmotivation und dem subjektiven Wohlbefinden. Die so gewonnenen Zusammenhänge zwischen zwei oder mehr Konstrukten lassen sich nicht kausal interpretieren. Dies ist auch dann der Fall, wenn die Konstrukte zeitversetzt erhoben wurden (also beispielsweise zuerst die soziale Vermeidungsmotivation und zwei Monate später das subjektive Wohlbefinden). Einer

der Gründe ist, dass der Zusammenhang von zwei Konstrukten durch einen dritten Faktor zustande kommen kann, zum Beispiel kann sozialer Ausschluss zum einen zu einer Vermeidensmotivation und zum anderen zu geringerem Wohlbefinden führen. Aus diesem Grund werden korrelative Studien häufig als erste empirische Hinweise für (oder gegen) eine These gewertet, nicht jedoch als starke Evidenz.

2. *Experimente*: In Experimenten wird mindestens eine unabhängige Variable experimentell manipuliert und die Auswirkung dieser Manipulation auf das interessierende Verhalten oder auf mehrere abhängige Variablen erhoben. Die meisten Experimente bedienen sich dabei der Logik des Modus ponens („*Wenn A, dann B*" impliziert, dass aus dem Setzen von „*A*" auch „*B*" folgen muss) und sehr viel seltener der Logik des Modus tollens (bei diesem wird aus den Prämissen „*nicht B*" und „*Wenn A, dann B*" auf „*nicht A*" geschlossen). Mit anderen Worten: Häufig versuchen Experimente den Nachweis zu führen, dass sie einen Effekt B erzeugen können, indem sie A setzen (etwa eine Verringerung des subjektiven Wohlbefindens herbeiführen können, indem sie eine Vermeidensmotivation bei den Studienteilnehmern induzieren). Seltener sind Experimente, in denen B aus der Situation entfernt und das Nichtvorhandensein von A beobachtet wird (nach experimentell induzierter Steigerung des subjektiven Wohlbefindens etwa – beispielsweise durch die Gabe eines Geschenks – sollte die soziale Vermeidungsmotivation bedeutsam sinken). Experimente gelten im Vergleich zu korrelativen Designs aufgrund der besseren Kontrolle von Dritt- und Störvariablen und der Möglichkeit der Kausalinterpretation von Ergebnissen als der „Königsweg" der empirischen Untersuchung von theoretischen Thesen.

Generalisierbarkeit

Ein Problem empirischer Untersuchungen in der Psychologie ist neben der Validität der Operationalisierungen (und hierzu gehört auch die Art der experimentellen Manipulation – manipuliert man wirklich das, was man manipulieren möchte?) vor allem deren Generalisierbarkeit. Generalisierbarkeit bezieht sich nach Neisser (1978) auf die Verallgemeinerung von Untersuchungsergebnissen auf

- andere Populationen von Personen,
- anderes Untersuchungsmaterial oder andere experimentelle Paradigmen,[2]
- andere Situationen (ökologische Validität).

Neisser (1978) argumentiert, dass die Generalisierbarkeit von experimentellen Befunden aus mehreren Gründen zweifelhaft ist und daher empirisch geprüft werden muss. Ein Grund für diese Zweifel liegt in der Besonderheit der experimentellen Situation, die häufig für die Teilnehmenden persönlich irrelevant ist und in der Aufgaben und Ziele durch den Experimentator gesteuert sind. Dazu kommt die Künstlichkeit des verwendeten Materials sowie die Einschränkung der Handlungsmöglichkeiten (häufig auf das Drücken einer rechten oder linken Taste auf einer Computertastatur). Ein dritter Grund für Zweifel an der Generalisierbarkeit ist darauf zurückzuführen, dass in der Psychologie üblicherweise studentische Stichproben amerikanischer Eliteuniversitäten als Versuchspersonen verwendet werden. Diese Kritik trifft im Grunde auch auf korrelative Studien zu, wenn sie keine Feldforschung darstellen. Dem Einwand von Neisser hielten andere Autoren (zum Beispiel Banaji & Crowder, 1989) entgegen, dass es in der Psychologie primär um die Prüfung von Theorien gehe. Eine Theorie, die für alle Menschen in allen Situationen gelten soll, kann durchaus an einer speziellen Personenstichprobe in einer künstlichen Situation mit ausgewähltem Material geprüft werden, weil die Theorie ja unter anderem auch für diese spezielle Konstellation gelten soll und daher für diese Konstellation empirisch prüfbare Vorhersagen macht. Die Generalisierung von empirischen Befunden geschieht nicht aufgrund der Ähnlichkeit zwischen den Laborbedingungen und den Bedingungen im Alltag, sondern anhand der Theorie, deren Brauchbarkeit in Labortests geprüft wird und die gleichwohl Aussagen auch für Situationen außerhalb des Labors macht. So kann man durch Labortests mit künstlichen Wortlisten an studentischen Stichproben die Prinzipien und Mechanismen des Gedächtnisses verstehen lernen. In dem Maße, wie dadurch eine Theorie empirisch gestützt wird, kann man begründet hoffen, dass diese Theorie auch für andere Personengruppen mit anderem Material in anderen Situationen gilt. Dennoch ist bei der Beurteilung, wie gut die empirische Evidenz für eine theoretische These sei, jeweils zu beachten, wie repräsentativ die Operationalisierung in Bezug auf die untersuchte Situation, die Population und die Konstrukte ist. Wenn eine Gedächtnistheorie beispielsweise nur anhand von Wortlisten als Material erfolgreich geprüft wurde, eine andere Theorie aber auch anhand von Bildern, Gedichten und Lehrbuchtexten erfolgreich geprüft wurde, wäre die zweite Theorie aufgrund eines besseren Nachweises ihrer Generalisierbarkeit vorzuziehen.

Wie sieht die Beziehung zwischen Daten und Belegen aus?

In der Psychologie sind Daten die einzelnen Beobachtungspunkte, die in der empirischen Erhebung gesammelt werden. Als Belege für oder gegen eine theoretische These werden hingegen üblicherweise statistische Kenngrößen herangezogen. Im Folgenden werden kurz die zentralen Annahmen vorgestellt, die dem Heranziehen von statistischen Kenngrößen zugrunde liegen.

Die Logik des Signifikanztests zur Zurückweisung einer Nullhypothese

Das mit Abstand gängigste Vorgehen ist in der Psychologie das sogenannte Signifikanz- oder Nullhypothesentesten. Hierbei wird von einem Hypothesenpaar ausgegangen, das jeweils aus einer Alternativhypothese (H1, die eigentliche theoretische These wie zum Beispiel *„Je höher A, desto niedriger B"*) und einer dieser widersprechenden Nullhypothese besteht (H0, zum Beispiel *„A und B hängen nicht zusammen"*). Die Nullhypothese besagt immer, dass es keinen Zusammenhang zwischen gemessenen Variablen oder keine Unterschiede zwischen Gruppen im Hinblick auf ein beobachtbares Verhalten gibt. Dadurch, dass die beiden Hypothesen komplementär formuliert sind, so die Logik des Nullhypothesentestens, kann durch Ablehnung der H0 auf die Gültigkeit der Alternativhypothese geschlossen werden. Der statistische Test prüft nun jeweils, mit welcher Wahrscheinlichkeit das Untersuchungsergebnis (zum Beispiel eine gemessene Korrelation oder ein gemessener Gruppenunterschied) oder ein noch extremeres Ergebnis (eine noch höhere Korrelation oder ein noch größerer Gruppenunterschied) in einem Experiment allein durch Zufallsschwankungen bei der Messung oder der Ziehung von Personenstichproben zustande kommen würde, wenn tatsächlich die Nullhypothese (H0) gelten würde.

Der Nullhypothesentest beginnt also mit der hypothetischen Annahme einer Hypothese, an die die Forschenden meist nicht glauben, und versucht, diese Hypothese als unplausibel zurückzuweisen, um damit indirekt die „Alternativhypothese" (also diejenige, an die die Forschenden in der Regel glauben) zu untermauern. Die Nullhypothese wird zurückgewiesen, wenn die Wahrscheinlichkeit der Ergebnisse unter der Annahme der Nullhypothese (p) sehr gering ist. Als Kriterium hat sich ein Wert von $p < .05$

oder p < .01 (also ein Signifikanzniveau von 5 beziehungsweise 1 Prozent) als akzeptabel durchgesetzt. Direkte Verifikationen oder gar Beweise für das Zutreffen der Alternativhypothese gibt es bei diesem Vorgehen nicht. Im Grunde gibt der p-Wert, der mit einem Befund verbunden wird, nur wieder, wie plausibel die Nullhypothese angesichts der Daten ist: Wenn die Daten unter der Annahme der Nullhypothese sehr unwahrscheinlich wären, betrachtet man die Nullhypothese als wenig plausibel. Dennoch hat sich in der Forschung die Praxis eingebürgert, das Nullhypothesentesten wie eine Entscheidungsmaschine einzusetzen: Wenn ein Ergebnis „signifikant" ist (der p-Wert ist kleiner als das Signifikanzkriterium), dann wird es als gültig anerkannt (und hat Aussichten, publiziert zu werden), andernfalls wird es als ungültig verworfen. So kann es unter Umständen einen großen Unterschied für die Karriere einer Wissenschaftlerin oder eines Wissenschaftlers machen, ob p = .04 oder p = .06 ist.

In seinem viel beachteten Artikel mit dem anschaulichen Titel „The earth is round (p < .05)" hat Jacob Cohen (1994) das Vorgehen des Nullhypothesentestens und das willkürliche Kriterium von 5 Prozent stark kritisiert. Unter anderem argumentiert Cohen, dass jede Nullhypothese nicht nur eine spezifische Alternativhypothese als ihren komplementären Gegenpart hat, sondern eine Vielzahl an Alternativhypothesen. So kann beispielsweise die Alternativhypothese zu der H0 „Es gibt keinen Zusammenhang zwischen A und B" lauten: „A und B hängen positiv zusammen" oder auch „A und B hängen negativ zusammen". Darüber hinaus sagen diese Hypothesen jeweils nichts über die *Stärke* des Zusammenhangs aus. Hängen A und B sehr schwach, aber statistisch signifikant miteinander zusammen, ist die Alternativhypothese dann bestätigt oder nicht? Da auch sehr schwache Effekte bei großen Stichproben statistisch signifikant werden können, bestimmt oft die Größe der Untersuchungsstichprobe über die Annahme oder Ablehnung der Alternativhypothese. Aus diesem Grund, so Kritiker des Nullhypothesentestens, sollte die Effektstärke in der Hypothese spezifiziert und nicht ganz allgemein ein Zusammenhang oder Unterschied zwischen Variablen postuliert werden. Eine Alternativhypothese mit Angabe der erwarteten Effektstärke könnte beispielsweise lauten: „Der IQ korreliert mit der Arbeitsleistung etwa r = .40." Wenn dann eine Korrelation von r = .15 gemessen wird, wäre es nicht mehr wichtig, ob dieses Ergebnis statistisch signifikant ist, sodass wir die Nullhypothese (mit der erwarteten Effektstärke von r = 0) zurückweisen können; das Ergebnis kann direkt mit der Erwartung (r = .40) verglichen werden. Das Problem bei dieser Forderung ist, dass sich die Erwartung einer bestimmten Effektstärke – selbst wenn nur die Größenordnung angegeben werden soll – nicht ohne

Weiteres theoretisch begründen lässt. Hypothesen, die quantitative Aussagen über Effektstärken machen, lassen sich jedoch aus mathematischen Modellen ableiten, auf die wir im nächsten Abschnitt eingehen.

Prüfung von Modellen als Alternative zum Nullhypothesentesten

Eine Alternative zum Nullhypothesentesten, das auf die binäre Entscheidung zwischen „Es gibt einen Effekt" und „Es gibt keinen Effekt" begrenzt ist, ist der Vergleich von Daten mit quantitativen Vorhersagen, die aus mathematischen Modellen abgeleitet werden. Eine Voraussetzung dafür ist natürlich, dass die Theorien, die man testen möchte, präzise genug formuliert sind, um in mathematische Modelle umgesetzt zu werden. Das ist leider nur bei einem kleinen Ausschnitt des Feldes, das die Psychologie bearbeitet, der Fall. Den größeren Teil der Phänomene und Fragestellungen psychologischer Forschung verstehen wir noch nicht genau genug, um mathematische Modelle formulieren zu können.

Bei der Überprüfung von mathematischen Modellen anhand von Daten bemühen sich die Forschenden, den Unterschied zwischen einem Datenmuster (dem Muster der Unterschiede zwischen mehreren gemessenen Datenpunkten unter verschiedenen experimentellen Bedingungen oder zu verschiedenen Zeitpunkten) und dem vom Modell vorhergesagten Datenmuster zu minimieren. Dafür gibt es verschiedene Maße der Anpassungsgüte des Modells. Eine häufig verwendete Methode ist es, die Abweichung der Datenpunkte von dem vorhergesagten Muster auf Signifikanz zu prüfen. Die Logik des Nullhypothesentestens wird dabei umgedreht, denn als indirekter Beleg einer guten Modellanpassung gilt nun, wenn das Ergebnis nicht signifikant ist und damit angenommen werden kann, dass es keinen bedeutsamen Unterschied zwischen den tatsächlichen Daten und den Modellvorhersagen gibt. Der Unterschied zwischen Daten und Modellvorhersagen kann in trivialer Weise nicht signifikant werden, wenn die Daten sehr verrauscht sind oder auf nur wenigen Versuchspersonen beruhen. Daher ist die Prüfung der Modellgüte anhand von Signifikanztests unbefriedigend.

Ein methodisch gut begründetes Verfahren, um die Anpassungsgüte von Modellen zu prüfen, ist die Ermittlung der „Maximum Likelihood". Unter „Likelihood" versteht man die bedingte Wahrscheinlichkeit der beobachteten Daten, gegeben das Modell (das heißt unter der Annahme, dass das Modell die Wirklichkeit richtig beschreibt). Hierbei ist ein Detail zu ergänzen: Mathematische Modelle haben fast immer eine Anzahl sogenannter freier Parameter – das sind Variablen, deren Werte nicht anhand theoretischer Überlegungen festgelegt werden, sondern die aus den Daten geschätzt werden. Beispielsweise besagt das Potenzgesetz der Übung, dass die Zeit für das Erledigen einer einfachen Rechenaufgabe mit der Anzahl an Übungsaufgaben gemäß einer Potenzfunktion abnimmt. Die Potenzfunktion hat (im einfachsten Fall) zwei freie Parameter:

$$\text{Zeit} = a * N^{-b}$$

Hier ist N die Anzahl bisheriger Übungsaufgaben, und a und b sind freie Parameter, deren Werte so gewählt werden, dass die vorhergesagte Zeit für die Erledigung einer neuen Aufgabe der tatsächlich gemessenen Zeit – für alle Messungen an verschiedenen Werten von N und an verschiedenen Versuchspersonen – möglichst nahe kommt. Die Schätzung der besten Werte für die freien Parameter geschieht mithilfe von mathematischen Verfahren, die die Abweichungen der Vorhersagen von den Daten allmählich verringern, indem sie die Werte der freien Parameter verändern. Bei Verfahren, die auf der Maximum-Likelihood-Methode beruhen, wird die Abweichung zwischen Vorhersagen und Daten anhand der „Likelihood" bestimmt: Die Abweichung ist umso geringer, je größer die „Likelihood" ist. Die „Likelihood" ändert sich mit den Parameterwerten – eine präzisere Definition als die oben gegebene ist also: „Likelihood" ist die bedingte Wahrscheinlichkeit der Daten, gegeben das Modell und bestimmte Parameterwerte. Die „Maximum Likelihood" ist die größtmögliche „Likelihood" für ein Modell, also die, die mit den besten Parameterwerten erreicht wird. Es gibt mehrere Verfahren, die auf der Grundlage der „Maximum Likelihood" Vergleiche zwischen Modellen ermöglichen (siehe Myung, 2003).

Oft werden mathematische Modelle aber auch gar nicht durch Schätzung von Parameterwerten an die Daten angepasst. Vor allem wenn die Modelle sehr komplex sind, ist das Finden der optimalen Parameterwerte technisch nur sehr schwer möglich. Eine Alternative besteht darin, das Modell mit plausiblen Parameterwerten Vorhersagen erzeugen zu lassen und zu prüfen, ob die vorhergesagten Datenmuster qualitativ mit den empirischen Befunden übereinstimmen.

In vielen Bereichen der Psychologie ist aber, wie gesagt, unser Kenntnisstand noch zu gering, um mit Aussicht auf Erfolg mathematische Modelle formulieren zu können. Hier sind wir in der Praxis auf das Nullhypothesentesten und Signifikanztests angewiesen. Allerdings gibt es neue Entwicklungen im Rahmen des Bayes'schen Ansatzes, Alternativen zu entwickeln, die wegführen von der binären Entscheidung zwischen Hypothesen anhand eines recht willkürlichen Signifikanzkriteriums, und hin zu einer

Schätzung der bedingten Wahrscheinlichkeit einer Hypothese, gegeben eine Menge von Daten (Wagenmakers, 2008).

Wie werden Daten und Belege kommuniziert?

In den unterschiedlichen Phasen des Forschungsprozesses werden theoretische Thesen und deren empirische Belege auch unterschiedlich kommuniziert. Darüber hinaus gibt es hier große individuelle Unterschiede – während manche Forscher erst über bestimmte Thesen und Untersuchungen sprechen, wenn diese zu einer Publikation in einer Fachzeitschrift angenommen sind, teilen andere ihre Ideen in jedem Stadium, vom ersten Gedanken bis zum gedruckten Artikel, mit. Zu den Unterschieden trägt neben allgemeinen Persönlichkeitsunterschieden auch bei, dass in manchen Arbeitsgruppen die Angst vor einem Ideenklau verbreitet ist und in anderen die Politik herrscht, dass man erst dann mit einer These oder einem Befund an die Öffentlichkeit geht, wenn diese dem Review-Prozess standhalten konnten, weil sie so lange als ungesichert gelten.

Bei den Mitteilsameren unter den Forschern unterscheidet sich je nach Phase des Forschungsprozesses das Publikum. Sicher weit verbreitet ist ein informeller Austausch über Thesen und Ideen zu deren empirischer Überprüfung mit Kollegen und der eigenen Arbeitsgruppe. Eher selten ist in der Phase der primär theoretischen Ideen, dass diese bereits in Form einer schriftlichen Publikation kommuniziert werden. Der Grund dafür ist zum einen, dass Theorien ohne empirische Belege in der Psychologie keinen hohen Stellenwert haben und, damit zusammenhängend, es kaum Zeitschriften gibt, die rein theoretische Aufsätze drucken. Rein theoretische Texte finden sich eher in Form eines Kapitels in Aufsatzbänden. Meist wird aber für diese Beiträge erwartet, dass sie die in der Literatur vorhandene empirische Evidenz für und gegen die aufgestellten Thesen darstellen. Vielleicht am weitesten verbreitet ist eine Verschriftlichung von Forschungsideen ohne sie stützende empirische Evidenz in der Form von Anträgen auf finanzielle Forschungsförderung. Selbst bei Forschungsanträgen wird jedoch häufig erwartet und verlangt, dass zumindest vorläufige empirische Evidenz zur Untermauerung der theoretischen Thesen angeführt werden kann.

Nach dem Sammeln empirischer Belege für die theoretische These werden diese sowohl mündlich als auch schriftlich mitgeteilt. Die Hauptformen der mündlichen Mitteilung sind hierbei Vorträge oder Poster auf Kongressen und Kolloquien. Für die schriftliche Verbreitung ist der weitaus prestigereichste Weg der einer Publikation in einer möglichst angesehenen Fachzeitschrift. Der Rang einer Zeitschrift kann an ihrem „Impact Factor" abgelesen werden, der angibt, wie häufig im Durchschnitt ein in dieser Zeitschrift erschienener Artikel zitiert wird. Allerdings unterscheiden sich die Zeitschriften in einem Forschungsfeld auch in ihrer Reputation, die nicht immer eng mit dem „Impact Factor" zusammenhängt.

Buchkapitel sind wegen ihres sehr viel weniger rigorosen Gutachtenverfahrens weniger hoch angesehen und dienen bisweilen der Wiederverwertung von lieb gewonnenen Ergebnissen oder auch der „Resteverwertung" von Ergebnissen, die keinen Platz in den begehrten Zeitschriften gefunden haben. Das gilt jedoch nicht immer, selbstverständlich können solche Texte durchaus sehr wertvolle Funktionen für die Entwicklung einer Theorie oder die überblicksartige Zusammenfassung eines empirischen Forschungsgebietes erfüllen. Es gibt auch in der Psychologie Buchreihen mit Kapitelsammlungen, die hoch geachtet sind und viel zitiert werden (beispielsweise *Annual Review of Psychology; Attention and Performance; Nebraska Symposium of Motivation*).

Wie unterscheiden sich Kommunikations- und Erzeugungsprozess?

Wie bereits deutlich wurde, werden bei Weitem nicht alle empirischen Studien und deren Ergebnisse auch kommuniziert. Darüber hinaus wird der Erzeugungsprozess häufig nicht in der Form abgebildet, wie er tatsächlich stattgefunden hat. In der Psychologie muss man eine „gute Story" erzählen, die in sich stimmig ist und in ein „Happy End" mündet, also in einer Bestätigung der eigenen These oder in der Widerlegung einer konkurrierenden These.

Welche Studien werden überhaupt publiziert?

In der Psychologie wird die Replikation von Befunden aufgrund der Reliabilitäts- und Validitätsproblematik als ausgesprochen wichtig erachtet. Dessen ungeachtet werden reine Replikationsstudien, wenn überhaupt, wohl nur in drittklassigen Zeitschriften zur Publikation angenommen, da sie das Kriterium verletzen, dass die berichtete Empirie etwas Neues zum Forschungsstand beitragen soll. Dies führt dazu, dass es sehr viel weniger Publikationen von Replikationen gibt, als es eigentlich wünschenswert wäre. Noch schlimmer sieht es mit dem Scheitern von Replikationen aus. Diese haben aus folgendem Grund kaum eine Chance auf Publikation: Nach der Logik des Nullhypothesentestens kann ein nicht signifikantes Ergebnis niemals die Annahme der Nullhypothese rechtfertigen. Die Nullhypothese kann nur vorläufig beibehalten werden, weil es nicht gelungen ist, sie zurückzuweisen. Da im Falle einer misslungenen Replikation ja bereits mindestens einmal die H0 erfolgreich zurückgewiesen werden konnte (nämlich in der ersten Studie, die repliziert werden sollte), hat sie ihre Plausibilität bereits verloren. Gründe für das Misslingen der Replikation werden dann häufig darin gesehen, dass es dem Forscherteam nicht gelungen ist, die richtigen Bedingungen des Originalexperiments wiederherzustellen, oder dass die verwendeten Messinstrumente nicht hinreichend reliabel oder valide waren. Misslungene Replikationen werden daher nur selten als ein Beleg gegen die theoretische These anerkannt.

Aus diesen Gründen ist es insgesamt schwierig, nicht signifikante Ergebnisse zu publizieren. Um wiederum einen Kollegen zu zitieren, der bei einem Vortrag darum gebeten wurde, einen statistisch nicht signifikanten Befund zu interpretieren (also ein Ergebnis, das den üblichen Kriterien der statistischen Signifikanz von p < .05 nicht entsprach): „I don't do non-significant results. There are a million reasons why a finding might not have reached statistical significance." Statistisch nicht signifikante Befunde werden also meist erst gar nicht vorgestellt, und wenn doch, werden sie noch seltener in Bezug auf die theoretische These interpretiert. Dies könnte mit dem sogenannten Confirmation Bias zusammenhängen. Dieser Terminus meint das Phänomen der bevorzugten Verarbeitung von Information, die der eigenen Hypothese entspricht, also auch das Suchen nach bestätigender Information statt nach Information, die die Hypothese widerlegen könnte. Obwohl Psychologen eigentlich dazu ausgebildet werden, in allen Studien möglichst die Fehler und Schwachstellen zu entdecken und eine Alternativerklärung für die Ergebnisse zu finden, scheinen sie in ihrer Publikationspolitik dem Confirmation Bias zu unterliegen, wenn sie fast ausschließlich statistisch signifikante Ergebnisse publizieren.

Wie erfährt man dann überhaupt von gescheiterten Replikationsversuchen? Oft passiert dies ganz nebenher auf Tagungen und Konferenzen, wenn man Kollegen berichtet, dass man plant, dieses oder jenes experimentelle Paradigma oder einen bestimmten Effekt für eine Studie zu nutzen. Dann erhält man oft den Hinweis, dass man diesem Paradigma oder Effekt besser nicht vertrauen sollte, da nicht nur der angesprochene Kollege, sondern auch noch etliche andere Gruppen daran gescheitert sind, diese zu replizieren. Hat man stattdessen zufällig in der Kaffeepause mit jemand anderem geredet oder sich lieber über den letzten Urlaub unterhalten, kann man auf diese Weise schon mal ein Projekt in den Sand setzen, weil man nicht erfährt, dass der Effekt, auf dem das Projekt aufbaut, nicht zuverlässig reproduzierbar ist. In Bezug auf den Wissensfortschritt (und die Fördermittelverwendung) ist es daher eigentlich unverantwortlich, dass nicht signifikante Befunde nicht publiziert werden – und das nicht nur in einem „Journal of Non-Significant Results". In Metaanalysen, die viele Einzelstudien zu derselben Hypothese statistisch zusammenfassen, kann man versuchen, diesem Problem Rechnung zu tragen, indem man nach Evidenz für einen systematischen „Publication Bias" sucht. Dabei kann man sich die Tatsache zunutze machen, dass Studien mit kleinen Stichproben eine größere Chance haben, die Stärke eines Effekts per Zufall in hohem Maße zu über- oder unterschätzen. Wenn nur die Teilmenge der Studien, die den Effekt überschätzen (und dadurch signifikant werden), veröffentlicht wird, zeigt sich das daran, dass unter den veröffentlichten Studien diejenigen mit kleinen Stichproben die größeren Effekte berichten. Mit anderen Worten: Die Ergebnisse von Studien mit kleinen Stichproben und großen Effekten sind mit einer gewissen Wahrscheinlichkeit zufällig entstanden. Vertrauenswürdiger sind solche Ergebnisse, die auch anhand größerer Stichproben – und damit einer reliableren Schätzung der statistischen Kennwerte – repliziert wurden.

Stimmigkeit der Forschungsergebnisse

Neben der Signifikanz ist es ebenso wichtig für eine Publikation von Befunden, dass diese stimmig sind. Wenig Aussicht auf eine Publikation hätte beispielsweise, wer in Studie 1 zu dem Ergebnis gelangt, dass Vermeidensmotivation mit vermindertem Wohlbefinden zusammenhängt, in Studie 2 hingegen eine positive Korrelation ermittelt – es sei denn, derjenige könnte in einer dritten Studie zeigen, dass ein spezifischer Unterschied zwischen Studie 1 und 2 zur Umkehrung des Effekts beigetragen hat. „Stimmig" heißt also im Kontext von Publikationen zum einen, dass die Ergebnisse konsistent sein sollten, und zum anderen, dass sie mit einer theoretischen These übereinstimmen sollten. Ob diese These jeweils im Entstehungsprozess bereits leitend für die Studie war, ist dabei eher irrelevant (obwohl in jedem Lehrbuch natürlich das Gegenteil behauptet wird). Studierende fragen dann oft: „Darf man das denn, einfach eine andere Hypothese als ursprünglich angenommen berichten?", und die richtige Antwort heißt: „Ja, denn ein Bericht über ein Forschungsergebnis ist kein intellektueller Reisebericht. Es interessiert niemanden, was man irgendwann mal gedacht hat und über welche Umwege man zu einer Einsicht gekommen ist, sondern nur, welche Ergebnisse aus welchem Grund welche Schlussfolgerungen stützen." Publiziert bekommt man daher nur eine gute, kohärente „Story". Dies bedeutet, dass man nicht notwendigerweise alle Studien berichtet, die man zu einer Fragestellung durchgeführt hat, und dass der Aufbau einer Publikation nicht der zeitlichen Reihenfolge, in der die empirischen Studien durchgeführt wurden, entsprechen muss.

Publikationen sind gewissermaßen die hochglanzpolierten Versionen der Forschungsarbeit. Man überarbeitet das Manuskript wieder und wieder, bis alles passt und alles glänzt. Dies ist nicht nur dem Perfektionismus vieler wissenschaftlich arbeitender Psychologen zuzuschreiben, sondern auch dem sehr harten Gutachtenprozess bei guten Fachzeitschriften. Bei Ablehnungsquoten von über 90 Prozent der eingereichten Manuskripte hat man nur dann eine Chance, wenn die durchschnittlich drei Gutachten, die für jedes dieser Manuskripte eingeholt werden, keine Argumentationslücken oder Unstimmigkeiten finden. Wer also seine Ergebnisse der Wissenschaftsöffentlichkeit mitteilen will, muss feilen und glätten und polieren. Dies hat sicher problematische Seiten, wie das Nichtberichten von nicht-signifikanten Befunden, aber auch positive Seiten. Dazu gehört, dass Psychologen oft über ihre Ergebnisse sehr viel nachgedacht haben und lieber noch eine weitere Studie dazu durchführen, um bestimmte Alternativerklärungen ausschließen zu können. Eine weniger wünschenswerte Konsequenz dieses Glättens besteht darin, dass mit dem Forschungsalltag (noch) nicht sehr vertraute Rezipienten von Forschungsergebnissen (also Studierende, junge Wissenschaftler, Journalisten) ein viel zu optimistisches Bild vom Forschungsprozess bekommen – die kohärente Story liest sich in der Regel so, als hätte die Autorengruppe von Anfang an die richtigen Hypothesen gehabt, und jedes einzelne Experiment stützt die Hypothese noch ein bisschen besser. Kontrastiert man diese Geschichten dann mit den vielen Holzwegen und gescheiterten Experimenten im eigenen Labor oder beim eigenen Dissertationsprojekt, kommt unweigerlich der Gedanke auf, alle anderen Forschenden seien kompetenter oder erfolgreicher als man selbst.

Anmerkungen

1 Wir danken den Mitarbeitenden am Lehrstuhl „Angewandte Psychologie: Life-Management" der Universität Zürich sowie den Mitgliedern der AG „Heureka" für wertvolle Hinweise und Diskussionen.

2 Unter einem „experimentellen Paradigma" wird in der Psychologie ein Standardexperiment verstanden, das in verschiedenen Abwandlungen zur Untersuchung verschiedener Fragestellungen verwendet werden kann.

Zitierte Literatur

M. R. Banaji, Crowder, R. G. (1989): The bankruptcy of everyday memory, American Psychologist, 44, S. 1185–1193.

J. Cohen, (1994): The earth is round (p < .05), American Psychologist, 49, S. 997–1003.

P. M. Gollwitzer (1999): Implementation intentions: Strong effects of simple plans. American Psychologist, 54, S. 493–503.

P. M. Gollwitzer, Sheeran, P., Michalski, V., Seifert, A. E. (2009): When intentions go public: Does social reality widen the intention-behavior gap? Psychological Science, 20, S. 612–618.

A. Heathcote, S. Brown, D. J. K. Mewhort (2000): The power law repealed: The case for an exponential law of practice, Psychonomic Bulletin & Review, 7, S. 185–207.

C. Howson, P. Urbach (1993): Scientific reasoning: The Bayesian method, 2. Aufl., Chicago: Open Court.

M. D. Lee, I. G. Fuss, D. J. Navarro (2006): A Bayesian approach to diffusion models of decision-making and response time, in: B. Schölkopf, J. C. Platt, T. Hoffman (Hg.), Advances in Neural Information Processing Systems, Cambridge, MA: MIT Press, Bd. 19, S. 809–815.

G. D. Logan (1988): Toward an instance theory of automatization. Psychological Review, 95, S. 492–527.

I. J. Myung (2003): Tutorial on maximum likelihood estimation. Journal of Mathematical Psychology, 47, S. 90–100.

U. Neisser (1978): Memory: What are the important questions?, in: M. M. Gruneberg, E. E. Morris, R. N. Sykes (Hg.), Practical aspects of memory. San Diego, CA: Academic Press, S. 3–24.

Newell, A., P. S. Rosenbloom (1981): Mechanisms of skill acquisition and the law of practice, in J. R. Anderson (Hg.), Cognitive skills and their acquisition. Hillsdale, NJ: Erlbaum, S. 1–55.

Popper, K. R. (1969): Logik der Forschung. Tübingen: Mohr.

E.-J. Wagenmakers (2007): A practical solution to the pervasive problems of p values. Psychonomic Bulletin & Review, 14, S. 779–804.

Jörg Rössel
Soziologisches Institut
Universität Zürich

Soziologie

Soziologie

von Jörg Rössel

Der Titel dieses Projekts – „Heureka" („Ich hab's gefunden") – verweist auf das zentrale Ziel moderner Wissenschaften: neues Wissen zu gewinnen. Was aber jeweils neues Wissen ist und wie es bestimmt wird, hängt von disziplinspezifischen Standards ab, die in vielen Bereichen explizit formuliert sind, aber gelegentlich auch zum impliziten Wissen darüber gehören, wie man ein Fach „richtig", also nach den im Fach etablierten Regeln und Kriterien, betreibt. In diesem Aufsatz soll die Bestimmung von neuem Wissen in der Soziologie betrachtet werden. Dabei sind zwei Fragestellungen zentral: Erstens kann man die Frage stellen, wann man in der Soziologie überhaupt von Wissen spricht. Welche Argumente, Beweise oder empirischen Daten benötigt man, um den Kriterien für gültiges Wissen in dieser Disziplin zu entsprechen? Wann ist man selbst und wann sind die Kollegen davon überzeugt, dass ein bestimmter Befund als Wissen gelten kann? Dies verweist auf die Evidenzkriterien in der Soziologie als einem spezifischen Fach. Zweitens muss man sich aber auch die Frage stellen, unter welchen Bedingungen ein Wissen überhaupt als neu betrachtet wird. Hier ist die Soziologie in einer anderen Situation als zahlreiche andere Wissenschaften. Wenn die Biologie eine neue Art von Lebewesen oder die Geologie eine neue Gesteinsformation entdeckt, dann ist es offensichtlich, dass bisher niemand von diesem Phänomen gewusst hat und daher neues Wissen geschaffen wurde. Der Gegenstand der Soziologie besteht aber aus sozialen Phänomenen, die soziale und intelligente Personen mit ihrem Handeln hervorgebracht haben. Auch wenn die Akteure zum Teil nicht wissen, welche Ursachen sie zu welchem Handeln motiviert haben und in welchen Abhängigkeitsbeziehungen sie zu anderen stehen (Nisbett/Wilson 1977), so nehmen sie die soziale Realität doch wahr und haben ein Bild von ihr. Alle sozialen Akteure sind also „Alltagssoziologen" und verfügen über eine bestimmte Art von soziologischem Wissen! Für die Soziologie stellt sich die Frage nach der Neuheit ihres Wissens insofern in ganz besonderem Maße, als die sozial handelnden Personen selbst auch immer schon über solches verfügen. Daraus resultiert, dass die Ergebnisse von sozialwissenschaftlichen Studien für Laien oder Außenstehende oft ganz und gar trivial erscheinen. Nicht nur die Soziologie, sondern die meisten Sozialwissenschaften stehen vor einem Problem der Offensichtlichkeit, das auf der Tatsache beruht, dass soziale Akteure selbst auch über Wissen über soziale Sachverhalte verfügen (Borg/Hillenbrand 2002). Sehr häufig ist die Reaktion auf sozialwissenschaftliche Forschungsergebnisse daher eine Aussage der folgenden Art: „Das hätte ich Ihnen alles schon vorher sagen können, wozu also der Erhebungsaufwand?" Die gleiche Antwort hätte man allerdings zumeist auch für das gegenteilige Forschungsergebnis erhalten. Somit muss in diesem Aufsatz auch die Frage beantwortet werden, wie es vor diesem Hintergrund überhaupt zu so etwas wie Heureka-Erlebnissen kommen kann, die ein bestimmtes Wissen als neu und relevant erscheinen lassen.[1]

Aber auch die abstrakte Beschäftigung mit Evidenzkriterien für gültiges Wissen in der Soziologie wirft im ersten Schritt wohl erst einmal mehr Fragen als Antworten auf. Je nach Bestimmung des Gegenstandsbereichs der Soziologie und je nach dem wissenschaftstheoretischen und methodologischen Standort eines Autors wird man vermutlich zu einer anderen Festlegung dieser Kriterien gelangen. Daher soll zu Beginn dieses Aufsatzes präzisiert werden, worüber in diesem Text diskutiert wird, wenn von Evidenzkriterien der *Soziologie* die Rede ist.

Die Soziologie als empirische Wissenschaft beschäftigt sich mit der theoriegeleiteten Beschreibung und Erklärung sozialer Prozesse und Strukturen. Darüber besteht in der Soziologie eine relativ große Übereinstimmung (Rössel 2007: 245). Wenngleich in den meisten soziologischen Erklärungen auf das Handeln einzelner Akteure Bezug genommen wird, ist dies nicht der primäre Gegenstand soziologischen Arbeitens, dieses interessiert sich vor allem für das aggregierte beziehungsweise kollektive Handeln. Individuelles Entscheiden und Handeln ist immer nur ein Hilfsmittel, um genuin soziale Phänomene zu erklären. Mit dieser Definition sind zwei entscheidende Weichenstellungen verbunden, die das in diesem Aufsatz behandelte Spektrum soziologischer Forschung einschränken: Zum einen wird unterstellt, dass Soziologen in ihren Erklärungen zumeist auf individuelles Handeln und individuelle Entscheidungen zurückgreifen.[2] In der erklärenden Soziologie kann diese Annahme gegenwärtig als Konsens betrachtet werden, doch gibt es strukturtheoretische oder systemtheoretische Positionen, die dies bestreiten (Mayhew 1980; Luhmann 1984). Zum anderen wird unterstellt, dass die Soziologie als Wissenschaft das Ziel hat, soziale Prozesse und Strukturen zu erklären. Damit ist auch die Vorstellung verbunden, dass die Soziologie sich wissenschaftslogisch nicht systematisch von den Naturwissenschaften unterscheidet. In Teilen der qualitativen Sozialforschung wird genau diese Grundannahme verworfen, da sie stärker an der Rekonstruktion und dem Verstehen des subjektiven Sinns von sozialen Akteuren interessiert ist (Bohnsack 1991). Das Hauptaugenmerk dieses Beitrags wird daher auch auf eine theoriegeleitete empirische Soziologie ausgerichtet sein, die mithilfe von quantitativen Methoden arbeitet; allerdings bleiben die qualitativen Methoden in ihren unterschiedlichen Ausprägungen nicht vollständig unberücksichtigt. Ein Blick über den Tellerrand hinaus soll im nächsten Abschnitt geworfen werden, der die Vielfältigkeit von soziologischen Thesen und damit verbundenen Evidenzkriterien in der Soziologie demonstriert.

Thesen und Hypothesen in der Soziologie

Schon in der Einleitung wurde angedeutet, dass die Soziologie eine recht heterogene Wissenschaft ist, deren Vertreter sich im Hinblick auf die Grundbegriffe nur sehr begrenzt einig sind, noch weniger aber über die wissenschaftstheoretischen Grundlagen und die angewendeten Methoden. Gerade im Hinblick auf den letztgenannten Punkt muss betont werden, dass die Soziologie im Gegensatz zum Beispiel zu den experimentellen Wissenschaften nicht über eine einzige Methode verfügt, die sozusagen den Königsweg wissenschaftlichen Arbeitens darstellt. Wissenschaftliches Arbeiten in der Soziologie schließt systematisches Arbeiten an theoretischen Texten, offene Formen der Datenerhebung und -auswertung, standardisierte Formen der Datenerhebung und -auswertung, die Verwendung von Simulationsmodellen und von Experimenten ein. Damit ist auch verbunden, dass in der Soziologie ganz unterschiedliche Formen von Thesen ertreten werden. Unter „These" sei eine Aussage verstanden, die in der wissenschaftlichen Diskussion als Ergebnis von einer oder mehreren wissenschaftlichen Studien als gut begründet betrachtet werden kann. Dagegen soll unter einer „Hypothese" eine Aussage verstanden werden, die einer expliziten Prüfung unterzogen wird und bisher nicht ausreichend gut begründet wurde. Eine Hypothese stellt die vorläufige Antwort auf die Fragestellung einer Untersuchung dar. Bewährt sie sich in unterschiedlichen Studien, so kann von einer These gesprochen werden. Hier orientiere ich mich an Stephen Toulmins Modell der Grundstruktur von Argumentationen (Toulmin 1974: 86–103). Dieses ist in Schaubild 1 dargestellt. In Argumentationen geht es normalerweise darum, die Gültigkeit einer Konklusion, einer Schlussfolgerung, zu begründen, so zum Beispiel der These, dass Herr Petersen nicht römisch-katholisch ist. Als Argument oder Grund für diese Schlussfolgerung können in einer Argumentation Daten oder Behauptungen herangezogen werden, aus denen diese Konklusion gefolgert werden kann. Ein Datum, aus dem die These, dass Herr Petersen nicht römisch-katholisch ist, gefolgert werden kann, ist, dass er Schwede ist. Im weiteren Verlauf des Textes wird deutlich werden, dass Daten im Sinne dieser Argumentationsstruktur nicht unbedingt empirische Daten über die soziale Realität sein müssen. Allerdings ist der angesprochene Zusammenhang nicht selbstverständlich, sondern muss durch eine manchmal triviale, manchmal aber auch komplexe Schlussregel gestützt werden, in diesem Fall durch die Schlussregel, dass man von einem Schweden fast mit Sicherheit annehmen kann, dass er nicht römisch-katholisch ist. In Argumentationen kann auch die Schlussregel wiederum zum Streitpunkt werden, sodass sie einer Stützung bedarf, etwa durch die Behauptung, dass die relative Häufigkeit von römisch-katholischen Schweden unter zwei Prozent liegt. Die Wahrscheinlichkeitsausdrücke in der Schlussregel und in der Stützung weisen schon darauf hin, dass Thesen häufig nicht mit absoluter Sicherheit formuliert werden können, sondern durch einen Operator spezifiziert werden müssen: in diesem Fall durch den Operator „fast mit Sicherheit". Eine Hypothese und eine These unterscheiden sich daher insbesondere durch den mit ihnen verbundenen Operator.

Schaubild 1: Grundstruktur einer Argumentation nach Stephen Toulmin

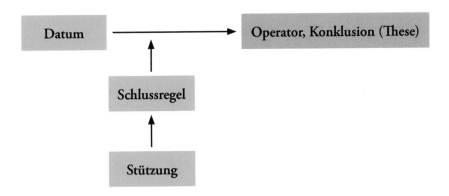

Die Heterogenität von Grundbegriffen, wissenschaftstheoretischen Grundpositionen und methodologischen Perspektiven in der Soziologie hat zur Folge, dass ganz unterschiedliche Arten von Thesen aufgestellt werden, die auch verschiedene Arten von Daten und Schlussregeln als Evidenzgrundlage benötigen. Hier einige Beispiele, die diese Vielfalt verdeutlichen sollen:

1. Für die soziologische Beschreibung und Erklärung von sozialen Prozessen und Strukturen benötigt man angemessene Theorien, die in der

Soziologie auf ganz unterschiedliche Art und Weise entwickelt werden. Dabei möchte ich an dieser Stelle betonen, dass auch die Formulierung einer Theorie oder auch nur einer theoretischen Einsicht mit einem Heureka-Erlebnis verbunden sein kann. Dies kann in ganz unterschiedlichen Situationen geschehen:

a) Wenn man nachweisen kann, dass ein Klassiker der Soziologie bei einer erneuten Lektüre in einem ganz neuen oder zumindest veränderten Licht erscheint und sich damit auch die Theorie verändert, die diesem Klassiker zugeschrieben wird. So wurde zum Beispiel Max Weber vor allem als ein Autor wahrgenommen, der die Bedeutung von religiösen Grundlagen (Protestantismus) für die moderne wirtschaftliche Entwicklung betont hat. Dagegen haben sich seit den Siebzigerjahren verschiedene Autoren mit der These gewandt, dass Weber tatsächlich ein mehrdimensionales Modell der Entstehung des modernen Kapitalismus entwickelt hat, in dem die Religion nur eine von mehreren Bedingungen darstellt. Auch die Neulektüre eines klassischen Autors läuft also auf bestimmte Thesen hinaus, die durch eine besondere Art von Evidenz gestützt werden können und müssen. In diesem Fall besteht die Evidenz vor allem aus Quellenbelegen in den Texten des interpretierten Autors, die die Gültigkeit und Schlüssigkeit der neuen Interpretation stützen beziehungsweise falsifizieren können (Stegmüller 1986). Zudem sollte natürlich auch demonstriert werden, dass die neue Lesart so bisher nicht in der Literatur auftaucht.

b) Ein Heureka-Erlebnis der besonderen Art stellt auch eine Situation dar, in der ein Autor eine neue Theorie entwickelt hat, die bestimmte komplexe Phänomene erklären können soll und sich in relevanten Hinsichten von anderen Theorien unterscheidet. Dabei können sich soziologische Theorien durch die Klarheit und Präzision ihrer Formulierung und der Definition ihrer Grundbegriffe, die Einfachheit und Sparsamkeit der Grundannahmen und die Eleganz ihres formalen Aufbaus von Alternativangeboten unterscheiden. Klarheit und Präzision sind in der erklärenden Soziologie wichtige Kriterien zur Beurteilung von Theorien (Hedström 2008). Die Betonung dieses eigentlich selbstverständlichen Standards der Theorienformulierung hat wohl damit zu tun, dass soziologische Theorien in gewissen Teilen der soziologischen und nichtsoziologischen Öffentlichkeit besonders dann großen Anklang finden, wenn sie möglichst unverständlich und in esoterischer Sprache formuliert werden (dem sogenannten Soziologenchinesisch). Daher müssen diese Kriterien, obschon sie selbstverständlich sein sollten, nach wie vor betont werden. Ein schönes

Beispiel für eine Orientierung an den oben genannten Kriterien stellt James Colemans Buch „Grundlagen der Sozialtheorie" (1991) dar, in dem gezeigt wird, dass unterschiedliche komplexe soziale Phänomene, von Vertrauens- und Herrschaftsbeziehungen über Fluchtpaniken bis hin zu Revolutionen sich mithilfe eines relativ einfachen theoretischen Modells erklären lassen. Darüber hinaus formalisiert Coleman einen Teil seiner Theorie, was bisher in der Soziologie im Gegensatz zu anderen Sozialwissenschaften, beispielsweise den Politik- und den Wirtschaftswissenschaften, noch relativ unüblich ist. Freilich muss an dieser Stelle ergänzt werden, dass eine noch so einfache, präzise und elegante Theorie, deren Formulierung mit einem Heureka-Erlebnis verbunden ist, selbstverständlich immer auch empirisch geprüft werden muss und hier durchaus auch kläglich scheitern kann.

c) Zwei weitere Schritte in der Bearbeitung von Theorien werden bisher in der Soziologie nur von wenigen Forschern vorgenommen, diese können aber durchaus auch zu Heureka-Erlebnissen führen. Einerseits können Theorien durch die Hinzuziehung mathematischer Modelle präzisiert und formalisiert werden. Dies ermöglicht im Gegensatz zu rein verbal formulierten Theorien eine systematischere Prüfung der logischen Konsistenz und eine systematische Ableitung von weiteren Thesen und Hypothesen (Fararo 1989). Andererseits können Theorien aber auch in Form von Simulationsmodellen umgesetzt werden. Gerade in einer Wissenschaft wie der Soziologie, die komplexe soziale Prozesse und Strukturen aus dem Handeln einer Mehrzahl von sozialen Akteuren heraus erklären will, können Simulationsmodelle ein wichtiges Hilfsmittel bei der Entwicklung und Prüfung von Theorien darstellen. Sowohl die Resultate einer Formalisierung als auch die Ergebnisse einer Simulation können dabei dem Forscher Überraschungen bereiten und neue Erkenntnisse vermitteln.

2. Bisher habe ich betont, dass Heureka-Erlebnisse in der Soziologie auch in der rein theoretischen Forschung erzielt werden können. An dieser Stelle möchte ich nun auf die verschiedenen Arten von Thesen eingehen, die in der empirischen Forschung auftreten können und neues Wissen darstellen.

a) Eine wichtige Form der empirischen Forschung zielt auf die Feststellung der Existenz bestimmter sozialer Phänomene und ihre genaue Beschreibung. Dabei werden sehr häufig qualitative Methoden der Erhebung und Auswertung von Daten verwendet. Eine berühmte Studie dieser Art ist Laud Humphreys' Untersuchung „Toilettengeschäfte" (1973), in der der Autor die Bedeutung von öffentlichen Toiletten als Treffpunkte für Homosexuelle in den späten Sechzigerjahren in den Vereinigten Staaten beschreibt. Andere Studien, wie „The Urban Villagers" von Herbert Gans (1962) und „Street Corner Society" von William F. Whyte (1949), zeigen, dass Quartiere in US-amerikanischen Städten, die von außen als Slums wahrgenommen werden, keineswegs so anomisch und regellos strukturiert sind, wie sie von externen Beobachtern beschrieben werden, sondern über spezifische soziale Strukturen, Normen und Unterstützungsnetzwerke verfügen, die allerdings vom Idealbild der amerikanischen weißen Mittelklasse abweichen. Da sowohl die Soziologen als auch ein großer Teil der Beteiligten an der öffentlichen Diskussion aus der Mittelklasse stammen, liefern solche Studien neues soziologisches Wissen, auch wenn es für die Beteiligten, also die beobachteten Homosexuellen oder die Bewohner von Slums, natürlich überwiegend altbekannt ist. Die Ergebnisse dieser Studien haben häufig einen explorativen Charakter, da sie keine quantifizierbaren Angaben über die relative Häufigkeit eines Phänomens machen können und darüber hinaus auch die Bedingungen für das Auftreten des Phänomens nicht spezifizieren können.

b) In quantifizierenden Studien, die mit standardisierten Instrumenten der Datenerhebung und -auswertung arbeiten, kann darüber hinaus erstens festgestellt werden, wie häufig ein bestimmtes Phänomen auftritt, es können zweitens Gruppenunterschiede untersucht werden und drittens auch Kovariationen zwischen Phänomenen betrachtet werden. So stellt eines der wichtigsten Themengebiete der Soziologie die Erforschung der sozialen Ungleichheit, also der sozial erzeugten Verteilung von knappen und wertgeschätzten Ressourcen, zum Beispiel des monetären Einkommens, in der untersuchten Bevölkerung dar. Hier kann mithilfe von standardisierten Instrumenten der Datenerhebung und -auswertung festgestellt werden, wie häufig bestimmte Einkommensniveaus in der Bevölkerung auftreten, wie also die Einkommensverteilung aussieht.[3] Zudem können mit diesen Instrumenten aber auch Gruppenunterschiede festgestellt werden: ob also Männer mehr als Frauen, Deutsche mehr als Ausländer, Hochschulabsolventen mehr als Hauptschüler verdienen (Rössel 2009: 240–250). Diese Gruppenunterschiede leiten dann auch schon über zur dritten Aussage, die auf der Basis standardisierter Daten möglich ist, nämlich zur Feststellung von Kovariationen, das heißt von systematischen Zusammenhängen zwischen Variablen: Je höher die

Bildung einer Person, desto höher ihr Einkommen. Diese Art von empirisch gesättigten Thesen kann häufig zu einem Heureka-Erlebnis nicht nur für Sozialwissenschaftler, sondern auch für die öffentliche Diskussion führen. So haben einige Wissenschaftler, insbesondere Glenn Firebaugh (2003) und Xavier Sala-I-Martin (2006) die sozialwissenschaftliche und allgemeine Öffentlichkeit mit der These überrascht, dass die weltweite Einkommensungleichheit zwischen Ländern schon seit drei Jahrzehnten im Rückgang begriffen ist und daher die Globalisierung – wie häufig vermutet – nicht zu wachsender Ungleichheit zwischen den Ländern führt, sondern im Gegenteil zu einer wachsenden Konvergenz der Lebensverhältnisse (vgl. Berger 2005).[4]

c) Besonders spannende und wichtige Thesen beziehen sich auf die sozialen Mechanismen, die spezifische Phänomene, Verteilungsstrukturen, Gruppenunterschiede und Kovariationen hervorbringen. Welche sozialen Mechanismen führen zum Beispiel dazu, dass Kinder von ausländischen Einwanderern in der Bundesrepublik Deutschland seltener das Abitur erwerben als die Kinder von deutschen Eltern? Hier kann gezeigt werden, dass es nur in sehr geringem Maße spezifische ethnische Prozesse sind, die zu den durchschnittlich niedrigeren Bildungsabschlüssen von nichtdeutschen Kindern und Jugendlichen führen. Die wichtigste Ursache stellt die Schicht- beziehungsweise Klassenposition ihrer Eltern dar. Durch die selektive Einwanderung in die Bundesrepublik Deutschland finden sich in der Migrantenbevölkerung überdurchschnittlich viele Personen mit einer niedrigen Bildung und damit einer niedrigen Schicht- beziehungsweise Klassenposition. Diese wird sodann sehr häufig – ganz ähnlich wie in der deutschen Bevölkerung – an die eigenen Kinder „vererbt", sodass auch Jugendliche mit Migrationshintergrund sich überdurchschnittlich häufig in den niedrig gebildeten und unteren Schicht- und Klassenpositionen wiederfinden, in denen schon ihre Eltern positioniert waren. Hier kann dann auf etablierte theoretische Modelle zurückgegriffen werden, die die „Vererbung" von Klassen- oder Bildungspositionen von den Eltern an die Kinder gut erklären können (Goldthorpe 2000). Diese Art von Resultaten ist für eine erklärende Soziologie, die sich nicht nur mit der Erfassung von empirischen Phänomenen begnügen will, sondern deren Entstehung aus dem Handeln der vielen Einzelpersonen heraus erklären will, von besonderer Zentralität.

Wie werden Thesen in der Soziologie gestützt?

Im vorausgegangenen Abschnitt wurde deutlich, dass Thesen und Hypothesen in der Soziologie ganz unterschiedliche Formen annehmen können und daher auch durch verschiedene Arten von Evidenz gestützt werden müssen. Ich werde an dieser Stelle nicht alle verschiedenen Möglichkeiten der Formulierung von Thesen, die damit verbundenen Daten und die Schlussregeln als Evidenz diskutieren können, sodass ich mich überwiegend auf die quantitative empirische Forschung konzentrieren werde, wie sie in den Beispielen 2.b) und 2.c) des vorherigen Abschnitts erläutert wurde.

Kommunikationsprozesse

In der Soziologie, wie vermutlich in den meisten Wissenschaften, sind die Hauptformen der Kommunikation von Thesen, Hypothesen und der Evidenz für diese die informellen Gespräche zwischen Kollegen, Vorträge verschiedenen Formalisierungsgrades, Aufsätze in Sammelbänden und Zeitschriften sowie Bücher. Informelle Gespräche zwischen Tür und Angel, beim Kaffee oder Mittagessen dienen vor allem dem argumentativen Ausprobieren von Thesen, der zugrunde liegenden Daten als Evidenzen und deren Verknüpfung durch spezifische Schlussregeln. Bis zu einem gewissen Grad gilt dies auch für Vorträge, da diese einen unterschiedlichen Grad von Formalisierung aufweisen können. Auf Workshops und thematisch stärker spezialisierten Tagungen ist es durchaus möglich, neue Ideen vorzustellen und zu diskutieren, ohne schon über die vollständige Evidenz zu verfügen. Die bei größeren Konferenzen und Tagungen vorgestellten Präsentationen entsprechen aber zumeist den Argumentationszusammenhängen, die man aus Aufsatzpublikationen in Sammelbänden und Zeitschriften kennt.

Zwischen Papieren, die in Sammelbänden einerseits und Zeitschriften (mit Begutachtungsverfahren) andererseits publiziert werden, klafft allerdings eine gewisse Lücke im Hinblick auf die Standards, die an Publikationen angelegt werden, aber auch im Hinblick auf die damit einhergehende Reputation. Aufsatzpublikationen können freilich immer nur eine sehr begrenzte Fragestellung in den Blick nehmen, sodass für die Betrachtung größerer Zusammenhänge die Veröffentlichung eines Buches weiterhin sinnvoll ist. Hier können umfassende theoretische Konzepte systematisch entwickelt werden, theoretische Interpretationen von Klassikern in aller Ausführlichkeit und mit den notwendigen Belegen präsentiert werden, umfangreiche empirische Studien in ihrer ganzen Breite vorgestellt werden. Dies ist vor allem für umfangreichere Untersuchungen, die auf qualitativer Forschung basieren, häufig eine zwingende Notwendigkeit, da sie auf einer breiten empirischen Datengrundlage fußen, die sich nicht ohne Weiteres in wenige quantitative Angaben zusammenfassen lässt. Dies gilt zum Beispiel für die oben genannten Studien über soziale Ordnung in Slums, aber auch für qualitativ-vergleichende Studien über komplexe soziale Prozesse, wie die Analyse von sozialen Revolutionen (vgl. zum Beispiel Skocpol 1979) oder von Demokratisierungsprozessen (Rueschemeyer et al. 1992).In diesen Untersuchungen müssen zur Begründung des jeweiligen Arguments beziehungsweise der jeweiligen Thesen die historischen Entwicklungen in verschiedenen Ländern im Detail und systematisch dargestellt werden, sodass sich das umfassende Argument in einem Aufsatz kaum entfalten lässt.

Daten und Belege für Thesen

Wie gestaltet sich nun aber eine Argumentation für eine bestimmte These? Welche Daten im Sinne des Toulminschen Argumentationsmodells und welche Schlussregeln werden angewandt? In diesem Abschnitt werde ich mich an der Argumentationsstruktur eines Zeitschriftenaufsatzes orientieren, da dieser in gewisser Weise den Idealtypus einer den wissenschaftlichen Kriterien entsprechenden und akzeptablen Begründung von Thesen darstellt. In keiner anderen Publikationsform als dem Aufsatz in einer Zeitschrift mit Begutachtungsverfahren wird ein Manuskript einer so genauen und systematischen Kontrolle unterzogen, die absichern soll, dass die jeweilige Argumentation den gültigen Standards entspricht. Auf diese Argumentationsstruktur wird letztlich auch in guten Vorträgen, Sammelbandbeiträgen und Büchern zurückgegriffen, sie variiert bei Vorträgen und Büchern nur entsprechend der jeweils zur Verfügung stehenden Zeit beziehungsweise Seitenzahl in der Fülle der präsentierten Details und Daten.

Beim Schreiben eines Aufsatzes steht man grundsätzlich vor zwei Aufgaben: Einerseits muss man den Lesern vermitteln, dass die vertretenen Thesen etwas Neues und Wissenswertes darstellen, andererseits muss man aber auch zeigen, dass es sich hier überhaupt um Wissen entsprechend den Evidenzkriterien der jeweiligen Wissenschaft handelt. Dies kann nur gelingen, wenn ein Manuskript nach einem einsichtigen roten Faden aufgebaut ist, wenn der Aufbau systematisch die Auswahl der jeweiligen Fragestellung und die damit verbundenen Thesen oder Hypothesen, die zugrunde liegende theoretische und fachliche Diskussion, die Auswahl von Methoden und Daten sowie deren Präsentation verdeutlicht, die dann am Ende eines Aufsatzes zusammen genommen als ausreichende Evidenz dafür betrachtet werden können, dass es sich hier nicht nur um gültiges, sondern auch um neues Wissen handelt.

Im ersten Schritt einer systematischen Darstellung geht es darum, zumindest kurz zu erläutern, warum die jeweilige Fragestellung, auf die die These antwortet, ausgewählt wurde. Es gibt vor allem zwei Argumentationsstrategien, um die Wichtigkeit eines Themas und die Neuheit der damit verbundenen Resultate zu demonstrieren (King/Keohane/Verba 1994). Erstens kann man auf eine Diskussion in der Forschungsliteratur verweisen und aufzeigen, dass es wichtige ungelöste oder unbearbeitete Probleme gibt. Diese können – wie oben schon gezeigt wurde – ganz unterschiedlicher Art sein: Ein Klassiker wurde bisher nur selektiv wahrgenommen, daher ist es ein wichtiger Beitrag zur Diskussion, bislang unbeleuchtete Aspekte dieses Klassikers herauszustreichen. Oder im Falle eines empirischen Problems: Wir wissen zwar, dass Frauen bei gleicher Ausbildung weniger verdienen als Männer, aber warum eigentlich, was sind die kausalen Mechanismen, die diese Ungleichheit erklären? Zweitens kann aber die Relevanz einer Fragestellung und die Neuheit der damit verbundenen Thesen auch durch den Verweis auf gesellschaftliche Probleme, die dringend einer Lösung bedürfen, begründet werden: So mögen wir aus ökologischen Gründen eine Reduktion des Individualverkehrs wünschen, aber ein erheblicher Teil der Bevölkerung scheint nicht auf diese Appelle zu reagieren, obwohl die meisten die Brisanz der Umweltprobleme sehen. Hier könnte man also genauer betrachten, unter welchen Bedingungen Personen zu einem Umstieg auf den öffentlichen Personenverkehr bereit sind und was sie im Alltag von einer solchen Umstellung abhält. Die damit verbundene Begründung, warum es sich bei einer bestimmten Fragestellung und den damit verknüpften Thesen um etwas Neues oder Wissenswertes handelt, wird dann in einem zweiten Schritt in einer Diskussion der vorhandenen Theorieangebote und der vorhandenen Forschungsliteratur zu einem bestimmten Thema vertieft. Hier kann und soll systematisch gezeigt werden, dass für eine bestimmte Forschungsfrage oder für ein bestimmtes soziales Problem bisher keine adäquaten Antworten vorliegen. Diese Art der vertiefenden Begründung führt dazu, dass soziologische Artikel in Fachzeitschriften im Vergleich zu denen anderer Wissenschaften oft lang werden, da sie im Detail zeigen müssen, dass eine bestimmte Fragestellung tatsächlich eine Forschungslücke darstellt. Aus diesem Punkt ergibt sich ein weiteres spezifisches Merkmal von neuem Wissen in der Soziologie. Dieses ist bis zu einem gewissen Grad relativ zu spezifischen theoretischen und fachlichen Diskussionen.

Eine Erkenntnis, die in bestimmten Kontexten als neu und relevant betrachtet wird, kann in anderen Diskussionszusammenhängen als wenig bedeutend, trivial und altbekannt angesehen werden. Daher sind die Heureka-Erlebnisse von Soziologen so manches Mal für Außenstehende nur schwer nachvollziehbar, sie lassen sich erst vor dem Hintergrund eines spezifischen Diskussionsstrangs als relevant und neu nachvollziehen. Freilich gibt es in der Soziologie auch empirische Resultate, die unabhängig von der jeweiligen Forschungs- und Theorierichtung als neues Wissen erscheinen und auch von Laien als nicht offensichtlich wahrgenommen werden. Diese sind aber leider seltener, als wir Soziologen uns das in der Regel wünschen.

Hat man in einem Beitrag dargestellt, dass man eine relevante Frage untersucht, deren Beantwortung zu neuem Wissen und damit zu neuen Thesen führt, so muss in einem dritten Argumentationsschritt gezeigt werden, wie man diese Fragestellung empirisch untersucht hat. Das bedeutet, dass man einerseits die verwendeten Daten und deren Erhebung erläutern, andererseits aber auch die verwendeten statistischen Verfahren angeben und gegebenenfalls erklären muss. Wie schon zu Beginn dargelegt, werden in der Soziologie ganz unterschiedliche Arten von Daten verwendet, sodass dem Forscher bei der Methodenwahl ein relativ großer Spielraum zur Verfügung steht. Nun muss in diesem dritten Argumentationsschritt gezeigt werden, dass die verwendeten empirischen Informationen auch tatsächlich geeignet sind, die jeweilige Frage zu beantworten und die vertretenen Thesen zu stützen. In der eher quantitativen Forschung bedeutet das, dass man die Qualität der Operationalisierung von bestimmten Variablen (zum Beispiel des Umweltbewusstseins durch eine Anzahl von Fragen im Interview) durch bestimmte Gütekriterien nachweist, die Verwendbarkeit der Stichprobe erläutert und typischerweise die Existenz von Zusammenhängen zwischen Variablen durch statistische Methoden und Tests belegt (siehe dazu im Detail die Ausführungen von Freund/Oberauer in diesem Band). Auch auf eventuelle Einschränkungen der Relevanz der Daten sollte an dieser Stelle hingewiesen werden. Wenn man zum Beispiel Daten von Studierenden erhoben hat, so können diese nur sehr begrenzt auf die Gesamtbevölkerung verallgemeinert werden, obwohl sie im Hinblick auf die grundlegende Fragestellung eine gewisse Aussagekraft besitzen. Die Angemessenheit für die jeweilige Fragestellung muss auch für die verwendeten statistischen Methoden erläutert werden. Dabei ist zu berücksichtigen, dass in vielen Kontexten nicht nur die interessierenden Variablen untersucht werden müssen, sondern auch andere Größen, deren Einfluss kontrolliert werden muss. Will ein Soziologe zum Beispiel Einkommensunterschiede zwischen Frauen und Männern statistisch analysieren, dann wird er in seine statistischen Modelle eben nicht nur das Einkommen als abhängige Variable und das Geschlecht als erklärende Variable aufnehmen, sondern auch andere theoretisch relevante Variablen, die einen Einfluss auf das Einkommen haben könnten (Ausbildung, Branche, gewerkschaftlicher Organisationsgrad der Arbeitnehmer, Berufserfahrung, Arbeitszeit). Um die Verwendbarkeit eines bestimmten statistischen Verfahrens zu begründen, muss allerdings nicht nur die Ausgangsfragestellung betrachtet werden, sondern auch die Daten, die man zur Beantwortung dieser Frage zur Verfügung hat. Je nach Datenqualität, Art der Stichprobenziehung, Anzahl von Fällen und Messniveau müssen andere statistische Verfahren ausgewählt werden. Insofern stellt die Begründung der Angemessenheit der verwendeten Daten und Methoden zur Beantwortung einer spezifischen Frage eine zentrale Voraussetzung für die Etablierung von gültigem Wissen in der Soziologie dar. Im Sinne Toulmins fügt man in diesem Argumentationsschritt stützendes Wissen ein, um die Relevanz der verwendeten Schlussregel und die Gültigkeit der zugrunde liegenden Daten zu demonstrieren.

Mit der Darstellung der verwendeten Daten und Auswertungsverfahren sowie der Erläuterung ihrer Angemessenheit für die Fragestellung ist allerdings die Argumentation für die Qualität der vorgelegten Thesen noch nicht beendet. Wie schon im Beitrag über Evidenzkriterien in der Chemie gezeigt wurde, kann ein wissenschaftliches Resultat erst dann als Wissen betrachtet und akzeptiert werden, wenn es repliziert beziehungsweise reproduziert werden kann.

Von Replikation spricht man, wenn andere Wissenschaftler mit denselben Daten versuchen, die gleichen Resultate zu erzielen. Die Relevanz der Replikation ist in den vergangenen Jahren in den Sozialwissenschaften zunehmend betont worden, da sich bestimmte Resultate eben nicht unmittelbar aus den Daten ergeben, sondern von zahlreichen Entscheidungen der Forscher im Prozess der Datenerhebung und Datenauswertung abhängig sind. Die Replikation von Forschungsergebnissen ist allerdings eine sehr voraussetzungsvolle Angelegenheit: Die Primärforscher müssen dann den Prozess der Datenerhebung und -auswertung minutiös dokumentieren. Es müssen Codebücher verfasst werden, die die verwendeten Daten genau erläutern, und die statistischen Auswertungen müssen für andere Forscher nachvollziehbar abgespeichert und kommentiert werden. Darüber hinaus setzt die Replikation aber auch voraus, dass die Primärforscher in der Lage und bereit sind, ihre Daten zur Replikation zur Verfügung zu stellen. Daher verhallen auch die Rufe nach mehr Replikationen in den Sozialwissenschaften bisher eher ungehört. Es gibt zwar einige Zeitschriften, die in ihrem Inhaltsverzeichnis auch eine Abteilung für derartige Replikationen haben, ein Teil der Forscher stellt sogar seine statistischen Auswertungsdateien auf die eigene Homepage, insgesamt ist aber die Bereitschaft zur Bereitstellung von Daten und die Zahl von Replikationen noch recht gering.

Mit der Reproduktion von Forschungsergebnissen verweist man darauf, dass andere Forscher in eigenen Studien neue Daten erheben, um die Resultate von früheren Untersuchungen zu prüfen. Zudem kann die Reproduktion von empirischen Untersuchungen auch dazu beitragen, die Verallgemeinerbarkeit von deren Ergebnissen zu untersuchen. Gilt ein Zusammenhang, der in einer Stichprobe in Berlin festgestellt wurde, auch in Mannheim? Solche Verallgemeinerungen können natürlich auch für unterschiedliche Länder, Zeitphasen oder soziale Gruppen untersucht werden. Auch dafür muss die Vorgehensweise bei der Datenerhebung und -auswertung möglichst genau in einer Publikation dokumentiert werden. Insgesamt kann man festhalten, dass die Anforderungen an die Dokumentation der Daten und der verwendeten Methoden insbesondere für Aufsätze im Bereich der eher quantitativen empirischen Soziologie in den vergangenen Jahren deutlich gestiegen sind.[5]

Im vierten Schritt werden in einem Aufsatz dann endlich die empirischen Daten in ihrer Relevanz für die Ausgangsfragestellung und die vertretene These präsentiert. Je nach Art der Behauptung kann dies in unterschiedlicher Weise geschehen, in Grafiken oder Tabellen. Generell gilt, dass die Prüfung einer Hypothese vor allem dann überzeugend ist, wenn die statistischen Methoden auch Signifikanztests zulassen, die wohl die wichtigste Schlussregel zur Etablierung empirischen Wissens in der quantitativ arbeitenden Soziologie darstellen. Nur dann, wenn die statistischen Resultate ein bestimmtes Signifikanzniveau besitzen, werden sie als Evidenz für eine bestimmte These akzeptiert. Die verwendete Stichprobe für eine statistische Analyse sollte so groß sein, dass sie einerseits die Anwendung von bestimmten statistischen Auswertungsverfahren und andererseits die Prüfung der statistischen Signifikanz erlaubt. Die Anzahl der notwendigen Fälle für eine akzeptable empirische Untersuchung hängt dabei in hohem Maße von der jeweiligen Fragestellung ab. Eine ländervergleichende, makrosoziologische Studie wird normalerweise weniger untersuchte Fälle aufweisen als eine Untersuchung auf der Basis von Umfragedaten, die zu bevölkerungsrepräsentativen Ergebnissen kommen will.

Schließlich wird man im fünften Teil einer Argumentation beziehungsweise eines Aufsatzes noch einmal zusammenfassend aufzeigen, dass und inwiefern die präsentierte empirische Evidenz vor dem Hintergrund einer spezifischen theoretischen Diskussion eine bestimmte Frage beantwortet hat und wie sie für oder gegen eine bestimmte These spricht. An dieser

Stelle können dann auch mögliche Einschränkungen der Gültigkeit der Evidenz, aber auch der These angesprochen, überraschende Ergebnisse diskutiert und damit auch zukünftige Forschungen vorbereitet werden.

Kommunikations- und Erzeugungsprozess

Bisher wurde dargestellt, wie ein Forscher im Bereich der Soziologie üblicherweise vorgeht, um seinen Kollegen zu demonstrieren, dass seine Thesen tatsächlich neues Wissen darstellen. Wie unterscheidet sich aber der Weg, auf dem ein Wissenschaftler im Prozess des Forschungshandelns für sich selbst die Evidenz für ein Heureka-Erlebnis herstellt, von der Art und Weise, wie dies in einer Publikation gegenüber Angehörigen der gleichen Disziplin dargestellt wird? Eigentlich wäre diese Frage ein Thema für die Wissenschaftssoziologie, die sich systematisch mit den Handlungen von Forschern im sozialen Kontext beschäftigt (Weingart 2003). Eine solche Analyse kann an dieser Stelle nicht geleistet werden, sodass ich nur einige mir wichtig erscheinende Punkte im Hinblick auf die Unterschiede von Kommunikations- und Erzeugungsprozess in der Soziologie aufgreife.

Aus meiner Sicht fallen für einen Primärforscher in der Soziologie, der selbst Daten erhebt und diese im Hinblick auf seine Fragestellung auswertet, der Erzeugungs- und der Kommunikationsprozess weniger stark auseinander, als man vermuten könnte. Da in der Soziologie die Phase der Datenerhebung eine einmalige und meist nicht wiederholbare Veranstaltung ist, muss der Forscher diesen Aspekt einer Untersuchung sehr gründlich vorbereiten, um die eigentlich relevanten Forschungsfragen beantworten zu können. Falls etwas nicht gelingt (eine wichtige Frage wurde im Fragebogen vergessen, die falsche Stichprobe gezogen oder es kommen unerwartete Ergebnisse heraus) kann die empirische Studie in der Regel nicht wiederholt werden. Dies erklärt den relativ starken Druck schon zu Beginn der Studie, ein möglichst perfektes Design für die Untersuchung zu gestalten. Daher werden bei der Gestaltung von Untersuchungen häufig sogenannte Pretests durchgeführt, die auf der Grundlage einer sehr kleinen Stichprobe die Verwendbarkeit der Erhebungsinstrumente prüfen. Generell hat der soziologische Primärforscher nur wenig Spielraum für spätere Korrekturen, weshalb aus meiner Sicht der Erzeugungsprozess von empirischer Evidenz in sozialwissenschaftlichen Primärstudien relativ stark mit dem Kommunikationsprozess zusammenfällt.

Dies ist sicherlich anders bei Forschern, die Sekundäranalysen mit schon vorhandenen Datensätzen durchführen. Da die zur Verfügung stehenden Daten nie ganz den theoretischen Voraussetzungen und der Fragestellung der Forscher entsprechen, gibt es eine gewisse Neigung und einen gewissen Zwang zum Herumexperimentieren mit den Daten. Der Sekundärforscher muss bei der Untersuchung seiner Frage häufig Kompromisse eingehen und ausprobieren, in welcher Weise seine Fragestellung überhaupt mithilfe der Daten operationalisiert und geprüft werden kann. Während man sich im Prozess der Erzeugung von Ergebnissen natürlich der Probleme und Lücken bewusst ist, wird man im Kommunikationsprozess in der Regel zu zeigen versuchen, dass die gewählten Daten und Methoden besonders gut als Evidenz zur Stützung der eigenen These geeignet sind. Damit soll an dieser Stelle nicht etwa die These vertreten werden, dass die Sekundäranalyse von Daten in der Soziologie im Gegensatz zur Analyse von Primärdaten schlechtere oder problematischere Forschungsergebnisse erzeugt. Aber die Kluft zwischen Erzeugungs- und Kommunikationsprozess wird im Durchschnitt bei der Sekundäranalyse von Daten sicher größer sein, da Primärdaten gezielter im Hinblick auf eine bestimmte These erhoben wurden. Allerdings sollte das nicht darüber hinwegtäuschen, dass im Verlauf einer Studie, sowohl bei der Analyse von Primär- wie auch von Sekundärdaten, der Prozess der Erzeugung von Evidenz an verschiedenen Stellen von der Art und Weise abweichen wird, wie diese Evidenz dann in einer Publikation oder einem Vortrag kommuniziert wird.

1. Zwischen dem Beginn einer Studie und den ersten Publikationen vergeht im Allgemeinen recht viel Zeit, in der neue Literatur publiziert wird und ältere, bisher nicht gelesene Literatur vom Forscher wahrgenommen wird. Dies wird immer dazu führen, dass eine gewisse Diskrepanz zwischen dem theoretischen Stand bei der Formulierung der Ausgangsfrage und der Diskussionslage beim Verfassen einer Publikation existiert. Diese Kluft wird man in irgendeiner Weise überbrücken müssen, obwohl die verwendete Evidenz ursprünglich nicht dafür designt war.

2. Sowohl Primär- als auch Sekundärforscher wissen selbstverständlich vor Beginn der Datenauswertung nicht sicher, ob sich ihre theoretischen Konstrukte wirklich angemessen mit den zur Verfügung stehenden Daten operationalisieren lassen. Daher kann es in der Phase der empirischen Operationalisierung notwendig werden, schrittweise vorzugehen und verschiedene Arten der Bildung von empirischen Indikatoren auszuprobieren. Diese werden in der Publikation nicht vollständig dokumentiert, gewöhnlich wird nur die am besten passende Option dargestellt und in ihrer Gültigkeit begründet.

3. Eine vergleichbare Situation tritt auch in der Phase der Auswertung der Daten ein. Aus der nahezu unendlichen Fülle unterschiedlicher statistischer Verfahren und Tests wird ein Bruchteil zur Datenauswertung ausgewählt und zum Teil auch ausprobiert. Oft ist der Soziologe mit positiven Ergebnissen nach einer Anwendung der üblichen statistischen Methoden und Tests zufrieden und bricht dann auch den Prozess der Auswertung ab. Erst wenn die Ergebnisse nicht den Erwartungen entsprechen, bietet der Forscher das vollständige statistische Methodenarsenal auf, um vielleicht doch noch zu plausiblen Resultaten zu gelangen. Auch diese Phase des Experimentierens wird in einer Publikation in aller Regel nicht vollständig dargestellt, sondern nur in ihrem letzten Ergebnis. Hier muss dann auch begründet werden, warum das jeweils nach einer Phase des Ausprobierens verwendete Verfahren zur Beantwortung der jeweiligen Frage angemessen ist.

Zusammenfassend zeigt sich, dass der Forschungsprozess, also der Prozess der Erzeugung von Evidenz, tendenziell komplexer und verschlungener ist als die Struktur einer guten Publikation. Dies gilt selbst für Primärstudien, in denen ein Forscher gezielt die Verfahren und Instrumente der Datenerhebung für eine bestimmte Fragestellung und die damit verbundenen Thesen gestaltet. Ein zentraler Grund für diese Kluft zwischen Kommunikation und Erzeugung scheint mir in der Tatsache zu liegen, dass empirische Forschung nur eingeschränkt planbar ist, gerade weil sie empirisch ist. Die uns zur Verfügung stehenden Daten überraschen uns immer wieder, da sie sich unseren theoretischen Begriffen und unseren Theorien nicht fügen. Dies führt nicht nur dazu, dass uns bei der Analyse und Auswertung der Daten neue Fragestellungen einfallen, sondern dies ist ein Bestandteil des Prozesses, in dem neues Wissen entsteht. Dieses resultiert zwar einerseits aus unseren theoretischen Vorüberlegungen, andererseits aber auch aus der Widerspenstigkeit und Materialität der Daten, mit denen wir es zu tun haben und die uns immer wieder überraschen oder auch verzweifeln lassen.

Schlussbemerkungen

Die Ausgangsfrage dieses Aufsatzes richtete sich auf die Bedingungen eines Heureka-Erlebnisses in der Soziologie. Wann gehen wir davon aus, dass wir in einer empirischen Untersuchung neues soziologisches Wissen gewonnen haben? Die Antwort auf diese Frage möchte ich an dieser Stelle in vier Punkten zusammenfassen:

1. In der Soziologie kann neues Wissen ausgesprochen unterschiedliche Formen annehmen; die jeweiligen Kriterien für die Akzeptanz als neues Wissen unterscheiden sich deutlich.
2. Ob eine Erkenntnis als neue und relevante Erkenntnis gilt, hängt in gewissem Maße von der jeweiligen theoretischen Einbettung ab. Freilich gibt es auch Einsichten, die unabhängig von der jeweiligen theoretischen Perspektive als relevant und neu betrachtet werden. Für den Forscher bedeutet dies aber, dass eine angemessene theoretische Einordnung und Begründung der jeweiligen Fragestellung und These auch in einer empirischen Studie notwendig ist.
3. Die Präsentation von (quantitativer) empirischer Evidenz in einer Publikation folgt in der Soziologie relativ aufwendigen Standards, die einerseits der Logik statistischer Signifikanztests folgen und andererseits größtmögliche Transparenz im Sinne der Möglichkeit von Replikation und Reproduktion der Ergebnisse gewährleisten sollen.
4. Der Prozess der Gewinnung und Erzeugung von Evidenz ist sehr viel komplexer und verschlungener, als es in einer Publikation, die bestimmten Regeln und Standards folgen muss, zum Ausdruck kommt. Die kreative Auseinandersetzung mit dem empirischen Material folgt in der Regel eben nicht den Argumentationsschritten einer guten Publikation, sie ist aber in ihrer Logik immer auf diese bezogen, da nur auf diese Weise die Evidenzkriterien guter Forschung gewährleistet werden können.

Anmerkungen

1   An dieser Stelle wird auch deutlich, dass sich die Soziologie an unterschiedliche Adressaten wenden muss: von der reinen Fachöffentlichkeit über die Anwender soziologischen Wissens in sozialen Handlungsbereichen und der Politik bis hin zur allgemeinen Öffentlichkeit, in der über sozialwissenschaftliche Fragen diskutiert wird.

2   Einige Soziologen würden allerdings an dieser Stelle nicht von individuellen Handlungen und Entscheidungen als der relevanten Mikroebene der Soziologie sprechen, sondern in stärkerem Maße auf soziale Beziehungen oder Interaktionen verweisen.

3   In der Regel sind Einkommensverteilungen in gegenwärtigen Gesellschaften linkssteil, da nur sehr wenige Personen sehr hohe Einkommen beziehen, die Masse der Bevölkerung aber eher mittlere und niedrige Einkommen erzielt.

4   Freilich muss an dieser Stelle ergänzt werden, dass aus einer globalen Perspektive betrachtet die Ungleichheit zwischen den Ländern immer noch den größten Teil der ökonomischen Ungleichheit ausmacht, während die Ungleichheit innerhalb von Ländern deutlich weniger relevant ist. Das bedeutet, dass die eigene ökonomische Position also vor allem von dem jeweiligen Land, in dem man geboren wurde beziehungsweise lebt, bestimmt wird, und nicht von der eigenen Position in der Verteilungsstruktur dieses Landes. Zudem wird von manchen Sozialwissenschaftlern auch die Gegenposition einer gleichbleibenden beziehungsweise sogar zunehmenden Ungleichheit vertreten (Milanovic 2005).

5   Vgl. hierzu die Angaben auf der Homepage der *Zeitschrift für Soziologie*, die in diesem Punkt in der deutschsprachigen Soziologie eine Vorreiterrolle spielt: http://www.uni-bielefeld.de/(de)/soz/zfs/index.htm

Zitierte Literatur

J. Berger, Johannes, 2005: Nimmt die Einkommensungleichheit weltweit zu? Methodische Feinheiten der Ungleichheitsforschung, in: Leviathan 33, S. 464–481.

R. Bohnsack, 1991: Rekonstruktive Sozialforschung. Einführung in Methodologie und Praxis qualitativer Forschung, Opladen: Leske + Budrich.

I. Borg und C. Hillenbrand, 2002: Prognosen als Methode zur Reduktion der Offensichtlichkeit von Umfragebefunden, in: ZUMA-Nachrichten 52, S. 7–19.

J. Coleman, 1991: Grundlagen der Sozialtheorie, München: Oldenbourg.

T. Fararo, 1989: The Meaning of General Theoretical Sociology. Tradition & Formalization, Cambridge: Cambridge University Press.

G. Firebaugh, 2003: The New Geography of World Income Inequality, Cambridge: Harvard University Press.

H. Gans, 1962: Urban Villagers, New York: Free Press.

J. H. Goldthorpe, 2000: On Sociology, Oxford: Oxford University Press.

P. Hedström, 2008: Anatomie des Sozialen. Prinzipien der analyt. Soziologie, Wiesbaden: VS.

L. Humphreys, 1973: Toilettengeschäfte. Teilnehmende Beobachtung homosexueller Akte, in: Jürgen Friedrichs (Hg.): Teilnehmende Beobachtung abweichenden Verhaltens, Stuttgart: Enke, S. 254–287.

G. King, R. O. Keohane und S. Verba, 1994: Designing Social Inquiry, Princeton: Princeton University Press.

N. Luhmann, 1984: Soziale Systeme, Frankfurt: Suhrkamp.

B. Mayhew, 1980: Structuralism versus Individualism, in: Social Forces 59, S. 335–375.

B. Milanovic, 2005: Worlds Apart. Measuring International and Global Inequality, Princeton: Princeton University Press.

R. E. Nisbett, und T. DeCamp Wilson, 1977: Telling More than We Can Know: Verbal Reports on Mental Processes, in: Psychological Review 84, S. 231–259.

J. Rössel, 2007: Soziologie zwischen Wissenschaft und Erbauung, in: Soziologische Revue 30, S. 243–251.

Rössel, Jörg, 2009: Sozialstrukturanalyse. Eine kompakte Einführung, Wiesbaden: VS.

D. Rueschemeyer, Joan Huber-Stephens und John Stephens, 1992: Capitalist Development & Democracy, Oxford: Polity Press.

X. Sala-I-Martin, 2006: The World Distribution of Income: Falling Poverty and … Convergence, Period, in: Quarterly Journal of Economics 121, S. 351–393.

Skocpol, Theda, 1979: States and Social Revolutions, Cambridge: Cambridge University Press.

W. Stegmüller, 1986: Walther von der Vogelweides Lied von der Traumliebe und Quasar 3 C 273, in: ders.: Rationale Rekonstruktion von Wissenschaft und ihrem Wandel, Stuttgart: Reclam.

S. Toulmin, 1974: Der Gebrauch von Argumenten, Kronberg: Scriptor.

Weingart, Peter, 2003: Wissenschaftssoziologie, Bielefeld: transcript.

W. F. Whyte, 1949: Street Corner Society. The Social Structure of an Italian Slum, Chicago: University of Chicago Press.

Erläuterungen

Abbildung Romulus und Remus
Trotz intensiver Recherche konnten wir den Urheber der Abbildung auf S. 7 (Romulus und Remus) leider nicht ausfindig machen.

Porträtfotos
S. 149: © Mathematisches Forschungsinstitut Oberwolfach
S. 187: © Suse Walczak

Umschlagbild
Ausschnitt der Wendeltreppe in der Bibliothek des Leipziger Max-Planck-Instituts für Mathematik in den Naturwissenschaften, die dort den Zeitschriften- mit dem Monographiensaal verbindet. Die Buchstaben auf den Treppenstufen ergeben den Spruch »solutio latet in his«, also „die Lösung liegt in diesen [Büchern, Zeitschriftenbänden, CDs, Datenbanken ...] verborgen".